U0723520

数模电路应用基础

（中）

主 编 董 昕
副主编 杜 娥 钟淑蓉 王莉君

北京理工大学出版社
BEIJING INSTITUTE OF TECHNOLOGY PRESS

内 容 简 介

《数模电路应用基础》基于 CDIO 工程教育模式编写，主要解决我国工科教育实践中重理论轻实践的问题。

全书共 7 章，第 1 章描述了放大电路基础，第 2 章分析放大电路中的反馈，第 3 章介绍了集成运算电路，第 4 章描述了逻辑代数基础，第 5 章分析和设计了组合逻辑电路，第 6 章分析和设计了时序逻辑电路，第 7 章介绍了数模混合电路。

本书具体内容有：放大电路基本分析、放大电路中的反馈类型、集成运放构成及特点、集成运放基本应用、逻辑代数基础、逻辑门电路、组合逻辑电路、触发器、时序逻辑电路、模/数和数/模转换电路、555 定时器电路等，并配合正文有丰富的习题以供练习巩固。

本书可作为高等学校电信、通信、计算机、测控等电类专业电路理论课程教材，也可供有关科技人员参考。

版权专有　侵权必究

图书在版编目（CIP）数据

数模电路应用基础. 中/董昕主编 . —北京：北京理工大学出版社，2016. 8（2020.8 重印）

ISBN 978 - 7 - 5682 - 2690 - 5

Ⅰ.①数… Ⅱ.①董… Ⅲ.①数字电路 - 高等学校 - 教材②模拟电路 - 高等学校 - 教材　Ⅳ.①TN711.5②TN710

中国版本图书馆 CIP 数据核字（2016）第 175230 号

出版发行 / 北京理工大学出版社有限责任公司

社　　址 / 北京市海淀区中关村南大街 5 号

邮　　编 / 100081

电　　话 / （010）68914775（总编室）

　　　　　（010）82562903（教材售后服务热线）

　　　　　（010）68948351（其他图书服务热线）

网　　址 / http：//www. bitpress. com. cn

经　　销 / 全国各地新华书店

印　　刷 / 三河市华骏印务包装有限公司

开　　本 / 787 毫米 ×1092 毫米　1/16

印　　张 / 12　　　　　　　　　　　　　　　责任编辑 / 陈莉华

字　　数 / 283 千字　　　　　　　　　　　　文案编辑 / 张　雪

版　　次 / 2016 年 8 月第 1 版　2020 年 8 月第 3 次印刷　　责任校对 / 周瑞红

定　　价 / 32.00 元　　　　　　　　　　　　责任印制 / 李志强

图书出现印装质量问题，请拨打售后服务热线，本社负责调换

前　言

为解决现行工科教育中工程教育和工程实践相脱节的问题，电子科技大学成都学院自2013年开始推行基于构思、设计、实施、运行（CDIO）的工程教育模式的教学改革。目前，我院CDIO理念的教学改革已经经历了四个阶段。第一阶段，制定了全新的人才培养方案，为推进教改指明了方向。第二阶段，根据专业和工程实践能力的需要，确定每个专业的公共基础课的侧重和特色。第三阶段，开设了专业导论课，帮助高校学生形成较系统的专业认识。第四阶段，为专业基础课教学改革阶段，本书是该阶段的改革成果之一。

《数模电路应用基础》一书是基于CDIO工程教育理念，依据教育部高等院校电子电气基础课程教学指导委员会2011年制定的《电子电气基础课程教学基本要求》，将《电路分析基础》《数字逻辑设计及应用》《模拟电子电路基础》专业基础课程内容进行融合，减少过高过深的内容及一些繁杂的运算，突出该课程的基本概念、基本技能和实际工程能力。

全书共七个章节，主要内容有：放大电路基础、放大电路中的反馈、集成运算电路、逻辑代数基础、组合逻辑电路、时序逻辑电路和数模混合电路。其中，第1～3章为模拟电子电路基础部分。首先介绍双极型三极管组成的基本放大电路的工作原理、三种组态（CE、CB、CC）放大电路的基本特性；然后论述反馈的基本概念、各种反馈的判定及反馈对电路的作用；最后讨论了差分电路、电流源电路以及集成运放的几种基本组态。第4～6章为数字逻辑设计及应用部分。介绍数制与编码、逻辑代数基础，数字系统中组合逻辑电路与时序逻辑电路的分析与设计方法。第7章为数模混合电路，重点介绍了数/模与模/数转换和555定时器。

本书简明扼要、偏重实践。每个章节内容分为：本章介绍、本章学习目标、章节内容、实用实例、小结、习题。在课堂教学中，以"干什么""怎么用"为线索，使讲解由浅入深，并结合实例分析和实践环节，便于学生理论联系实际，使学生掌握电路分析的基本方法，具备电路的设计与应用能力。本书一共七个章节，其中第1章和第5章由钟耀霞执笔，第2、3章由钟淑蓉执笔，第4、6、7章由杜娥执笔。全部编写工作都是在王莉君组织与董昕教授亲自指导下完成。

各兄弟高校提出了不少宝贵意见，谨致以衷心的感谢。在教材的试用过程中，我校教师和学生提出了宝贵的意见和建议，编者深表谢意。

本书可供普通高等院校、成人高等教育的通信、电子信息、计算机、自动化等专业作为基础课教材和教学参考书使用，也可供相关工程技术人员作为自学使用。

由于编者水平有限，错误和不妥之处在所难免，请读者提出宝贵意见，以便今后改进。

编　者

目　　录

第 1 章

放大电路基础

本章介绍

本章将讨论放大电路的作用。放大电路的实质，就是用较小的能量去控制较大的能量，或者说用一个能量较小的输入信号对直流电源的能量进行控制和转换，使之变成较大的交流电能输出，以便驱动负载工作。放大电路的输出可以是电压，也可以是电流，还可以是功率。因此，基本放大电路主要有电压放大电路、电流放大电路、功率放大电路等。本章将介绍一些常用的基本放大电路。

本章学习目标

(1) 掌握概念和定义：放大、静态工作点、饱和失真与截止失真、直流通路和交流通路、放大倍数、输入电阻和输出电阻、静态工作点的稳定。

(2) 掌握组成放大电路的原则和各种基本放大电路的工作原理及特点，能够根据需求选择电路的类型。

(3) 掌握放大电路的分析方法，能够正确估算基本放大电路的静态工作点和动态参数，正确分析电路的输出波形和产生截止失真、饱和失真的原因。

1.1 共发射极放大电路

放大器的任务就是对输入的信号进行放大，要放大的信号通常是由传感器提取的随时间变化的某个物理量的微弱电信号，利用放大器可以将这些微弱的电信号放大到足够的强度，以完成特定的工作。

1.1.1 电路的组成

放大电路可由正弦波信号源 u_s、晶体三极管 VT、输出负载 R_L 及电源偏置电路（V_{BB}、R_b、V_{CC}、R_c）组成，如图 1-1 所示。由于电路的输入端口和输出端口共有 4 个头，而三极管只有 3 个电极，因此必然有一个电极共用，因而就有共发射极（简称共射极）、共基极、共集电极 3 种组态的放大电路。如图 1-1 所示为最基本的共射极放大电路。

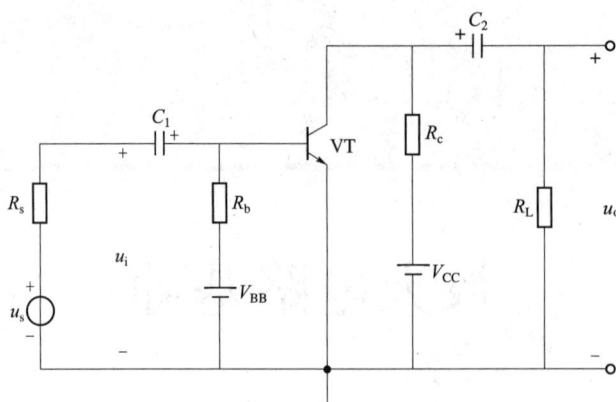

图 1-1 共射极放大电路

下面分析基本放大电路中各元件的作用：

（1）图中晶体三极管采用 NPN 型硅管，具有电流放大作用，使 $I_C = \beta I_B$。

（2）图中 R_b 为基极电阻，又称为偏流电阻，它和电源 V_{BB} 共同作用，提供给基极一个合适的基极直流 I_B，使晶体管能工作在特性曲线的线性部分。

（3）图中 R_c 为集电极负载电阻。当晶体管的集电极电流受基极电流控制而发生变化时，流过负载电阻的电流会在集电极电阻 R_c 上产生电压变化，从而引起 u_{CE} 的变化，这个变化的电压就是输出电压 u_o，假设 $R_c = 0$，则 $u_{CE} = V_{CC}$，当 i_C 变化时，u_{CE} 无法变化，因而就没有交流电压传送给负载 R_L。

（4）图中 C_1、C_2 为耦合电容，起到一个"隔直通交"的作用，它把信号源与放大电路之间、放大电路与负载之间的直流隔开。在图 1-1 所示电路中，C_1 左边和 C_2 右边只有交流而无直流，中间部分为交直流共存。耦合电容一般多采用电解电容器。在使用时，应注意它的极性与加在它两端的工作电压极性相一致，正极接高电位，负极接低电位。

1.1.2 共射极放大电路的直流通路和交流通路

从基本共射极放大电路工作原理的分析可知，为使电路正常放大，直流量与交流量必须共存于放大电路中，前者是直流电源作用的结果，后者是输入电压作用的结果；而且，由于电容、电感的电抗元件的存在，使直流量和交流量所流经的通路不同。因此，为了研究问题方便，将放大电路分为直流通路与交流通路。

直流通路是直流电源作用所形成的电源通路。在直流通路中，电容对直流量而成的电抗为无穷大，因此相当于开路，电感线圈因电阻非常小可忽略不计，因此相当于短路，信号源电压为零，但保留内阻，直流通路用于分析放大电路的静态工作点。交流通路是交流信号作用所形成的电流通路。在交流通路中，大容量电容对交流信号而成的容抗可忽略不计，因此相当于短路；直流电源为恒压源，因内阻为零也相当于短路。交流通路用于分析放大电路的动态参数。

根据上述原则，图 1-1 所示电路的直流通路和交流通路分别如图 1-2（a）、（b）所示，将图 1-1 所示电路中的两个电容断开，便得到它的直流通路，在其交流通路中的直流电源相当于短路，故集电极电阻并联在三极管的 c-e 之间（$V_{BB} = V_{CC}$）。

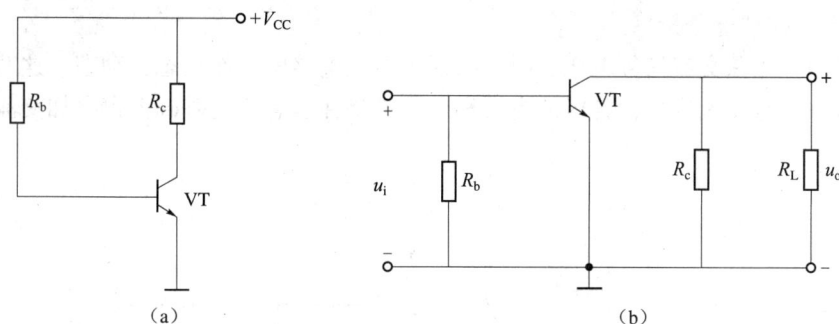

图 1-2 电容耦合共射极放大电路的直流通路和交流通路
(a) 直流通路；(b) 交流通路

1.1.3 共射极放大电路的两种工作状态

1. 静态工作情况分析

在图 1-3 所示电路中，当 $u_i = 0$ 时，共射极放大电路中没有交流成分，称为静态工作状态，这时耦合电容 C_1、C_2 视为开路，直流通路如图 1-4 (a) 所示。其中基极电流 I_B，集电极电流 I_C 及集电极、发射极间电压 U_{CE} 只有直流成分，无交流输出，用 I_{BQ}、I_{CQ}、U_{CEQ} 表示。它们在三极管特性曲线上所确定的点称为静态工作点，用 Q 表示，如图 1-4 (b) 所示。

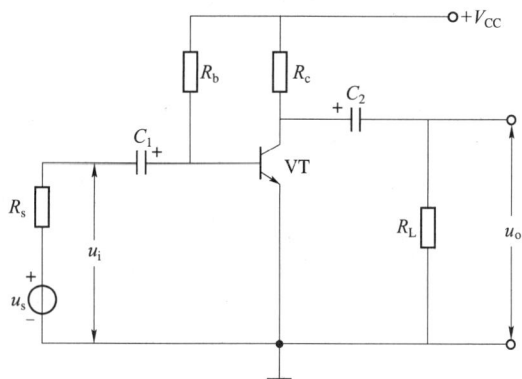

图 1-3 共射极放大电路的习惯画法

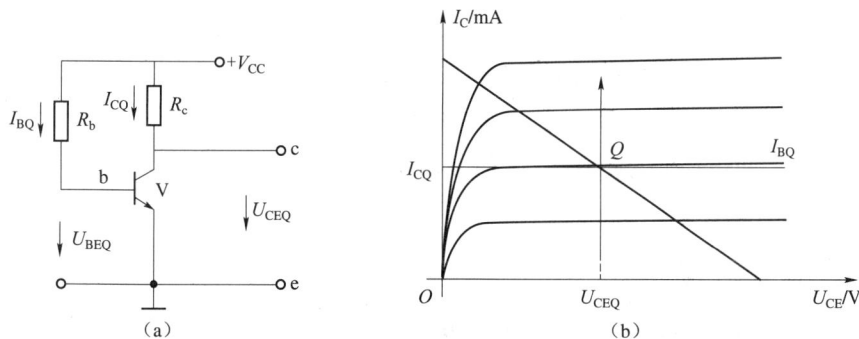

图 1-4 静态工作情况

2. 动态工作情况分析

输入端加上正弦交流信号电压 u_i 时，共射极放大电路的工作状态为动态。这时电路中既有直流成分，亦有交流成分，各极的电流和电压都是在静态值的基础上再叠加交流分量。如图 1-5 所示。

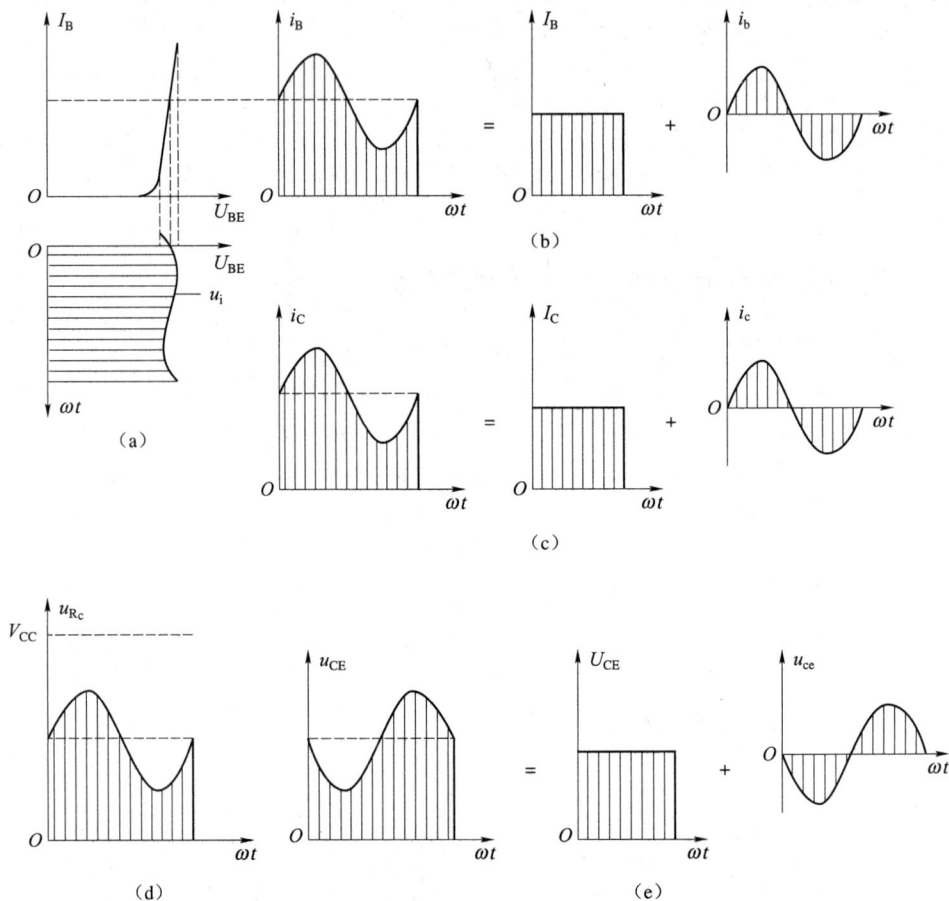

图 1-5 共射极放大电路的各极间波形

(a) I_B 的波形；(b) i_B 的波形；(c) i_C 的波形；(d) u_{Rc} 的波形；(e) u_{CE} 的波形

在分析电路时，一般用交流通路来研究交流量及放大电路的动态性能。所谓交流通路，就是交流电流流通的途径，在画法上遵循两条原则：

(1) 将原理图中的耦合电容 C_1、C_2 视为短路。

(2) 电源 V_{CC} 的内阻很小，对交流信号视为短路。

图 1-3 所示的交流通路如图 1-6 所示。

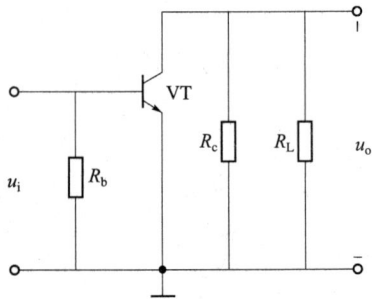

1.1.4　图解分析法

对一个放大电路的分析，不外乎两个方面：第一，确定静态工作点，求解 I_{BQ}、I_{CQ}、U_{CEQ} 值；第二，计算放

图 1-6　共射极放大电路的交流通路

大电路在有信号输入时的放大倍数以及输入阻抗、输出阻抗等。常用的分析方法有两种：图解法和微变等效电路法。图解法适用分析大信号输入情况。而微变等效电路法适合微小信号的输入情况。

图解法就是在三极管特性曲线上，用作图的方法来分析放大电路的工作情况，它能直观地反映放大电路的工作原理。

（一）用图解法确定静态工作点

在分析静态值时，只需研究直流通路，如图 1-7（a）所示的共射极放大电路的直流通路如图 1-7（b）所示。用图解法分析电路的步骤如下。

1. 作直流负载线

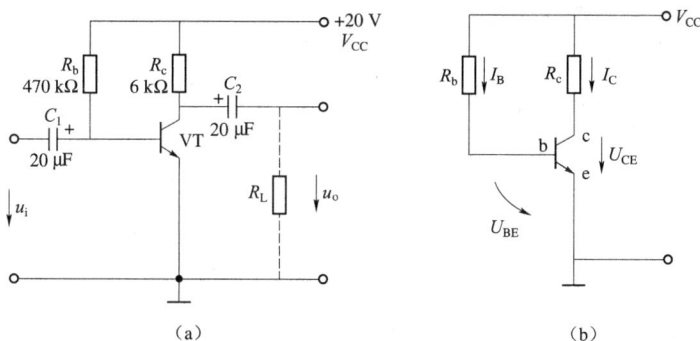

（a）

（b）

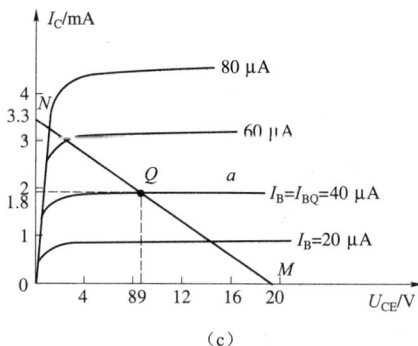

（c）

图 1-7 放大电路图解法

（a）放大电路；（b）直流通路；（c）静态工作点

由图 1-7（b）可得

$$\left.\begin{array}{l} U_{CE} = V_{CC} - I_C R_c \\[2mm] I_C = \dfrac{V_{CC} - U_{CE}}{R_c} = \dfrac{V_{CC}}{R_c} - \dfrac{U_{CE}}{R_c} \end{array}\right\} \qquad (1-1)$$

由于式（1-1）是一条直线型方程，当 V_{CC} 选定后，这条直线就完全由直流负载电阻 R_c 确定，所以把这条直线叫作直流负载线。直流负载线的作法是：找出两个特殊点 $M(V_{CC}, 0)$ 和 $N(0, V_{CC}/R_c)$，将 M、N 连接起来，如图 1-7（c）所示。其直流负载线的斜率为

$$k = \tan\alpha = -\frac{1}{R_c} \qquad (1-2)$$

2. 确定静态工作点

利用 $I_{BQ} = (V_{CC} - U_{BEQ})/R_b$，求得 I_{BQ} 的近似值（对于 U_{BEQ}，硅管一般取 0.7 V，锗管取 0.3 V）。在输出特性曲线上，确定 $I_B = I_{BQ}$ 的一条曲线。该曲线与直线 MN 的交点 Q 就是静态工作点。Q 点所对应的静态值 I_{CQ}、I_{BQ} 和 U_{CEQ} 也就求出来了。

例 1-1 求图 1-7（a）所示电路的静态工作点。

解： ①作直流负载线。

当 $I_C = 0$ 时，$U_{CE} = V_{CC} = 20$ V，即 M（20，0）；

当 $U_{CE} = 0$ 时，$I_C = \dfrac{V_{CC}}{R_c} = \dfrac{20 \text{ V}}{6 \text{ k}\Omega} = 3.3$ mA，即 N（0，3.3）；

将 M、N 连接，此即直流负载线。

②求静态偏流：

$$I_{BQ} = \frac{V_{CC} - U_{BEQ}}{R_b} = \frac{(20 - 0.7) \text{ V}}{470 \text{ k}\Omega} \approx 0.04 \text{ mA} \approx 40 \text{ μA}$$

如图 1-7（c）所示，$I_{BQ} = 40$ μA 的输出特性曲线与直流负载线 MN 交于 Q（9，1.8），即静态值为 $I_{BQ} = 40$ μA，$I_{CQ} = 1.8$ mA。

（二）动态图解分析法

1. 空载分析

放大电路的输入端有输入信号，输出端开路，这种电路称为空载放大电路，虽然电压和电流增加了交流成分，但输出回路仍与静态的直流通路完全一样。

因为

$$u_{CE} = V_{CC} - i_C R_c \tag{1-3}$$

所以，可用直流负载线来分析空载时的电压放大倍数。

设图 1-7（a）中输入信号电压为

$$u_i = 0.02\sin\omega t \text{ V}$$

则

$$u_{BE} = U_{BEQ} + u_i$$

由图 1-8（a）所示基极电流为

$$i_B = I_{BQ} + i_b = 40 + 20\sin\omega t \text{ μA}。$$

根据 i_B 的变化情况，在图 1-8（b）中进行分析，可知工作点是在以 Q 为中心的 Q_1、Q_2 两点之间变化，u_i 的正半周在 QQ_1 段，负半周在 QQ_2 段。因此画出 i_C 和 u_{CE} 的变化曲线如图 1-8（b）所示，它们的表达式为

$$i_C = 1.8 + 0.7\sin\omega t \text{ mA}$$

$$u_{CE} = 9 - 4.3\sin\omega t \text{ V}$$

输出电压为

$$u_o = -4.3\sin\omega t = 4.3\sin(\omega t + \pi) \text{ V}$$

所以电压放大倍数为

$$A = \frac{U_o}{U_i} = \frac{U_{om}}{U_{im}} = \frac{-4.3 \text{ V}}{0.02 \text{ V}} = -215$$

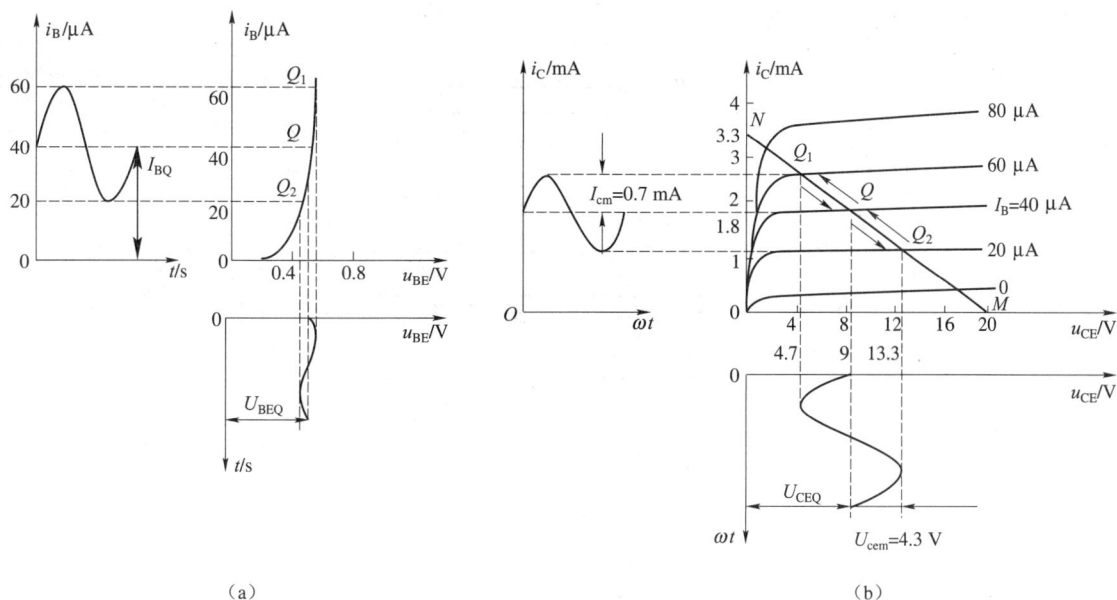

图 1 - 8　空载图解分析法
(a) 输入部分；(b) 输出部分

2. 带负载的动态分析

在图 1 - 7 (a) 所示电路中接上负载 R_L 即为交流通路。从输入端看，R_b 与发射极并联；从集电极看，R_c 和 R_L 并联。此时的交流负载为 $R'_L = R_c /\!/ R_L$，显然 $R'_L < R_c$，且在交流信号过零点时，其值在 Q 点，所以交流负载线是一条通过 Q 点的直线，其斜率为

$$k' = \tan\alpha' = -\frac{1}{R'_L} \tag{1 - 4}$$

1.1.5　静态工作点对输出波形失真的影响

对一个放大电路而言，要求输出波形的失真尽可能地小。但是，如果静态值设置不当，即静态工作点位置不合适，将出现严重的非线性失真。如图 1 - 9 所示，设正常情况下静态工作点位于 Q 点时，可以得到失真很小的 i_C 和 u_{CE} 波形。当调节 R_b，使静态工作点设置在 Q_1 点或 Q_2 点时，输出波形将产生严重失真。

1. 饱和失真

当静态工作点设置在 Q_1 点，这时虽然 i_B 正常，但 i_C 的正半周和 u_{CE} 的负半周出现失真。这种失真是由于 Q 点过高，使其动态工作进入饱和区而引起的失真，因而被称作饱和失真。

2. 截止失真

当静态工作点设置在 Q_2 点时，i_B 严重失真，使 i_C 的负半周和 u_{CE} 的正半周进入截止区而造成失真，因此称作截止失真。

饱和失真和截止失真都是由于晶体管工作在特性曲线的非线性区所引起的，因而都称为非线性失真。适当调整电路参数使 Q 点合适，可降低非线性失真的程度。

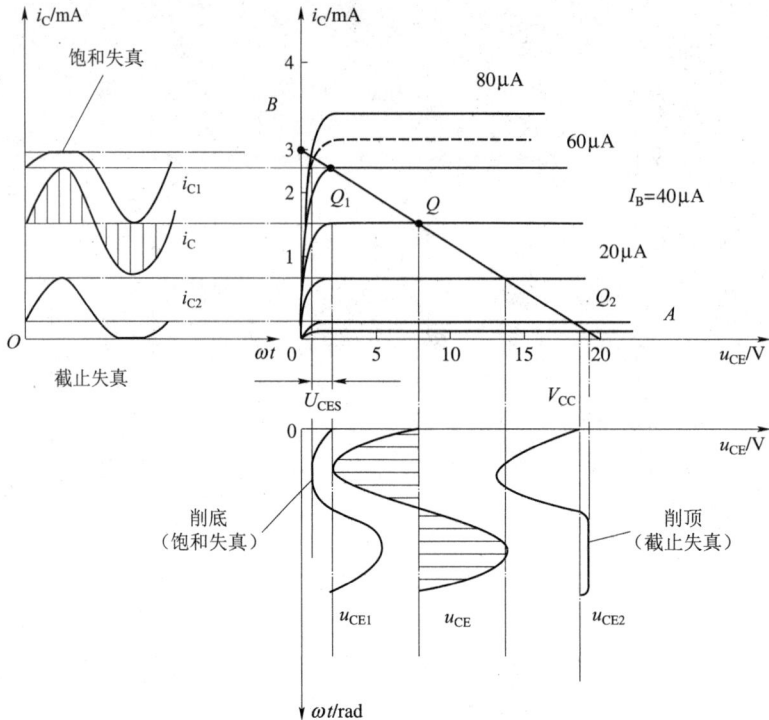

图 1 - 9　静态工作点对输出波形失真的影响

1.1.6　微变等效电路法

三极管各极电压和电流的变化关系，在较大范围内是非线性的。如果三极管工作在小信号情况下，信号只是在静态工作点附近小范围变化，三极管特性可看成是近似线性的，可用一个线性电路来代替，这个线性电路就称为三极管的微变等效电路。

（一）晶体管微变等效

1. 输入端等效

图 1 - 10 （a）是三极管的输入特性曲线，是非线性的。如果输入信号很小，则在静态工作点 Q 附近的工作段可近似地认为是直线。如图 1 - 11 （a）所示，当 u_{CE} 为常数时，从 b、e 极看进去三极管就是一个线性电阻，为

$$r_{be} = \frac{\Delta u_{BE}}{\Delta i_B} \qquad (1-5)$$

低频小功率晶体管的输入电阻常用下式计算，即

$$r_{be} = 300 + \frac{(\beta + 1) \times 26 \text{ mV}}{I_{EQ}} \qquad (1-6)$$

式中，I_{EQ} 为发射极静态电流。

2. 输出端等效

图 1 - 10 （b）是三极管的输出特性曲线，若动态是在小范围内，特性曲线不但互相平行、间隔均匀，且与 u_{CE} 轴线平行。当 u_{BE} 为常数时，从输出端 c、e 极看，三极管就成了一

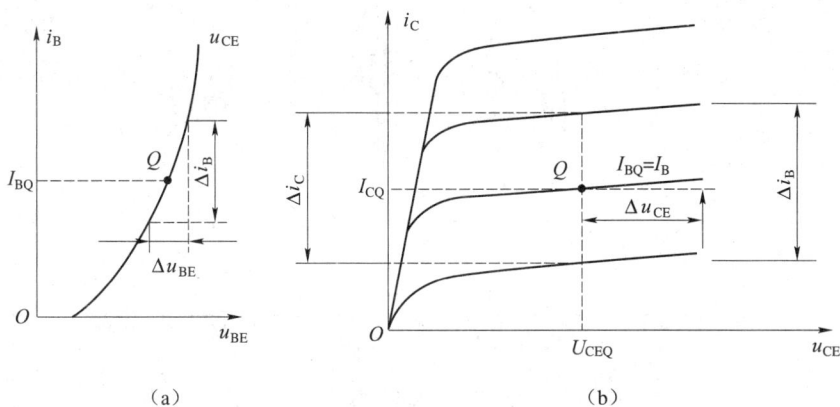

图 1-10　三极管特性曲线

（a）输入特性曲线；（b）输出特性曲线

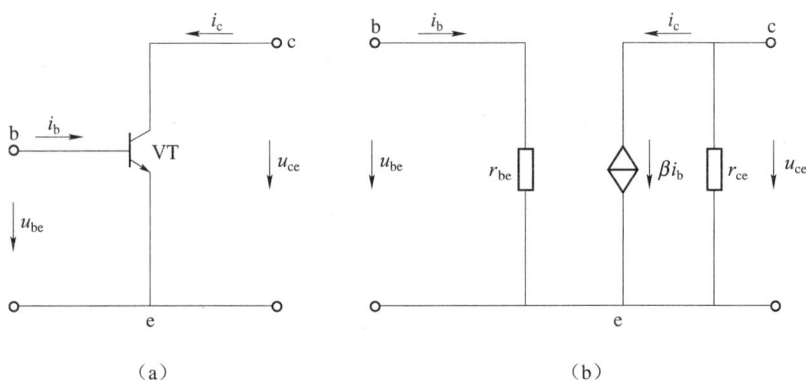

图 1-11　晶体三极管及微变等效电路

（a）晶体三极管；（b）晶体三极管的微变等效电路

个受控电流源，如图 1-11（b）所示，则有

$$\Delta i_{c} = \beta \Delta i_{b} \tag{1-7}$$

由上述方法得到的晶体管微变等效电路如图 1-11 所示。

（二）共射极放大电路的微变等效电路

通过共射极放大电路的交流通路和三极管的微变等效，可得出共射极放大电路的微变等效电路，如图 1-12 所示。

（三）用微变等效电路求动态指标

静态值仍由直流通路确定，而动态指标可用微变等效电路求得。

1. 电压放大倍数

设在图 1-12（b）中输入为正弦信号，因为

$$\dot{U}_{i} = \dot{I}_{b} r_{be}$$

$$\dot{U}_{o} = -\dot{I}_{c} R'_{L} = -\beta \dot{I}_{b} R'_{L} \tag{1-8}$$

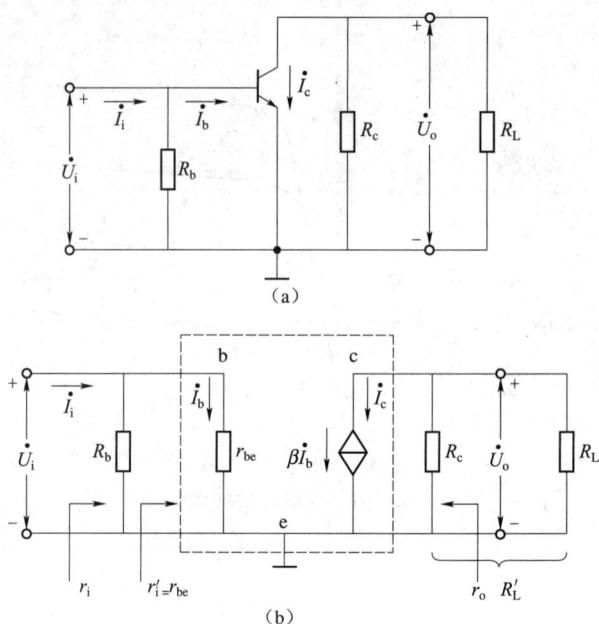

图 1 – 12　基本共射极放大电路的交流通路及微变等效电路

(a) 交流通路；(b) 微变等效电路

$$\dot{A}_u = \frac{\dot{U}_o}{\dot{U}_i} = -\beta R'_L / r_{be}$$

当负载开路时，有

$$\dot{A}_u = \frac{-\beta R_c}{r_{be}} \tag{1 – 9}$$

式中，$R'_L = R_L /\!/ R_c$。

2. 输入电阻 r_i

r_i 是指电路的动态输入电阻，由图 1 – 12（b）可看出

$$r_i = \frac{\dot{U}_i}{\dot{I}_i} = R_b /\!/ r_{be} \approx r_{be} \tag{1 – 10}$$

3. 输出电阻 r_o

r_o 是从输出端向放大电路内部看到的动态电阻，因 r_{ce} 远大于 R_c，所以有

$$r_o = r_{ce} /\!/ R_c \approx R_c \tag{1 – 11}$$

例 1 – 2　在图 1 – 13（a）所示电路中，$\beta = 50$，$U_{BE} = 0.7\,\text{V}$，试求：

（1）静态工作点参数 I_{BQ}、I_{CQ}、U_{CEQ} 的值；

（2）计算动态指标 A_u、r_i、r_o 的值。

解：（1）求静态工作点参数：

$$I_{BQ} = \frac{V_{CC} - 0.7}{R_b} = \frac{12 - 0.7}{280 \times 10^3} \approx 0.04\,(\text{mA}) = 40\,(\mu\text{A})$$

$$I_{CQ} = \beta I_{BQ} = 50 \times 0.04 \times 10^{-3} = 2\,(\text{mA})$$

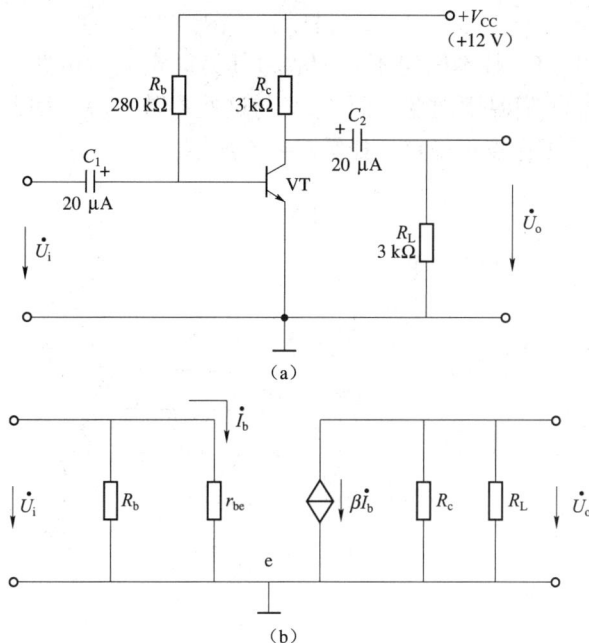

图 1 - 13 用微变等效电路求动态指标

(a) 原理图；(b) 微变等效电路

$$U_{CEQ} = V_{CC} - I_{CQ}R_c = 12 - 2 \times 10^{-3} \times 3 \times 10^3 = 6(V)$$

画出微变等效电路如图 1 - 13（b）所示。

$$r_{be} = 300\ \Omega + \frac{(\beta + 1)26\ mV}{I_{EQ}} = 300\ \Omega + \frac{51 \times 26\ mV}{2\ mA}$$

$$= 963\ \Omega \approx 0.96\ k\Omega$$

（2）计算动态指标：

$$\dot{A}_u = \frac{-\beta R'_L}{r_{be}} = \frac{-50 \times (3\ k\Omega /\!/ 3\ k\Omega)}{0.96\ k\Omega} = -78.1$$

$$r_i = R_b /\!/ r_{be} \approx r_{be} = 0.96\ k\Omega$$

$$r_o \approx R_c = 3\ k\Omega$$

1.1.7 放大器的偏置电路与静态工作点稳定

在放大器中偏置电路是必不可少的组成部分，在设置偏置电路中应考虑以下两个方面：

（1）偏置电路能给放大器提供合适的静态工作点。

（2）温度及其他因素改变时，静态工作点依旧稳定。

（一）固定偏置电路

图 1 - 14 所示电路为固定偏置电路，设置的静态工作点参数为

$$I_{BQ} = \frac{V_{CC} - U_{BE}}{R_b}$$

$$I_{CQ} = \beta I_{BQ} + (1 + \beta)I_{CBO}$$

$$U_{CEQ} = V_{CC} - I_{CQ}R_c \qquad (1-12)$$

当 V_{CC} 和 R_b 一定时，U_B 基本固定不变，故称其为固定偏置电路。但是在这种电路中，由于晶体管参数 β、I_{CBO} 等随温度而变，而 I_{CQ} 又与这些参数有关，因此当温度发生变化时，导致 I_{CQ} 的变化，使静态工作点不稳定，如图 1-15 所示。

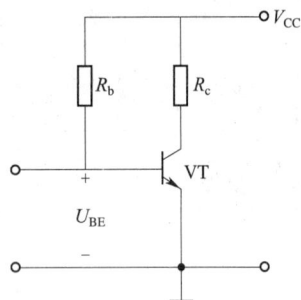

图 1-14 固定偏置电路

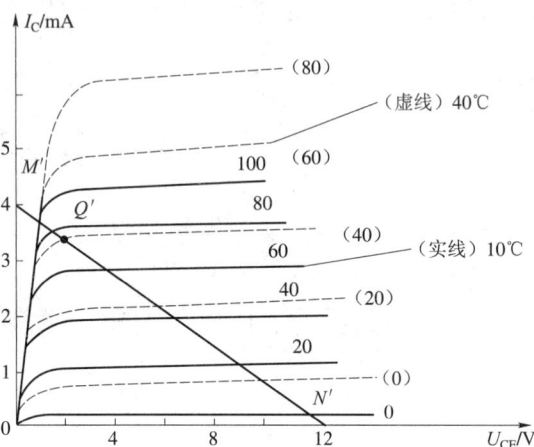

图 1-15 温度对静态工作点的影响

(二) 分压式偏置电路

前面分析的固定偏置电路在温度升高时，三极管特性曲线膨胀上移，Q 点升高，使静态工作点不稳定。为了稳定静态工作点，采用分压偏置电路。

为了使静态工作点稳定，采用分压式偏置电路，如图 1-16 (a) 所示，必须使 U_B 基本不变，当温度 $T\uparrow \rightarrow I_{CQ}\uparrow$ $(I_{EQ}\uparrow) \rightarrow U_E\uparrow \rightarrow U_{BE}\downarrow \rightarrow I_{BQ}\downarrow \rightarrow I_{CQ}\downarrow$ （"$\uparrow$"表示上升，"$\rightarrow$"表示引起，"$\downarrow$"表示下降）。反之亦然。由上述分析可知，分压式偏置电路稳定静态工作点的实质是固定 U_B 不变，通过 I_{CQ} (I_{EQ}) 变化，引起 U_E 的改变，使 U_{BE} 改变，从而抑制 I_{CQ} (I_{EQ}) 改变。所以在实现上述稳定过程时必须满足以下两个条件：

（1）只有 $I_1 \gg I_{BQ}$，才能使 $U_{BQ} = V_{CC}R_{b2}/(R_{b1}+R_{b2})$ 基本不变。一般取

$$I_1 = 5I_{BQ} \sim 10I_{BQ}(硅管)$$
$$I_1 = 10I_{BQ} \sim 20I_{BQ}(锗管)$$

（2）当 U_B 太大时必然导致 U_E 太大，使 U_{CE} 减小，从而减小了放大电路的动态工作范围。因此，U_B 不能选取太大。一般取

$$U_B = 3 \sim 5 \text{ V}(硅管)$$
$$U_B = 1 \sim 3 \text{ V}(锗管)$$

1. 静态分析

作静态分析时，先画出直流通路如图 1-16 (a) 所示。根据 $U_B = V_{CC}R_{b2}/(R_{b1}+R_{b2})$ 可得

$$I_{CQ} \approx I_{EQ} = (U_B - U_{BEQ})/R_e = \frac{R_{b2}}{R_{b1}+R_{b2}} \cdot \frac{V_{CC}}{R_e} - \frac{U_{BEQ}}{R_e}$$

$$I_{BQ} = I_{CQ}/\beta \qquad (1-13)$$

$$U_{CEQ} = V_{CC} - I_{CQ}R_c - I_{EQ}R_e \approx V_{CC} - I_{CQ}(R_c + R_e)$$

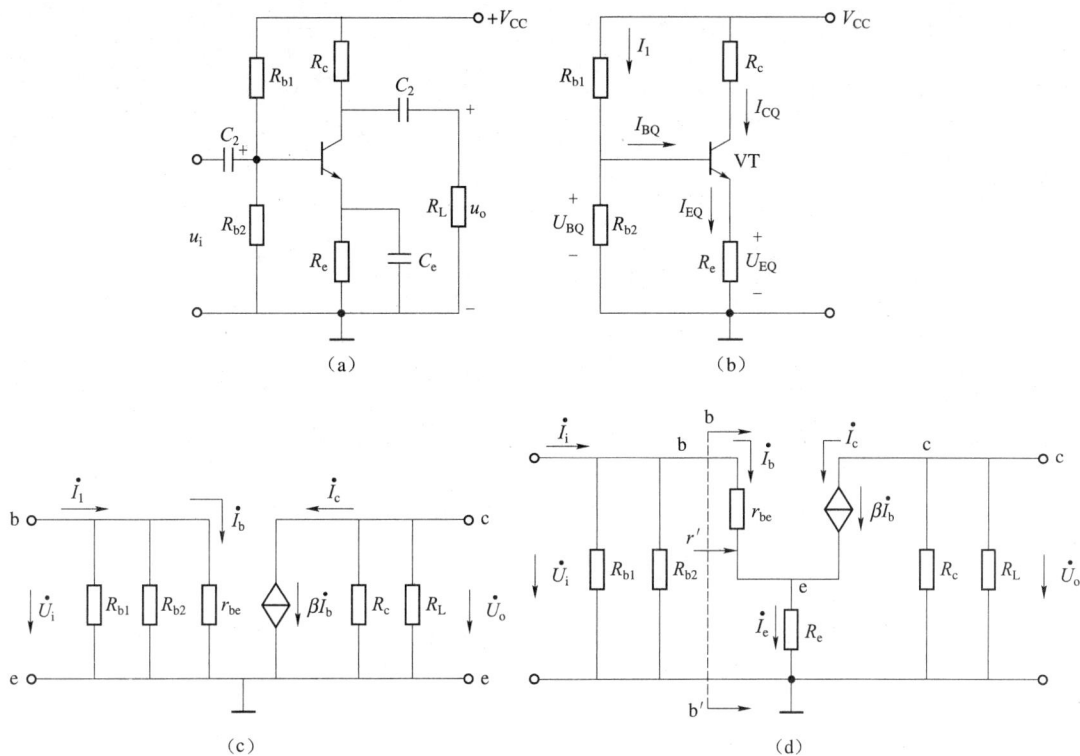

图 1 – 16 分压式偏置电路的分析电路

（a）分压式偏置电路；（b）直流通路；（c）微变等效电路；（d）微变等效电路（R_e 两端 C_e 开路）

1.2 共集电极电路的组成及分析

共集电极放大电路如图 1 – 17（a）所示，它是从基极输入信号，从发射极输出信号。从它的直流通路图 1 – 17（b）可看出，输入、输出共用集电极，所以称为共集电极电路。

共集电极电路分析：

（一）静态分析

由图 1 – 17（b）的直流通路可得出

$$V_{CC} = I_{BQ}R_b + U_{BEQ} + I_{EQ}R_e \tag{1 – 14}$$

$$I_{CQ} \approx I_{EQ} = \frac{V_{CC} - U_{BEQ}}{R_e + \dfrac{R_b}{1 + \beta}}$$

即得

$$\left. \begin{aligned} I_{BQ} &= \frac{I_{CQ}}{\beta} \\ U_{CEQ} &\approx V_{CC} - I_{EQ}R_e \end{aligned} \right\} \tag{1 – 15}$$

（二）动态分析

（1）电压放大倍数可由图 1 – 17（d）所示的微变等效电路得出。

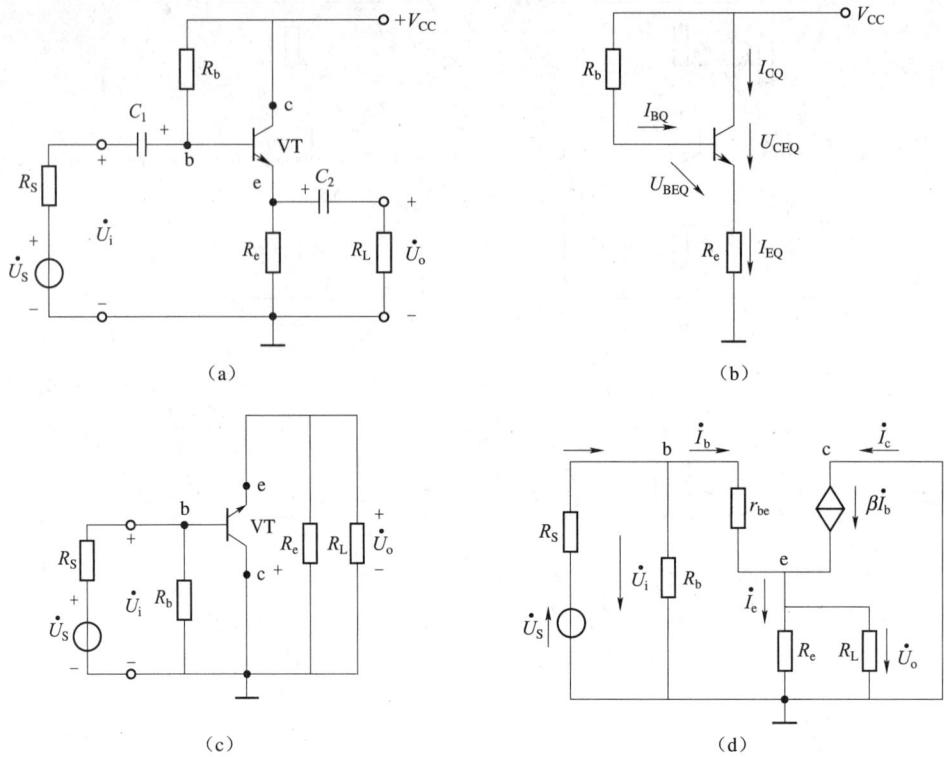

图 1-17 共集电极放大电路

(a) 共集电极放大电路；(b) 直流通路；(c) 交流通路；(d) 微变等效电路

因为

$$\left.\begin{array}{l} \dot{U}_o = \dot{I}_e R'_L = (1+\beta)\dot{I}_b R'_L \\ R'_L = R_e \mathbin{/\mkern-5mu/} R_L \\ \dot{U}_i = \dot{I}_b r_{be} + \dot{I}_e R'_L = \dot{I}_b r_{be} + (1+\beta)\dot{I}_b R'_L \end{array}\right\} \quad (1-16)$$

所以

$$\dot{A}_u = \frac{\dot{U}_o}{\dot{U}_i} = \frac{(1+\beta)\dot{I}_b R'_L}{\dot{I}_b r_{be} + (1+\beta)\dot{I}_b R'_L} = \frac{(1+\beta)R'_L}{r_{be} + (1+\beta)R'_L} \leqslant 1 \quad (1-17)$$

由于式中的 $(1+\beta)R'_L \gg r_{be}$，因而 $\dot{A}_u$ 略小于 1。又由于输出、输入同相位，输出跟随输入，且从发射极输出，故此电路又称为射极输出器或射极跟随器，简称射随器。

(2) 输入电阻 r_i 可由微变等效电路得出，由 $r_i = R_b \mathbin{/\mkern-5mu/} [r_{be} + (1+\beta)R'_L]$ 可知，共集电极电路的输入电阻很高，可达几十 kΩ 到几百 kΩ。

(3) 输出电阻 r_o 可由图 1-18 的等效电路来求得。将信号源短路，保留其内阻，在输出端去掉 R_L，加一交流电压 $\dot{U}_o$，产生电流 $\dot{I}_o$，则有

$$\dot{I}_o = \dot{I}_b + \beta\dot{I}_b + (1+\beta)\dot{I}_b$$

$$= \frac{\dot{U}_o}{r_{be} + R_S \mathbin{/\mkern-5mu/} R_b} + \frac{\beta\dot{U}_o}{r_{be} + R_S \mathbin{/\mkern-5mu/} R_b} + \frac{\dot{U}_o}{R_e} \quad (1-18)$$

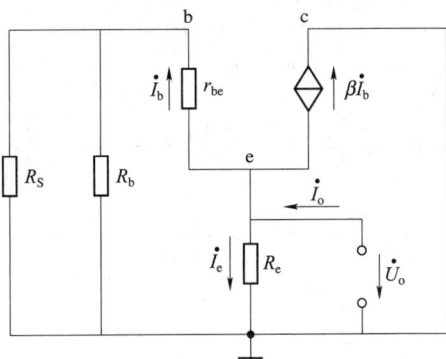

图 1-18　计算 r_o 的等效电路

式中，$\dot{I}_b = \dfrac{\dot{U}_o}{r_{be} + R_S /\!/ R_b}$。

所以

$$r_o = \frac{\dot{U}_o}{\dot{I}_o} = \frac{R_e [\, r_{be} + (R_S /\!/ R_b) \,]}{(1+\beta) R_e + [\, r_{be} + (R_S /\!/ R_b) \,]}$$

通常 $(1+\beta) R_e \gg [\, r_{be} + (R_S /\!/ R_b) \,]$

故

$$r_o \approx \frac{r_{be} + R_S /\!/ R_b}{1+\beta} \qquad\qquad (1-19)$$

由式（1-19）可知，射极输出器的输出电阻很小，若把它等效成一个电压源，则具有恒压输出特性。

（三）射极输出器的特点及应用

虽然射极输出器的电压放大倍数略小于 1，但输出电流是基极电流的 $(1+\beta)$ 倍。因此它不但具有电流放大和功率放大的作用，而且具有输入电阻高、输出电阻低的特点。

由于射极输出器输入电阻高，向信号源汲取的电流小，对信号源影响也小，因此一般用它作输入级。又由于射极输出器的输出电阻小，负载能力强，因此当放大器接入的负载变化时，它可保持输出电压稳定，故适用于多级放大器的输入和输出电路。同时它还可作为中间隔离级使用。在多级共射极放大电路耦合中，往往存在着前级输出电阻大，后级输入电阻小而造成耦合中的信号损失，使放大倍数下降。利用射极输出器输入电阻大、输出电阻小的特点，可与输入电阻小的共射极电路配合，将其接入两级共射极放大电路之间，在隔离前后级的同时，起到阻抗匹配的作用。

1.3　共基极电路的组成及分析

1.3.1　静态分析

在图 1-19 所示的共基极放大电路中，直流通路如图 1-16（a）所示，如果忽略 I_{BQ} 对

R_{b1}、R_{b2} 分压电路中电流的分流作用，则有

$$U_B \approx \frac{V_{CC}R_{b2}}{R_{b_1} + R_{b_2}}$$

$$I_{CQ} \approx I_{EQ} = \frac{U_E}{R_e} = \frac{U_B - U_{BEQ}}{R_e} \approx \frac{V_{CC}R_{b2}}{(R_{b_1} + R_{b_2})R_e} \quad (1-20)$$

$$I_{BQ} = \frac{I_{EQ}}{1+\beta}$$

$$U_{CEQ} \approx V_{CC} - I_{CQ}(R_e + R_c)$$

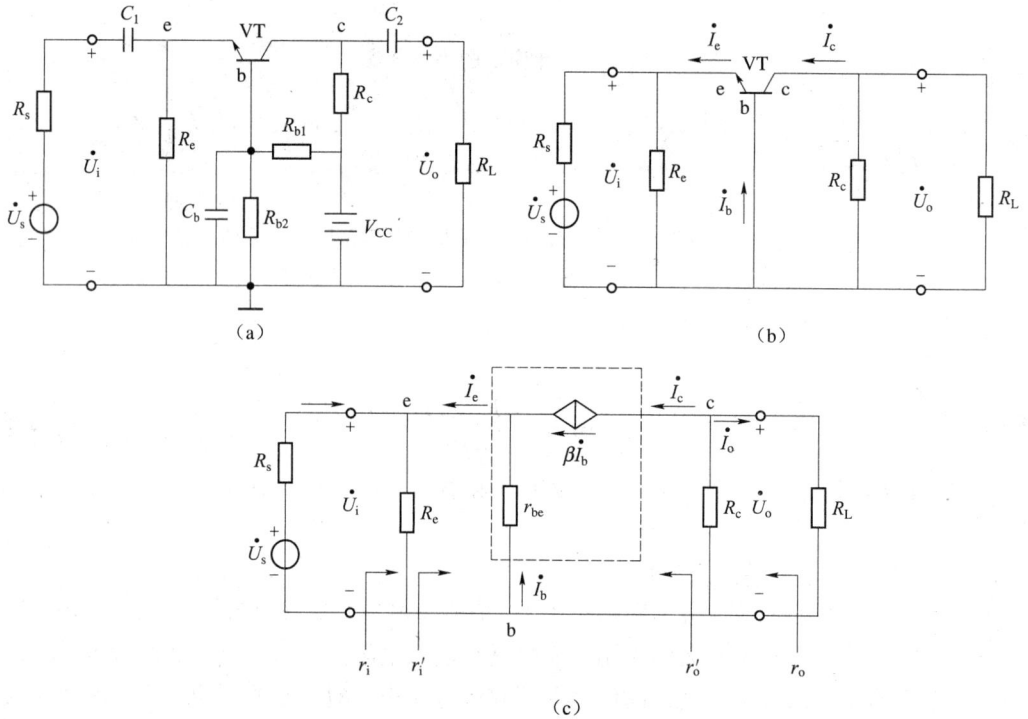

图 1-19 共基极放大电路
（a）共基极放大电路；（b）交流通路；（c）微变等效电路

1.3.2 动态分析

1. 放大倍数

利用图 1-19（c）的微变等效电路，可得

$$\dot{U}_o = -\dot{I}_c R'_L = -\beta\dot{I}_b R'_L \quad (1-21)$$

式中，$R'_L = R_c /\!/ R_L$。

又有

$$\dot{U}_i = -\dot{I}_b r_{be} \quad (1-22)$$

$$\dot{A}_u = \frac{\dot{U}_o}{\dot{U}_i} = \beta\frac{R'_L}{r_{be}} \quad (1-23)$$

共基极放大电路的电压放大倍数在数值上与共射极电路相同，但共基极放大电路的输入与输出是同相位的。

2. 输入电阻

当不考虑 R_e 的并联支路时，则有

$$r'_i = \frac{\dot{U}_i}{-\dot{I}_e} = \frac{-r_{be}\dot{I}_b}{-(1+\beta)\dot{I}_b} = \frac{r_{be}}{1+\beta} \qquad (1-24)$$

当考虑 R_e 时，为 $r_i = r'_i /\!/ R_e$。

3. 输出电压

在图 1 - 19（c）所示的微变等效电路中，电流源 $\beta\dot{I}_b$ 开路，则有

$$r_o \approx R_c \qquad (1-25)$$

1.3.3　共基极放大电路的特点及应用

共基极放大电路的特点是输入电阻很小，电压放大倍数较高。这类电路主要用于高频电压放大电路。

1.3.4　3 种基本放大电路的比较

前面讨论的是 3 种基本组态的电压放大器，为了比较它们的特点，将计算电路动态参数的公式列成表 1 - 1。

表 1 - 1　3 种基本组态电压放大器动态参数计算公式

参数	共发射极	共基极	共集电极
$\dot{A}_u = \frac{\dot{U}_o}{\dot{U}_i}$	$-\beta\frac{R'_L}{r_{be}}$	$\beta\frac{R'_L}{r_{be}}$	$\frac{(1+\beta)R'_L}{r_{be}+(1+\beta)R'_L}$
R'_L	$R_c /\!/ R_L$	$R_c /\!/ R_L$	$R_e /\!/ R_L$
r_i	$r_{be} /\!/ R_b$	$R_e /\!/ \frac{r_{be}}{1+\beta}$	$R_b /\!/ [r_{be}+(1+\beta)R_e]$
r_o	R_c	R_c	$R_e /\!/ \frac{r_{be}}{1+\beta}$

从表 1 - 1 所示的结果可得 3 种组态电压放大电路的特点分别是：共发射极电路的电压、电流、功率的增益都比较大，在电子电路中应用广泛；共基极电路因高频响应好，主要应用在高频电路中；共集电极电路独特的优点是输入阻抗高，输出阻抗低，多用于多级放大器的输入和输出电路。

实用实例　　　　　　　　　　**音响放大器**

音响放大器可以用于话音扩音、音乐欣赏、卡拉 OK 伴唱，其中的电子混响器的声音听起来具有一定深度感和空间立体感。

音响放大器是由话筒放大器、混合前置放大器、电子混响器、音调控制器和功率放大器

几部分组成。本设计采用集成运放芯片 LM324 和 LM4102。其中 LM324 是四运算集成电路，采用 14 脚直插封装，内部包含 4 组形式完全相同的运算放大器。除电源用外，4 组相互独立；由于集成放大器和集成运算放大器具有体积小、重量轻、使用方便和工作可靠的优点，可以代替传统电子管使用，解决了传统线路中元器件多、布线复杂等问题，因此其应用范围越来越广泛。

1. 整体框图

音响放大器的组成如图 1-20 所示。

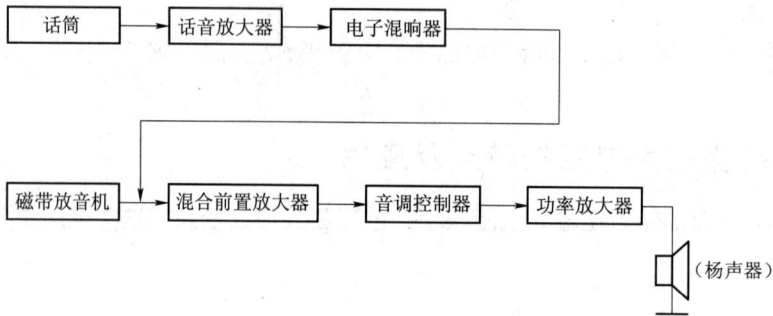

图 1-20　音响放大器的组成

（1）电子混响器：电子混响器是用电路模拟声音的多次反射，产生混响效果，使声音听起来具有一定的深度感和空间立体感。

（2）混合前置放大器：混合前置放大器是将磁带放音机输出的音乐信号与电子混响后的声音信号进行混合放大。

（3）音调控制器：主要是控制、调节音响放大器的幅频特性。

（4）功率放大器：给音响放大器的负载 R_L（扬声器）提供一定的输出功率。

2. 电子混响器

电子混响器的作用是用电子电路模拟声音的多次反射，产生混响效果，使声音听起来具有深度感和空间立体感。在"卡拉 OK"（不需乐队，利用磁带伴奏）伴唱机中，都带有电子混响器。电子混响器的组成如图 1-21 所示，其中 BBD 延时器又称为模拟延时集成电路，内部由场效应管构成多级电子开关和高精度存储器。在外加时钟脉冲作用下，这些电子开关不断地接通和断开，对输入信号进行取样、保持并向后级传递，从而使 BBD 的输出信号相对于输入信号延迟了一段时间。BBD 的级数越多，时钟脉冲的频率越高，延迟时间越长。BBD 配有专用的时钟电路，如 MN3102 时钟电路与 MN3200 系列的 BBD 器件配套。

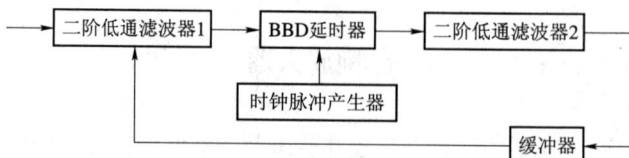

图 1-21　电子混响器的组成

3．混合前置放大器

混合前置放大器的作用是把 CD 或磁带放音机输出的音乐信号与电子混响后的声音信号进行混合放大，通常由如图 1-22 所示的加法器组成。u_1 和 u_2 分别为上述的音乐信号和声音信号。

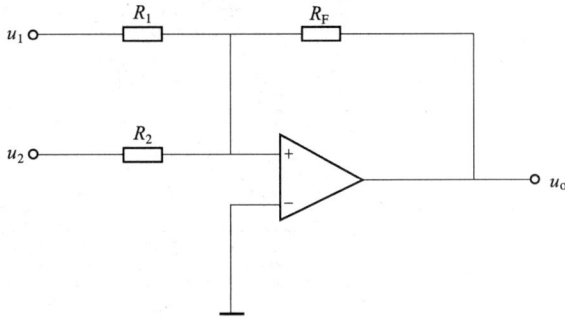

图 1-22　混合前置放大电路（加法器）

4．功率放大器

功率放大器的作用是给音响放大器的负载 R_L（扬声器）提供所需的功率。当负载一定时，希望输出的功率尽可能大，输出信号的非线性失真尽可能小，效率尽可能高。如图 1-23 所示是 LA4100 集成功放的典型应用。

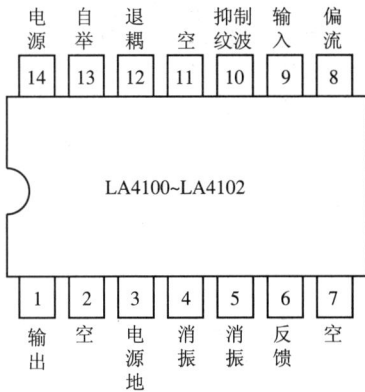

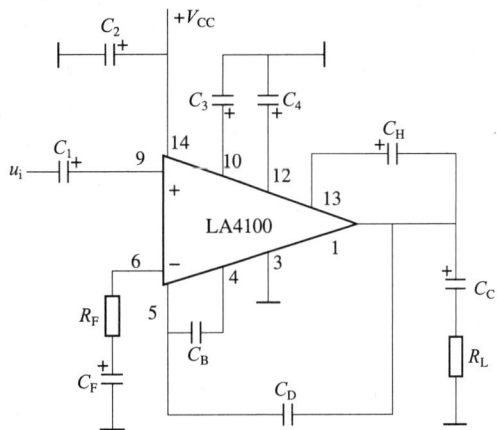

图 1-23　LA4100 接成 OTL 电路

音响放大器电路整体设计如图 1-24 所示。

主要技术指标：

（1）额定功率 $P_o \geqslant 1$ W（$\gamma < 3\%$）。

（2）负载阻抗 $R_L = 8$ Ω。

（3）频率响应 $f_L = 5$，$f_H = 20$ kHz。

（4）输入阻抗 $R_i \gg 20$ kΩ。

（5）音调控制特性 1 kHz 处增益为 0 dB，125 Hz 和 8 kHz 处有 ±12 dB 的调节范围，$A_{uL} = A_{uH} \geqslant 20$ dB。

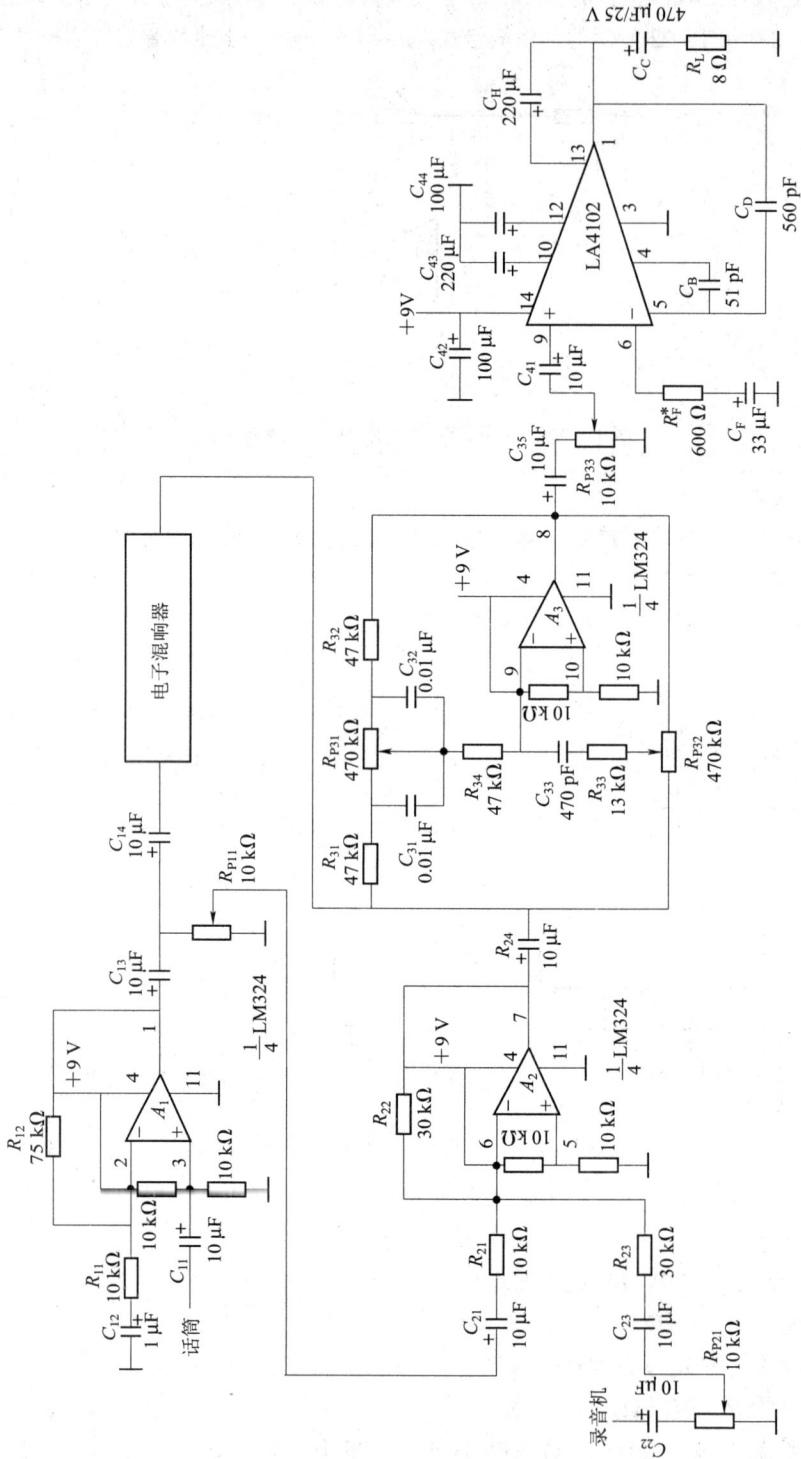

图1-24 音响放大器电路整体设计

本章小结

（1）放大电路的实质，就是用较小的能量去控制较大的能量，或者说用一个能量较小的输入信号对直流电源的能量进行控制和转换，使之变成较大的交流电能输出，以便驱动负载工作。

（2）计算工作点数值的电路是放大器的直流通路，根据电容隔直流的特性，可将放大器原电路画成直流电路。画出直流通路后，根据电路分析的方法即可计算放大器的静态工作点。

（3）放大电路的分析应遵循"先静态、后动态"的原则，只有静态工作点合适，动态分析才有意义；Q 点不但影响电路输出是否失真，而且与动态参数密切相关，因此稳定 Q 点非常必要。

（4）三极管有3个工作区，分别是截止区、放大区和饱和区。

（5）晶体管放大电路有共射、共集、共基3种接法。

（6）共发射极电路的电压、电流、功率的增益都比较大，在电子电路中应用广泛；共基极电路因高频响应好，主要应用在高频电路中；共集电极电路独特的优点是输入阻抗高，输出阻抗低，多应用于多级放大器的输入和输出电路。

习题

一、选择填空题

1–1 在由 PNP 晶体管组成的基本共射放大电路中，当输入信号为 1 kHz、5 mV 的正弦电压时，输出电压波形出现了顶部削平的失真。这种失真是_____。

1–2 为了使一个电压信号能得到有效的放大，而且能向负载提供足够大的电流，应在这个信号源后面接入_____电路。

A. 共射电路　　　　　B. 共基电路　　　　　C. 共集电路

1–3 某同学为验证基本共射放大电路电压放大倍数与静态工作点的关系，在线性放大条件下对同一个电路测了4组数据，其中错误的一组是_____。

A. $I_c = 0.5$ mA, $U_i = 10$ mV, $U_o = 0.37$ V　　　B. $I_c = 1.0$ mA, $U_i = 10$ mV, $U_o = 0.62$ V

C. $I_c = 1.5$ mA, $U_i = 10$ mV, $U_o = 0.96$ V　　　D. $I_c = 2$ mA, $U_i = 10$ mV, $U_o = 0.45$ V

1–4 电路如图 1–25 所示（用（a）表示增大，（b）表示减小，（c）表示不变或基本不变，进行填空）：

①若将电路中 C_e 由 100 μF 改为 10 μF，则 $|A_{um}|$ 将_____，f_L 将_____，f_H 将_____，中频相移将_____。

②若将一个 6 800 pF 的电容错焊到三极管 b、c 两极之间，则 $|A_{um}|$ 将_____，f_L 将_____，f_H 将_____。

③若换一个 f_T 较低的晶体管，则 $|A_{um}|$ 将_____，f_L 将_____，f_H 将_____。

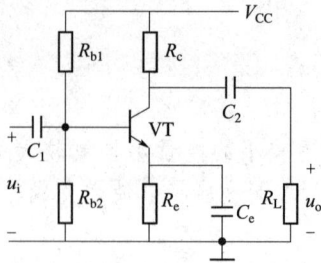

图 1-25　题 1-4 用图

1-5　一个放大电路的对数幅频特性如图 1-26 所示。由图可知，中频放大倍数 $|A_{um}|$ = _____，f_L 为 _____，f_H 为 _____，当信号频率为 f_L 或 f_H 时，实际的电压增益为 _____。

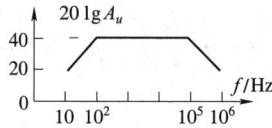

图 1-26　题 1-5 用图

二、计算题

1-6　在晶体管放大电路中测得 3 个晶体管的各个电极的电位如图 1-27 所示。试判断各晶体管的类型（是 PNP 管还是 NPN 管，是硅管还是锗管），并区分 e、b、c 三个电极。

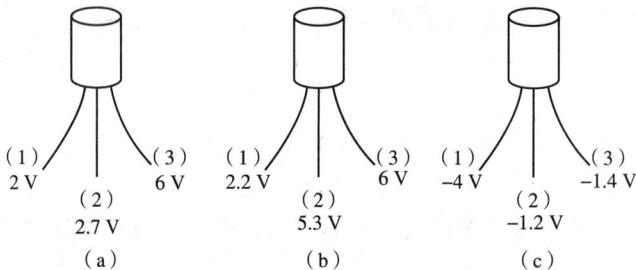

图 1-27　题 1-6 用图

1-7　在如图 1-28 所示的放大电路中，设 V_{CC} = 10 V，R_{b1} = 4 kΩ，R_{b2} = 6 kΩ，R_c = 2 kΩ，R_e = 3.3 kΩ，R_L = 2 kΩ。电容 C_1、C_2 和 C_e 都足够大。若更换晶体管使 β 由 50 改为 100，$r_{bb'}$ 约为 0），则此放大电路的电压放大倍数为 _____。

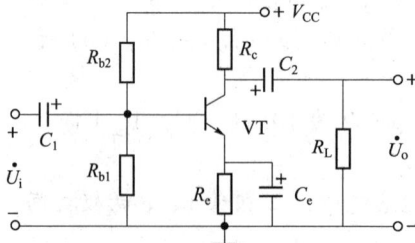

图 1-28　题 1-7 用图

A. 约为原来的 2 倍   B. 约为原来的 0.5 倍

C. 基本不变   D. 约为原来的 4 倍

1-8 如图 1-29 所示电路能否实现正常放大？

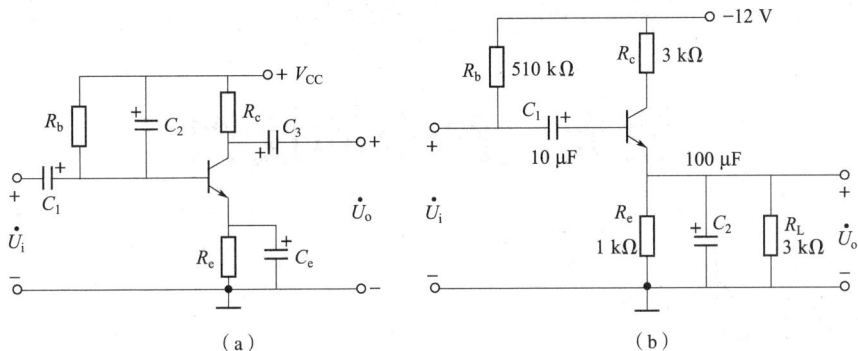

图 1-29 题 1-8 用图

1-9 如图 1-30 所示的电路中，已知 $V_{CC} = 6$ V，$R_b = 150$ kΩ，$\beta = 50$，$R_c = R_L = 2$ kΩ，$R_s = 200$ Ω，求：

(1) 放大器的静态工作点 Q；

(2) 计算电压放大倍数以及输入电阻、输出电阻和源电压放大倍数的值；

(3) 若 R_b 改成 50 kΩ，再计算 (1)、(2) 所求的值。

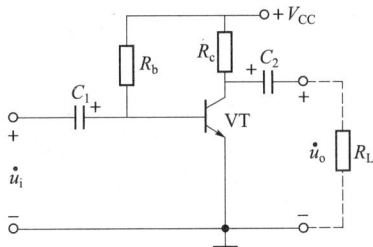

图 1-30 题 1-9 用图

第 2 章

放大电路中的反馈

本章介绍

在这一章中将学习放大电路中反馈的基本概念及各种反馈的判定及反馈对电路的作用，并简单介绍深度负反馈的计算。

本章学习目标

(1) 了解反馈的基本概念。

(2) 掌握电压、电流反馈，串联、并联反馈及正负反馈的判定方法。

(3) 掌握负反馈对电路的作用。

(4) 了解深度负反馈的计算。

反馈在电子电路中被广泛应用，在放大电路中引入负反馈可以改善放大性能。在第 1 章的工作点稳定电路中就引入了负反馈，那什么是反馈？反馈有哪几种形式？它们各自的特点是什么？如何对不同形式的反馈电路进行分析？这些问题即是本章重点学习的内容。

2.1 反馈的概念

1. 反馈的概念

反馈是指把放大电路输出回路中某个量（电压或电流）的一部分或全部，通过一定的电路形式（反馈网络）送回到放大电路的输入回路，并同输入信号一起参与控制作用，以使放大电路某些性能获得改善的过程。

2. 反馈放大电路的框图及一般表达式

反馈放大电路均可用如图 2-1 所示的框图来表示。它表明，反馈放大电路是由基本放大电路和反馈网络构成的一个闭环系统，故常称反馈放大电路为闭环放大电路，相应地称未引入反馈的放大电路为开环放大电路。反馈电路中比较与取样都是通过反馈网络与基本放大电路的特定连接方式实现的。

要注意的是，这里的基本放大电路是指考虑了反馈网络对放大电路输入和输出回路的负载效应，但又将反馈网络分离出去后的电路，它可以是单级或多级电路，而且往往还存在

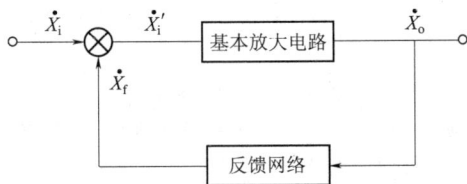

图 2 - 1 反馈电路框图

着局部反馈。基本放大电路的放大倍数，又称为开环放大倍数，为

$$\dot{A} = \frac{\dot{X}_o}{\dot{X}'_i} \quad\quad (2-1)$$

反馈网络通常为线性网络，其传输系数定义为

$$\dot{F} = \frac{\dot{X}_f}{\dot{X}_o} \quad\quad (2-2)$$

称之为反馈系数。

为了突出反馈的实质，通常忽略次要因素，简化分析过程，以及假定：

（1）信号从输入端到输出端的传输只通过基本放大电路，而不通过反馈网络；

（2）信号从输出端反馈到输入端只通过反馈网络而不通过基本放大电路。也就是说，信号传输具有单向性。实践表明，这种假定是合理且有效的，符合这种假定的框图称为理想框图。

对图 2 - 1 所示单一环路反馈的理想框图有如下关系，即

$$\dot{X}_o = \dot{A}\dot{X}'_i$$
$$\dot{X}'_i = \dot{X}_i - \dot{X}_f \quad\quad (2-3)$$
$$\dot{X}_f = \dot{F}\dot{X}_o$$

由此可得反馈放大电路的闭环放大倍数 A_f 为

$$\dot{A}_f = \frac{\dot{X}_o}{\dot{X}_i} = \frac{\dot{A}}{1 + \dot{A}\dot{F}} \quad\quad (2-4)$$

式（2-4）是反馈放大电路的基本关系式，也是分析单环反馈放大电路的重要公式。这里 $\dot{X}$ 可以是电压也可以是电流，$\dot{F}$、$\dot{A}$ 的具体含义由反馈类型决定。

为了分析方便，在以后讨论反馈放大电路性能时，除频率特性外，均假定工作信号在中频范围，且反馈网络具有纯电阻性质，因此，$\dot{F}$、$\dot{A}$ 均可用实数表示。于是变为

$$A_f = \frac{A}{1 + AF} \quad\quad (2-5)$$

式中，$1 + AF$ 称为反馈深度。

2.2 电路中反馈的形式

由于有没有反馈和反馈的不同形式对于放大电路的性能的影响是不同的，因此在进行具体分析之前，首先要清楚这个电路中是否含有反馈，反馈的是什么，反馈使输入的作用加强

了还是削弱了。

1. 反馈与反馈通路

如果电路中存在有信号反向流通的通路（反馈通路），在输出量发生变化时，就能通过反馈通路送到输入回路，形成反馈；若无反馈通路，则不能形成反馈，所以要判断一个电路是否有反馈，可通过分析它是否存在反馈通路而进行判断。

在图 2-2 中，信号从输入端进入放大电路，经放大后从输出端输出，信号只有一个流向：从输入到输出，不存在其他的信号流通途径，也不存在反馈，这种情况称为开环。

而在图 2-3 中，除了放大电路外，还有 R_f 和 R_1 连接在输出和输入之间，输入信号能通过它传到输出端，输出信号也能通过它传到输入端（电阻有双向传输作用），但由于输出信号通常比输入信号要大很多，所以 R_f 和 R_1 组成的电路中流通的主要成分从输出端流通到输入端，即反馈同类。这种情况称为闭环，这个电路就是反馈放大电路。

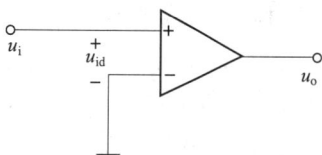

图 2-2 无反馈电路

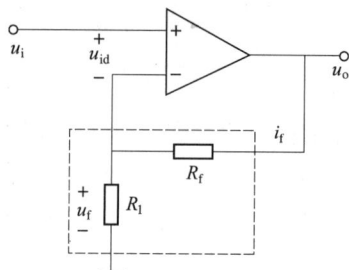

图 2-3 有反馈电路

例 2-1 判断图 2-4、图 2-5 中的电路有无反馈。

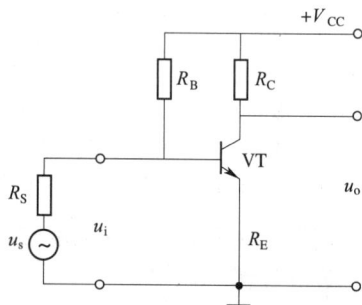

图 2-4 例 2-1 用图（1）

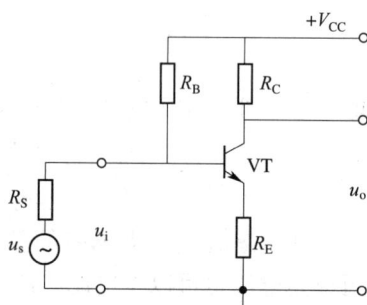

图 2-5 例 2-1 用图（2）

解： 由两图可以看出图 2-4 所示电路没有反馈，图 2-5 所示电路有反馈。

2. 交流反馈和直流反馈

由于在放大电路中存在交流分量和直流分量，因此反馈信号也是如此。若反馈到输入端的信号只存在直流分量，则引入的反馈为直流反馈。引入直流负反馈可以稳定放大电路的静态工作点，如图 2-6 所示。

若反馈到输入端的信号只存在交流分量，则引入的反馈为交流反馈。引入交流负反馈可以减小放大器的失真、展宽频带、提高放大器输入电阻及降低放大器输出电阻，如图 2-7所示。

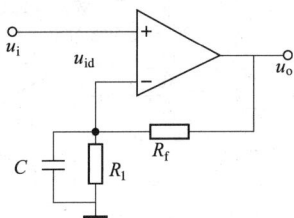

图 2 - 6　直流反馈电路

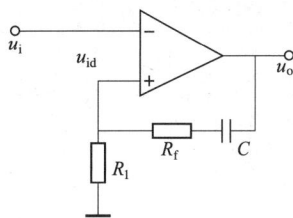

图 2 - 7　交流反馈电路

若放大电路由运放或其他形式的电路直接耦合组成，则在放大和反馈通路中同时通过交流和直流信号的情况下，反馈对交流和直流性能都有影响。

3．正反馈和负反馈

按照反馈对放大电路性能影响的效果，可将反馈分为正反馈和负反馈两种极性。

凡引入反馈后，反馈到放大电路输入回路的信号（称为反馈信号，用 $\dot{X}_f$ 表示）与外加激励信号（用 $\dot{X}_i$ 表示）比较的结果，使得放大电路的有效输入信号（也称为净输入信号，用 $\dot{X}_i'$ 表示）削弱，即 $\dot{X}_i' < \dot{X}_i$，从而使放大倍数降低，这种反馈称为负反馈。凡引入反馈后，比较结果使 $\dot{X}_i' > \dot{X}_i$ 从而使放大倍数提高，这种反馈称为正反馈。

区别正负反馈的思路：我们首先假定将反馈通路在适当的地方断开（一般在反馈通路与输入回路的连接处），即由闭环变开环，再假定输入信号瞬时值有个变化量，然后分析这个变化量经过放大并反馈回来后将对原来的输入量产生什么样的影响。若其趋势使输入量变化的趋势得到增强则为正反馈；如果使输入量变化的趋势受到削弱则为负反馈。

图 2 - 8 中 R_f 就是起这种联系作用的元件，因此，R_f 就是反馈元件，它构成反馈网络。

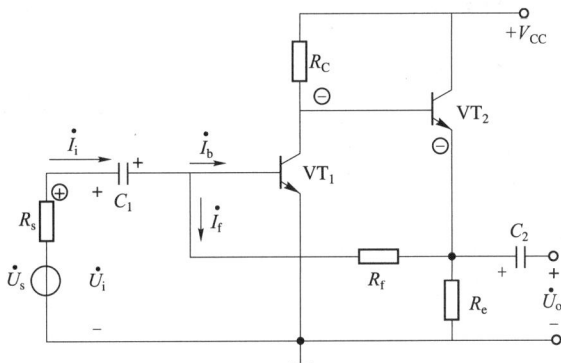

图 2 - 8　负反馈电路

下面分别介绍瞬时极性的判断和正负反馈的判断：

1）瞬时极性的判断

（1）对于晶体管（见图 2 - 9）：

如果是共射极放大电路，输出端与输入端反相；

如果是共集电极放大电路，输出端与输入端同相。

（2）对于集成运放（见图 2 - 10）

如果从同相输入端输入，输出为同相；

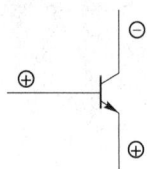

图 2-9　晶体管反馈极性　　　　　　　图 2-10　运放反馈极性

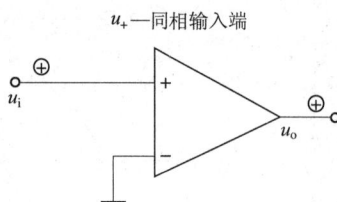

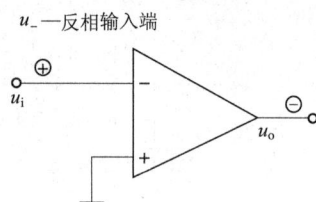

如果从反相输入端输入，输出为反相。

2）正负反馈的判断

瞬时值增加为正极性，瞬时值减少为负极性。设放大器输入端的瞬时极性为正极性，沿放大器从输入到输出及反馈环路逐级依次判断相关点的瞬时极性。分析反馈到输入的信号极性，如果反馈使净输入的瞬时极性减小，则为负反馈；反之，若引入反馈后使净输入量增大，则为正反馈。

判断反馈极性可利用瞬时极性法，假定 $\dot{U}_i$ 的极性为对地（+），则经一级共射电路放大后，$\dot{U}_{o1}$ 的极性为（-），再经一级共集电极电路放大后的 U_{o2} 极性为（-），通过 R_f 的反馈电流的瞬时流向，由其两端的瞬时电压极性决定。如图 2-8 所示，由于 $\dot{I}_f$ 的分流作用，使得放大电路的有效输入信号 $\dot{I}_b = \dot{I}_i' = \dot{I}_i - \dot{I}_f$ 减弱，故为负反馈。

例 2-2　判断图 2-11、图 2-12 所示电路是正反馈还是负反馈。

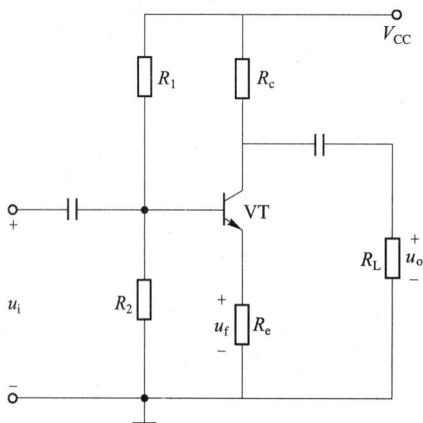

图 2-11　例 2-2 用图（1）　　　　　　图 2-12　例 2-2 用图（2）

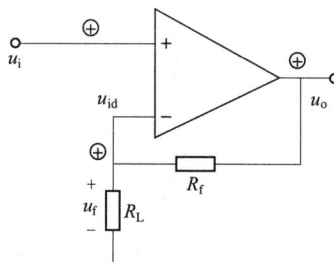

解： 由图可以判断均为负反馈。

2.3　负反馈放大电路的组态

从上例可以看出，同是反馈其连接方式却不尽相同。从输入端看，有的反馈通路与输入信号连接在同一节点，有的则引回不同的节点。从输出端看，有的反馈通路是直接从输出端引出来的，有的却不是。不同的连接方式对电路的影响也是不同的，因此研究不同的连接方式所起到的作用，才能进一步掌握反馈电路的性能。

1. 负反馈放大电路反馈类型的分类

（1）按反馈信号在输出端取样对象分类，可分为电压反馈和电流反馈。

若反馈网络与基本放大电路在输出端并联，如图 2 - 13 所示，当反馈信号取自于输出电压 $\dot{U}_\mathrm{o}$，即 $\dot{X}_\mathrm{f} \propto \dot{U}_\mathrm{o}$，输出为电压取样，则称为电压反馈；当输入电压为 0 时反馈就不存在。

若反馈网络与基本放大电路在输出端相串联，这时反馈信号取自于流过 R_L 的电流，如图 2 - 14 所示，即 $\dot{X}_\mathrm{f} \propto \dot{I}_\mathrm{o}$，输出为电流取样，则称为电流反馈。

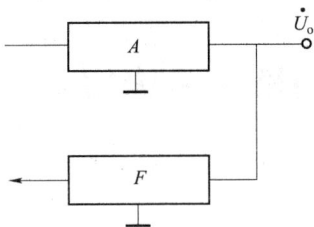

图 2 - 13　电压取样电路　　　　　　　　　图 2 - 14　电流取样电路

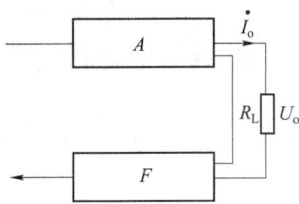

（2）按反馈信号与输入信号在输入端连接方式分类，可分为串联反馈和并联反馈。

若反馈网络与基本放大电路在输入端相串联，$\dot{X}_\mathrm{i}$ 与 $\dot{X}_\mathrm{f}$ 以电压形式相叠加，称为串联反馈，如图 2 - 15 所示；对串联反馈适于用电压求和的方式来反映反馈对输入信号的影响，即

$$\dot{X}_\mathrm{i}' = \dot{U}_\mathrm{i}' = \dot{U}_\mathrm{i} - \dot{U}_\mathrm{f} \tag{2 - 6}$$

若在输入端相并联，$\dot{X}_\mathrm{i}$ 与 $\dot{X}_\mathrm{f}$ 以电流形式相叠加称为并联反馈，如图 2 - 16 所示。对并联反馈适于用电流求和的方式来反映反馈对输入信号的影响。记输入电路电流为 $\dot{I}_\mathrm{i}$，放大电路的输入电流（净输入电流）为 $\dot{I}_\mathrm{i}'$，反馈网路的电流为 $\dot{I}_\mathrm{f}$，即

$$\dot{X}_\mathrm{i}' = \dot{I}_\mathrm{i}' = \dot{I}_\mathrm{i} - \dot{I}_\mathrm{f} \tag{2 - 7}$$

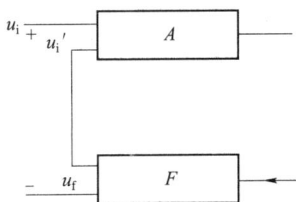

图 2 - 15　串联求和电路　　　　　　　　　图 2 - 16　并联求和电路

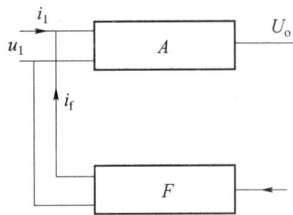

2. 反馈类型的判定方法

（1）电压反馈与电流反馈的判断。

令 $\dot{U}_\mathrm{o} = 0$，即将放大电路输出端交流短路，若反馈信号 $\dot{X}_\mathrm{f}$ 消失，则为电压反馈；若反馈信号 $\dot{X}_\mathrm{f}$ 仍然存在，则为电流反馈。

若能画出方框图，也可直接根据 A、F 网络在输出端的连接形式来判定：并联为电压反馈，串联为电流反馈。

一般来说，反馈信号取自电压输出端的为电压反馈，反馈信号取自非电压输出端的为电

流反馈。反馈网络直接与输出端相连必为电压反馈，不相连为电流反馈。

（2）串联反馈与并联反馈的判断。

令 $\dot{U}_i=0$，即将放大电路输入端假想交流短路，若反馈信号作用不到放大电路输入端，则这种反馈为并联反馈；若反馈信号仍能作用到放大电路输入端，则为串联反馈。当然也可直接根据基本放大电路与反馈网络的连接方式确定。

一般来说，反馈信号加到共射极电路基极的反馈为并联反馈；反馈信号加到共射极电路发射极的反馈为串联反馈。

总之，反馈网络直接与输入端相连必为并联反馈，不相连则为串联反馈。

2.4 负反馈放大电路的4种组态

综合考虑输入、输出端的反馈形式，负反馈放大电路可分为4种类型（也称4种组态），分别为电压串联负反馈组态、电流串联负反馈组态、电压并联负反馈组态和电流并联负反馈组态。

电压串联负反馈是电压取样、电压求和；电流串联负反馈是电流取样、电压求和；电压并联负反馈是电压取样、电流求和；电流并联负反馈是电流取样、电流求和。不同组态的反馈电路 A、F、A_f 的具体含义不同，由相应的 $\dot{X}_i$、$\dot{X}_f$、$\dot{X}_o$ 决定。

1. 电压串联负反馈电路

（1）确定反馈元件。图 2-17 中 R_f、R_{e1}、C_f 是连接输出回路与输入回路的元件，故 R_f、R_{e1}、C_f 是反馈元件，它们组成反馈网络，引入级间反馈。

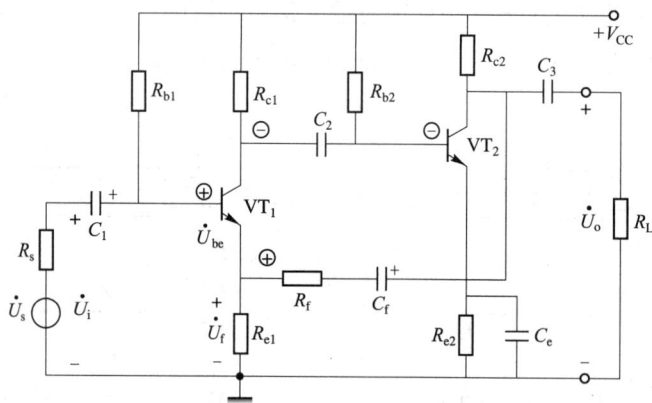

图 2-17 电压串联负反馈电路

（2）判断是电压反馈还是电流反馈。

可用两种方法来判别：

一是反馈网络直接接在放大电路电压输出端，故为电压反馈；

二是令 $\dot{U}_o=0$，因 $\dot{U}_f$ 由 R_f、R_{e1} 对 $\dot{U}_o$ 分压而得，故 $\dot{U}_f=0$，反馈消失，所以为电压反馈。

（3）判别是串联反馈还是并联反馈。

由图可以看出：$\dot{U}_{be}=\dot{U}_i-\dot{U}_f$，即输入端反馈信号与输入信号以电压形式相叠加，故为串联反馈，也可令 $\dot{U}_i = 0$，此时 $\dot{U}_f$ 仍能作用到放大电路输入端，故为串联反馈；还可以根据反馈信号引至共射极电路发射极，故为串联反馈。

（4）判别反馈极性。

假定 $\dot{U}_i$ 为 （ + ），则经两级共射极电路放大后，$\dot{U}_o$ 为 （ + ），经 R_f 与 R_{e1} 分压得到的 $\dot{U}_f$ 也为 （ + ），结果使得放大电路有效输入信号减弱，故为负反馈。或者由 $\dot{U}_{BE} = \dot{U}_i - \dot{U}_f$ 亦可判断其为负反馈电路。

综上判断结果，该电路为电压串联负反馈放大电路。对电压串联负反馈电路，$\dot{X}_i = \dot{U}_i$，$\dot{X}_o = \dot{U}_o$，$\dot{X}_f = \dot{U}_f$，所以定义其放大倍数为

$$A_{UU} = \frac{\dot{U}_o}{\dot{U}'_i} \qquad (2-8)$$

反馈系数为

$$F_{UU} = \frac{\dot{U}_f}{\dot{U}_o} \qquad (2-9)$$

2. 电流串联负反馈电路

（1）确定反馈元件。

如图 2 - 18 所示，R_e 是连接输出回路和输入回路的元件，故为反馈元件，由它组成反馈网络。

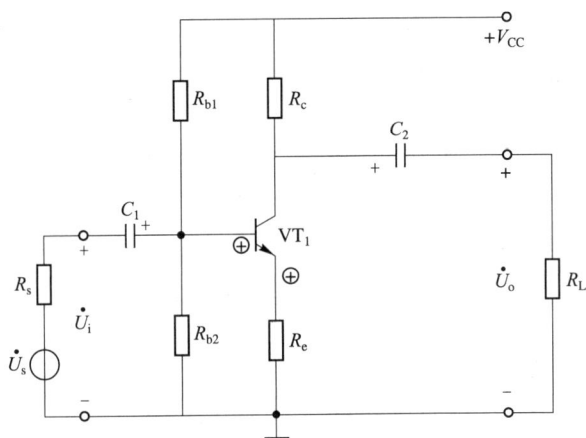

图 2 - 18　电流串联负反馈电路

（2）判断是电压反馈还是电流反馈。

反馈网络与基本放大电路在输出端串联，故为电流反馈。

（3）判断是串联反馈还是并联反馈。

反馈网络与基本放大电路在输入端串联，故为串联反馈。

（4）判断反馈极性。

假定 $\dot{U}_i$ 的瞬时极性为 （ + ），则 $\dot{U}_f$ 的极性为 （ + ），由 $\dot{U}_{be} = \dot{U}_i - \dot{U}_f$，可知结果使放大电路有效输入信号减弱，故为负反馈。

综上判断结果，该电路为电流串联负反馈放大电路。对电流串联负反馈电路，$\dot{X}_i = \dot{U}_i$，

$\dot{X}_o = \dot{I}_o$，$\dot{X}_f = \dot{U}_f$，所以定义其放大倍数为

$$A_{IU} = \frac{\dot{I}_o}{\dot{U}'_i} \qquad (2-10)$$

反馈系数为

$$F_{UI} = \frac{\dot{U}_f}{\dot{I}_o} \qquad (2-11)$$

3. 电流并联负反馈电路

（1）确定反馈元件。

如图 2-19 所示，R_f、R_{e2} 是连接输出回路和输入回路的元件，故为反馈元件，由它们组成反馈网络。

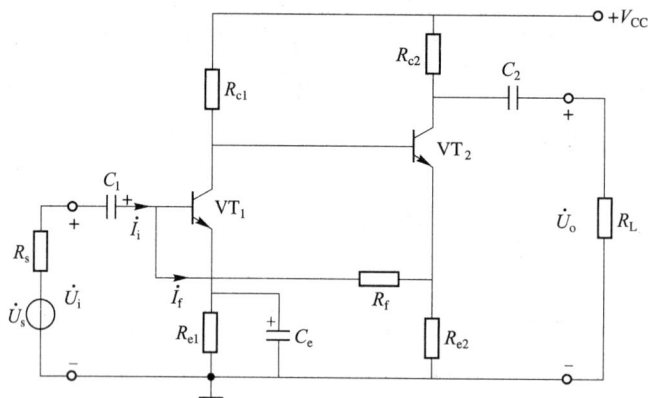

图 2-19　电流并联负反馈电路

（2）判断是电压反馈还是电流反馈。

因反馈信号取自非电压输出端，故为电流反馈。还可以设 $\dot{U}_o = 0$，此时，反馈依然存在，若设 $\dot{I}_o = 0$，即将 R_L 开路，则没有反馈，因此可判断是电流反馈。

（3）判断是串联反馈还是并联反馈。

因反馈信号引至共射极电路的基极，故为并联反馈。

（4）判断反馈极性。

假定 $\dot{U}_i$ 为对地（+），经两级共射极电路放大后 $\dot{U}_{e2}$ 为（-），则通过 R_f 的电流 $\dot{I}_f$ 的方向如图 2-19 中所示，它对 $\dot{I}_i$ 起了分流作用，从而使有效输入信号减弱，故为负反馈。

综上判断结果，该电路为电流并联负反馈放大电路。对电流并联负反馈电路，$\dot{X}_i = \dot{I}_i$，$\dot{X}_o = \dot{I}_o$，$\dot{X}_f = \dot{I}_f$，所以定义其放大倍数为

$$A_{II} = \frac{\dot{I}_o}{\dot{I}'_i} \qquad (2-12)$$

反馈系数为

$$F_{II} = \frac{\dot{I}_f}{\dot{I}_o} \qquad (2-13)$$

4．电压并联负反馈电路

（1）确定反馈元件。

由图 2 - 20 可见，R_f 是连接输出回路和输入回路的元件，故为反馈元件，由它组成反馈网络。

（2）判断是电压反馈还是电流反馈。

放大电路与反馈网络在输出端是并联的，故为电压反馈。

（3）判断是并联反馈还是串联反馈

放大电路与反馈网路在输入端也是并联的，故为并联反馈。

（4）判断反馈极性。

又因 $\dot{U}_i$ 为（ + ）时，$\dot{U}_o$ 为（ - ），流过 R_f 的电流方向如图 2 - 20 中箭头方向所示，其结果使 $\dot{I}_b = \dot{I}_i - \dot{I}_f$ 减小，故为负反馈。

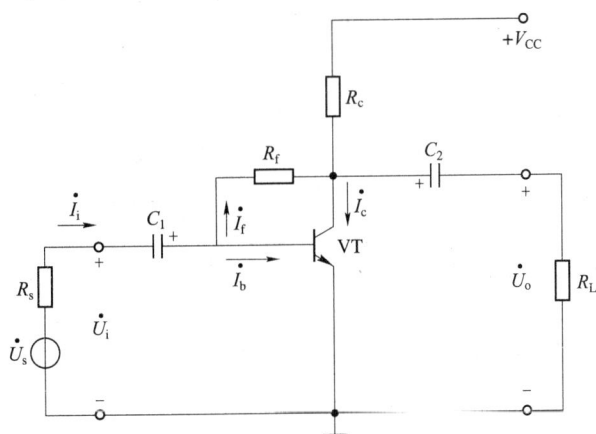

图 2 - 20　电压并联负反馈电路

综上判断结果，该电路为电压并联负反馈放大电路。对电压并联负反馈电路，$\dot{X}_i = \dot{I}_i$，$\dot{X}_o = \dot{U}_o$，$\dot{X}_f = \dot{I}_f$，所以定义其放大倍数为

$$A_{UI} = \frac{\dot{U}_o}{\dot{I}'_i} \tag{2 - 14}$$

反馈系数为

$$F_{IU} = \frac{\dot{I}_f}{\dot{U}_o} \tag{2 - 15}$$

2.5　反馈对电路的作用

在前面我们求得反馈回路的闭环放大倍数为

$$A_f = \frac{A}{1 + AF} \tag{2 - 16}$$

当 $| 1 + AF | \gg 1$ 时，有

$$|A_f| = \frac{|A|}{|1 + AF|} \approx \frac{1}{F} \qquad (2-17)$$

式（2-17）表明此时的负反馈放大电路的放大倍数几乎只取决于反馈系数，而与开环放大倍数的具体数值无关，因为反馈网络一般都是无源网络，反馈系数只与网络中元件的数值有关，因此比较稳定。

满足 $|1 + AF| \gg 1$ 条件的负反馈，称为深度负反馈。

当 $|1 + AF| < 1$ 时，$|A_f| > |A|$，这实际上已经是正反馈了。若原来在中频时是接成负反馈的，在低频或高频时可能满足上述条件，即附加相移接近 $180°$，反馈的极性和原来相反，这时反馈就从负反馈变为正反馈了。

当 $|1 + AF| = 0$ 时，$|A_f| = \infty$。即在没有输入信号时，也会有输出信号，这种现象叫自激振荡。对应负反馈放大电路，自激振荡破坏了正常的工作状态，因此应该避免。在工程实践中有时会用正反馈来产生信号，但本章主要研究的内容为负反馈的作用。

1. 降低放大倍数

由负反馈放大电路的一般表达式 $A_f = \dfrac{A}{1 + AF}$ 可知，闭环放大倍数仅是开环放大倍数的 $(1 + AF)$ 分之一，因为负反馈 $(1 + AF) > 1$，故引入负反馈后，放大电路的放大倍数降低。负反馈虽使闭环放大倍数降低，但换来了其他性能的改善。

2. 提高放大倍数的稳定性

放大电路放大倍数的数值取决于电路中元器件的参数，而晶体管的更换、电源电压的不稳定、温度及负载的变化等都将使放大倍数发生变化，因此一般情况下，放大倍数是不稳定的。利用负反馈的自动调节原理，可以抑制放大倍数的变化，从而提高系统稳定性。放大倍数的稳定性可用它的相对变化量来表示。

将负反馈基本关系式 $A_f = \dfrac{A}{1 + AF}$ 对 A 求导可得

$$dA_f = \frac{(1 + AF)\,dA - AF\,dA}{(1 + AF)^2} = A_f \frac{1}{1 + AF} \frac{dA}{A}$$

$$\frac{dA_f}{A_f} = \frac{1}{1 + AF} \frac{dA}{A} \qquad (2-18)$$

式（2-18）表明，闭环放大倍数的相对变化量仅为开环放大倍数相对变化量的 $(1 + AF)$ 分之一。即闭环放大倍数的稳定性比开环放大倍数的稳定性提高了 $(1 + AF)$ 倍。

3. 展宽频带

由于晶体管某些参数随频率而变化，电路中又总是存在一些电抗性元件，因而放大倍数也随频率而变化，使放大电路通频带较窄。负反馈的自动调节作用可以使放大电路的放大倍数随频率的变化而减小，从而使通频带展宽。

如图 2-21 所示，B 是无反馈时放大电路的频率特性所对应的通频带，B_f' 是引入较浅负反馈后放大电路频率特性的通频带。而 B_f'' 则是

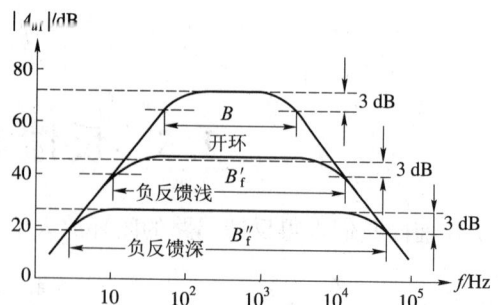

图 2-21 放大电路的频率特性

引入较深负反馈后放大电路频率特性的通频带，显然，$B''_f > B'_f > B$。

以电压串联负反馈为例，由于 $\dot{U}_f \propto \dot{U}_o$，在中频区，$\dot{U}_o$ 增大，$\dot{U}_f$ 也增大，在高频率区或低频率区，$\dot{U}_o$ 减小，$\dot{U}_f$ 也跟着减小。就是说，随着频率 f 的升高或降低，反馈深度都比中频区有所减小。因为是负反馈，当信号电压 $\dot{U}_i$ 一定时，$\dot{U}'_i = \dot{U}_{be} = \dot{U}_i - \dot{U}_f$，这就使中频区 $\dot{U}_o$ 下降多一些，高、低频区 $\dot{U}_o$ 下降少一些，其频率特性就显得平坦，使得上限频率增加，下限频率下降。从而展宽了通频带。

放大电路引入负反馈以后，其中频放大倍数比原中频放大倍数降低了 $(1 + AF)$ 倍，而放大电路的频率特性曲线的高频端（放大倍数下降到原中频的 0.707 时的频率）f_{Hf} 比无反馈时增加了 $(1 + AF)$ 倍，即

$$f_{Hf} = (1 + AF)f_H \qquad (2 - 19)$$

同样，低频端 f_{Lf} 也将比无反馈时降低了 $(1 + AF)$ 倍，即

$$f_{Lf} = f_L / (1 + AF) \qquad (2 - 20)$$

则通频带为

$$B_f \approx f_{Hf} = (1 + AF)f_H \approx (1 + AF)B \qquad (2 - 21)$$

显然，通频带展宽是以降低放大倍数为代价换来的。在一定条件下，频带展宽几倍，相应的放大倍数就要降低几倍（中频放大倍数与频带宽度的乘积保持不变）。

4. 减少非线性失真

放大电路中，由于晶体管等器件的非线性特征，当输入信号幅度较大时，放大电路的输出波形将产生失真，如图 2 - 22 所示。输入信号 u_i 为正弦波，输出信号 u_o 变成了上大下小的失真波形。

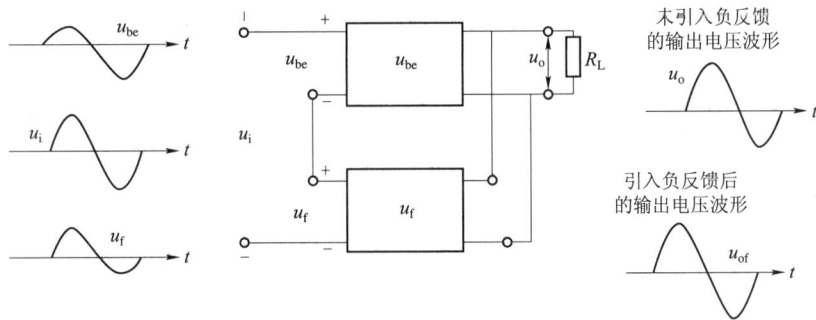

图 2 - 22 放大电路的频率特性

引入负反馈后，输出波形有所改善，如图中 u_{of} 所示。以电压串联负反馈为例，由于反馈网络是线性网络，所以，反馈电压波形与输出电压波形一样，也是上大下小。该波形与原输入波形（正弦波）叠加，结果使净输入电压波形产生了"预失真"，即 u_{be} 变成了上小下大。"预失真"正好抵消了部分因晶体管特性引起的非线性失真，从而使输出波形比较接近正弦波进而得以改善。

5. 改变输入电阻和输出电阻

1）输入电阻

输入电阻是从放大电路输入端看进去的等效电阻。因为反馈放大电路输入端的反馈方式

有串联和并联之分，故负反馈对放大电路输入电阻的影响与电路为串联反馈还是并联反馈有关。

（1）串联负反馈电路。

在串联负反馈电路中，由于 $\dot{U}_\mathrm{f}$ 和 $\dot{U}_\mathrm{i}$ 串联作用于输入端，$\dot{U}_\mathrm{f}$ 抵消了 $\dot{U}_\mathrm{i}$ 的一部分，因此，在 $\dot{U}_\mathrm{i}$ 相同的情况下，输入电流 $\dot{I}_\mathrm{i}$ 比没有反馈时减小，故输入电阻 $R_\mathrm{if} = \dot{U}_\mathrm{i}/\dot{I}_\mathrm{i}$，$R_\mathrm{if}$ 增大。

因 $\dot{U}_\mathrm{f}$ 取自 $\dot{X}_\mathrm{o}$，令 $\dot{X}_\mathrm{o}=0$ 时，则 $\dot{U}_\mathrm{f}$ 消失，于是开环输入电阻（R_i 即基本放大电路的输入电阻）为

$$R_\mathrm{i} = \left.\frac{\dot{U}_\mathrm{i}}{\dot{I}_\mathrm{i}}\right|_{\dot{U}_\mathrm{f}=0} = \frac{\dot{U}_\mathrm{i}'}{\dot{I}_\mathrm{i}} \tag{2-22}$$

而闭环输入电阻 R_if 为

$$R_\mathrm{if} = \frac{\dot{U}_\mathrm{i}}{\dot{I}_\mathrm{i}} = \frac{\dot{U}_\mathrm{i}' + \dot{U}_\mathrm{f}}{\dot{I}_\mathrm{i}} \tag{2-23}$$

因 $\dot{U}_\mathrm{f} = F\dot{X}_\mathrm{o} = FAU_\mathrm{i}'$，代入式（2-23）可得

$$R_\mathrm{if} = \frac{\dot{U}_\mathrm{i}'}{\dot{I}_\mathrm{i}}(1+AF) = (1+AF)R_\mathrm{i} \tag{2-24}$$

上式表明，串联负反馈使闭环输入电阻增加到开环输入电阻的（$1+AF$）倍。

（2）并联负反馈电路。

在并联负反馈电路中，由于 $\dot{I}_\mathrm{f}$ 对 $\dot{I}_\mathrm{i}$ 有分流作用，因此，在 $\dot{I}_\mathrm{b}$ 一定时，$\dot{I}_\mathrm{f}$ 的出现将使 $\dot{I}_\mathrm{i}$ 增大，从而使闭环输入电阻减小。开环输入电阻为

$$R_\mathrm{i} = \left.\frac{\dot{U}_\mathrm{i}}{\dot{I}_\mathrm{i}}\right|_{\dot{I}_\mathrm{f}=0} = \frac{\dot{U}_\mathrm{i}}{\dot{I}_\mathrm{i}'} \tag{2-25}$$

而闭环输入电阻为

$$R_\mathrm{if} = \frac{\dot{U}_\mathrm{i}}{\dot{I}_\mathrm{i}} = \frac{\dot{U}_\mathrm{i}}{\dot{I}_\mathrm{f} + \dot{I}_\mathrm{i}'} \tag{2-26}$$

因 $\dot{I}_\mathrm{f} = F\dot{X}_\mathrm{o} = FA\dot{I}_\mathrm{i}'$，代入式（2-26）可得

$$R_\mathrm{if} = \frac{1}{1+AF}\frac{\dot{U}_\mathrm{i}}{\dot{I}_\mathrm{i}} = \frac{1}{1+AF}R_\mathrm{i} \tag{2-27}$$

可见，引入并联负反馈后，使闭环输入电阻 R_if 降到开环输入电阻 R_i 的 $1/(1+AF)$ 倍。

2）输出电阻

放大电路对负载而言，可等效为一个信号源。这个信号源的内阻就是放大电路的输出电阻。由于输出有电压反馈与电流反馈两种方式，故输出电阻的变化趋势就与电路为电压反馈还是电流反馈有关。

用类似的方法可以得到在负反馈电路中，由于电压负反馈能够稳定输出电压，因此即使 R_L 发生变化，也能保持输出电压稳定，放大电路近似于恒压源，其效果相当于减小了电路的输出电阻。

当引入电流负反馈后，由于电路具有稳定输出电流的作用，因此即使 R_{L} 发生变化，也能保持输出电流基本稳定，放大电路近似于恒流源，其效果相当于增大了电路的输出电阻。

综上所述，负反馈对放大电路输入和输出电阻的影响，可归纳为以下两点：

（1）放大电路引入负反馈后，输入电阻的改变取决于输入端的连接方式，而与输出端的取样对象（电压或电流）无直接关系（取样对象将决定 AF 的含义），串联负反馈使输入电阻增加，并联负反馈使输入电阻减小，增加和减小的程度取决于反馈深度。

（2）放大电路引入负反馈后，输出电阻的改变取决于输出端的取样对象，而与输入端的连接方式无直接关系，电压负反馈使输出电阻减小，电流负反馈使输出电阻增加，增加和减小的程度决定于反馈深度。

2.6　深度负反馈的简单计算

1. 利用公式 $A_{\mathrm{f}} \approx \dfrac{1}{F}$ 的近似计算

如果电路满足深度负反馈条件，则有：$A_{\mathrm{f}} \approx \dfrac{1}{F}$。

可见，只要根据反馈类型求出相应的反馈系数 F（F_u、F_g、F_r、F_i），再应用公式 $A_{\mathrm{f}} \approx \dfrac{1}{F}$，就可求出相应的 A_{f}（A_{uf}、A_{rf}、A_{gf}、A_{if}）。如果反馈组态不属于电压串联负反馈，而要计算电压放大倍数时，还需经过一定转换才能求得。

2. 利用公式 $\dot{X}_{\mathrm{f}} \approx \dot{X}_{\mathrm{i}}$ 的近似计算

根据负反馈放大电路的框图可知

$$A_{\mathrm{f}} = \frac{X_{\mathrm{o}}}{X_{\mathrm{i}}}$$

$$F = \frac{X_{\mathrm{f}}}{X_{\mathrm{o}}}$$

而深度负反馈放大电路满足 $A_{\mathrm{f}} \approx \dfrac{1}{F}$，所以由上式可得

$$\dot{X}_{\mathrm{f}} \approx \dot{X}_{\mathrm{i}} \tag{2-28}$$

上式说明：在深度负反馈条件下，反馈信号 $\dot{X}_{\mathrm{f}}$ 和外加输入信号 $\dot{X}_{\mathrm{i}}$ 近似相等，即在深度负反馈的放大电路中，有效输入信号 X_{i}' 经过放大、反馈得到的反馈信号 $\dot{X}_{\mathrm{f}}$ 很强，与外加的输入信号 $\dot{X}_{\mathrm{i}}$ 近似相等。而二者的极性相反，所以，$\dot{X}_{\mathrm{i}}' = \dot{X}_{\mathrm{i}} - \dot{X}_{\mathrm{f}}$ 的数值很小。反馈愈深，$\dot{X}_{\mathrm{f}}$ 与 $\dot{X}_{\mathrm{i}}$ 愈接近相等，$\dot{X}_{\mathrm{i}}'$ 也愈接近于零。在实际的反馈放大电路中，通常当 $|1 + AF| \geqslant 10$ 时，便可认为是深度负反馈。

对不同组态的负反馈电路，式（2-28）中的 $\dot{X}_{\mathrm{f}}$ 和 $\dot{X}_{\mathrm{i}}$ 表示不同的量：

对于串联负反馈电路：$\dot{U}_{\mathrm{f}} \approx \dot{U}_{\mathrm{i}}$

对于并联负反馈电路：$\dot{I}_{\mathrm{f}} \approx \dot{I}_{\mathrm{i}}$

2.7 反馈的应用实例

在电子技术领域中，反馈有着广泛的应用，本章主要介绍了负反馈的作用，例如引入电压反馈可以稳定输出电压；引入串联反馈可以增加输入电阻；引入交流反馈可以改善其交流性能。下面将简单介绍正反馈在电路中的一个应用实例——自举电路。

自举电路，可以用电容器使放大电路中某部分产生自举现象，从而提高电路的增益和扩展电路的输出动态范围，使电容放电电压和电源电压叠加，从而使电压升高，某些电路的电压升高后能达到电源电压数倍。

下面简单介绍某个自举电路的工作原理。

如图 2-23（a）所示的一个简单电路，由欧姆定律可知 AB 间的电阻 R 上流过的电流为

$$i = \frac{V_A}{R}$$

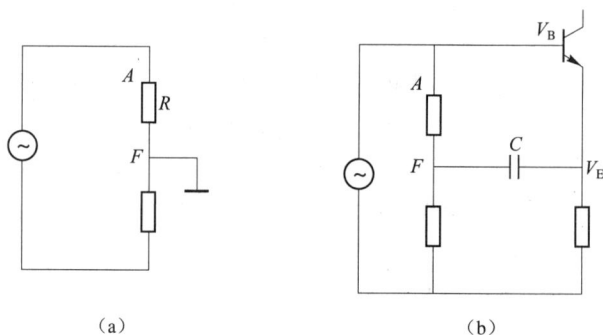

（a）	（b）

图 2-23 自举电路

如果在图 2-23（a）所示电路的基础上增加一级射极跟随电路，如图 2-23（b）所示，由于射极跟随电路的电压放大倍数小于 1，而又很接近 1，故假设射极跟随电路的电压放大倍数为 0.95，则三极管的 $V_E = 0.95V_B$，由于电容 C 对交流而言，相当于短路，所以 F 点的电位 V_F 等于发射极电位，即 $V_F = V_E$，而 A 点的电位是 V_B，所以此时流过电阻 R 的电流可以用下式表示为

$$i = \frac{V_A - V_F}{R} = \frac{V_B - V_E}{R} = \frac{0.05V_B}{R} = \frac{0.05V_A}{R}$$

可见由于电容 C 的作用，流过电阻 R 的电流仅为原来的 1/20，对局部电路而言，也就是相当于 R 增大了 20 倍，从而实现了电路参数的自举。所以能自举，是由于电容 C 的加入。因此电路的自举是利用电路中不同节点的电位差，通过电容的反馈作用来改变电路某一点的电位，进而使电路中的电位发生改变，从而减少流过电阻的电流，使电阻两端的等效电阻值变大，以达到提高电路增益的目的。若从反馈角度看，这里实质是一种特殊形式的正反馈。

本章小结

本章主要介绍了反馈的基本概念，重点分析了直流/交流反馈、正/负反馈、电压/电流反馈、串联/并联反馈，以及负反馈在电路中的作用，最后还介绍了深度负反馈的简单计算原理。

习题

一、填空题

2-1 理想反馈模型的基本反馈方程 A_f = （   ） = （   ） = （   ）。

2-2 反馈放大器使输入电阻增大还是减少与（   ）和（   ）有关，而和（   ）无关。

2-3 反馈放大器使输出电阻增大还是减少与（   ）和（   ）有关，而和（   ）无关。

2-4 在放大器中，使工作点稳定所采用的是（   ）反馈，使放大器增益稳定所采用的是（   ）反馈，若使增益提高可以采用（   ）反馈。

2-5 要使负载发生变化，且输出电压变化较小，同时放大器吸收电压信号源的功率也较小，可以采用（   ）反馈。

2-6 某传感器产生的电压信号几乎没有带负载的能力（即不能向负载提供电流）。要使经放大后产生的输出电压与传感器产生的信号成正比，放大器应该采用（   ）负反馈放大器。

二、计算题

2-7 某负反馈放大器开环增益等于 10^5，若要获得 100 倍的闭环增益，其反馈系数 F 和环路增益 T 分别是多少？

2-8 已知放大器的电压增益 A_u = -1 000，当环境温度每变化 1℃ 时，A_u 的变化为 0.5%。若要求电压增益相对变化减少到 0.05%，应引入什么反馈？求出所需的反馈系数和闭环增益。

2-9 指出如图 2-24 所示各放大器级间反馈的类型和极性，并画出反馈网络，求出反馈系数。注：各电路中的电容对信号电流呈现短路。

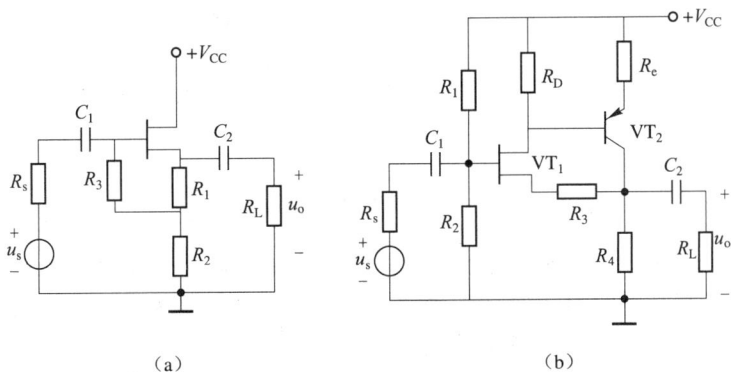

（a）   （b）

图 2-24 题 2-9 用图

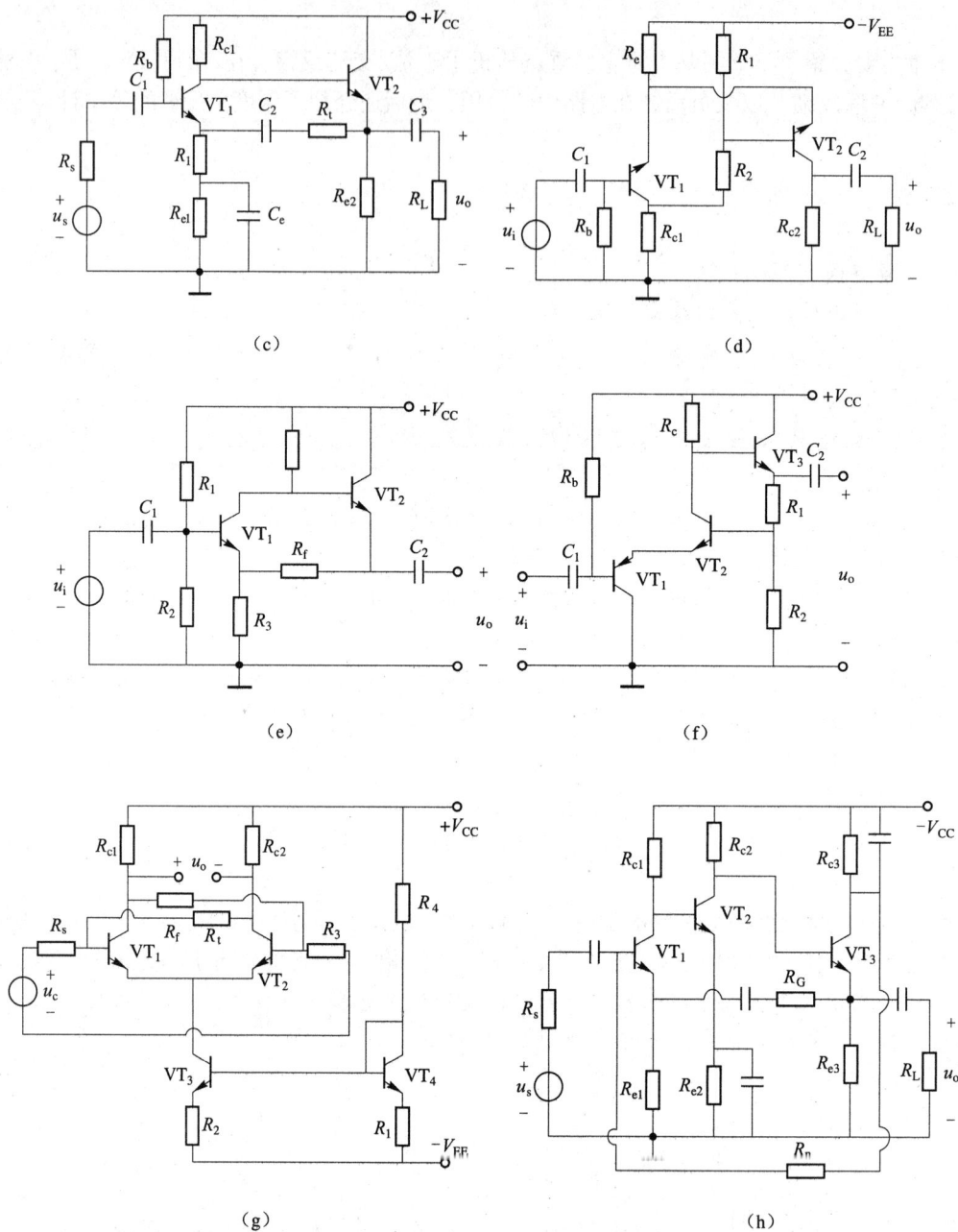

(c)

(d)

(e)

(f)

(g)

(h)

图 2-24 题 2-9 用图（续）

2-10 判断如图 2-25 所示由集成运算放大器组成的反馈放大器的反馈类型与极性。运算放大器是输入级为差动放大器的高增益电压放大器，信号从"＋"端输入时为同相放大器，信号从"－"端输入时是反相放大器。

（b）

（d）

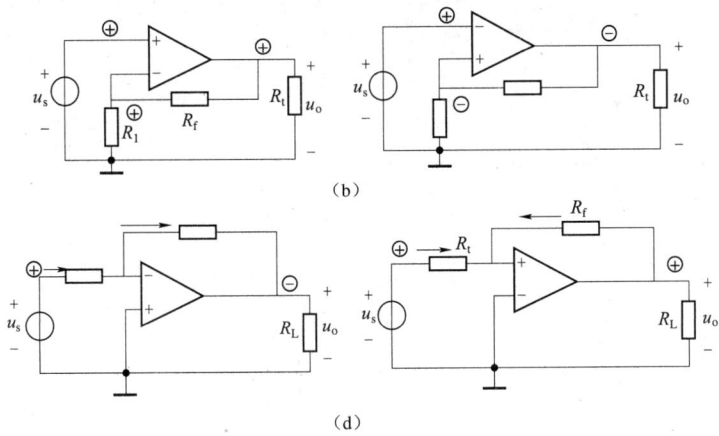

图 2-25　题 2-10 用图

2-11　试将图 2-26 所示两级放大器中①~④ 4 个点中的两个点连接起来构成级间负反馈放大器，以实现以下的功能：

（1）使输入电阻增大。

（2）使输出电阻减小。

并说明这样连接的理由（图中所有电容均对信号电流呈现短路）。

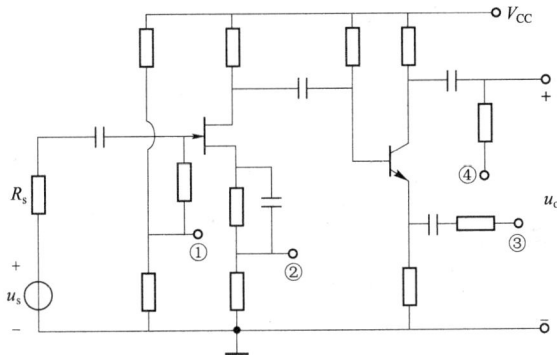

图 2-26　题 2-11 用图

2-12　试比较图 2-27 所示两个电路的输入电阻的大小。

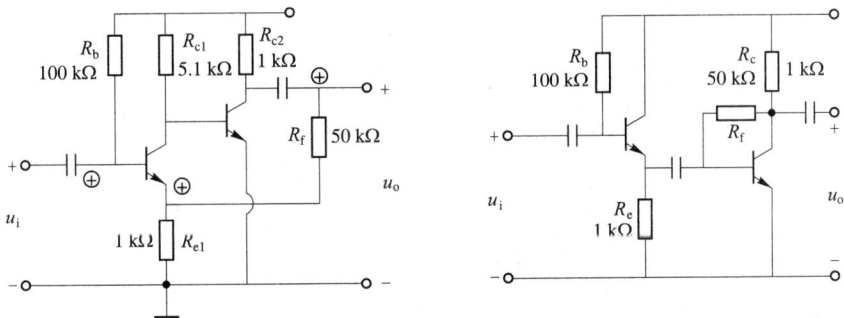

图 2-27　题 2-12 用图

第3章

集成运算电路

本章介绍

本章中首先介绍集成运算放大器（简称集成运放）的各个组成部分，然后重点介绍集成运放的最主要组成部分，即差分电路和电流源电路。

本章学习目标

(1) 了解集成运算电路的组成。
(2) 掌握差分电路的原理及运算。
(3) 掌握镜像电流源及微电流源的计算。
(4) 掌握理想集成运放的几种基本组态。

3.1 集成运算放大器简介

随着半导体技术的飞速发展，在 20 世纪 60 年代初期开始采用一定的工艺，把一个电路中所需的晶体管（或场效应管）、二极管、电阻等元件及布线互连在一起，制作在一小块或几小块半导体基片上，然后封装在一个管壳内，成为具有一定电路功能的微型结构，如图 3-1所示；由于所有元件在结构上已组成一个整体，从而使电子元件技术的发展向着微型化、低功耗、智能化和高可靠性方面迈进了一大步。

图 3-1 部分运算放大器的实物

集成电路一般可分为线性集成电路与数字集成电路两大类。线性集成电路可以按其工作特点分为：运算放大电路、集成稳压电路、集成功率放大电路及其他种类的集成电路。

线性集成电路中，应用最广的是集成运算放大电路，简称为集成运放或运放。由于最初该电路是应用于各种模拟信号的计算，如比例、求和、积分、微分等，所以又称为运算放大电路，现在它的用途不再仅限于运算，但是这个称呼却沿用至今。

本章结合运放的内部电路，介绍其主要部分的工作原理。

3.2　集成运放的组成及特点

典型的集成运放由三级放大环节组成，如图 3 - 2 所示。其中输入级的作用是提供与前级输出端构成同相关系和反相关系的两个输入端，并减小温漂，通常由差动放大电路实现；中间级的作用是提供较高的电压放大倍数，通常由多级的共射极放大电路组成；输出级的作用是提供一定的电压和电流变化。此外还有一些其他部分电路，如偏置电路用来提供各级静态工作电流。

虽然集成电路工艺制造出的元器件参数分散性大，但尺寸相同且图形一致的同类晶体管器件参数对称性却很好。

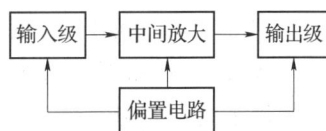

同时，几十千欧这样的大电阻占半导体芯片面积大，几十皮法以上的电容占半导体芯片面积更大，为了提高集成电路的集成度，设计中尽量少用或者不用电容，因此电路结构通常采用直接耦合。

图 3 - 2　集成运算放大器的内部结构

为了克服直接耦合电路的温漂，需要采取温度补偿型电路——差分放大电路，差分放大电路是利用两个晶体管参数的对称性来减少温漂的。

使用晶体管或场效应管可以构成恒流源，作为有源负载代替大电阻，或者用来作偏置电路以设置电路的静态电流。

最后可采用复杂的电路形式，提高电路性能，并采用复合管的接法以改善单管的性能。

3.3　差动放大电路

1. 电路的组成

当温度变化时，晶体管的参数会发生变化，使静态工作点位置发生改变。

可以使用性能完全一样的两只晶体管 VT_1 和 VT_2，接成相同的形式，如图 3 - 3 所示，并选择 $R_{s1} = R_{s2} = R_s$，$R_{c1} = R_{c2} = R_c$，$R_{b1} = R_{b2} = R_b$，这样当温度发生变化时，u_{o1} 和 u_{o2} 具有相同的变化，这样就解决了温度漂移的问题。

但是输入信号就不能充分的放大并出现在输出端。因此我们将 u_i 以相反的极性分别接在 VT_1 和 VT_2 组成的电路中，这样当 u_{o1} 增加时，u_{o2} 减少，最后的输出是单管变化

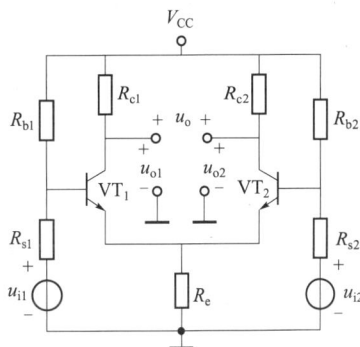

图 3 - 3　差动放大电路

量的两倍，然后再将两个直流电源合为一个电源，并把两个射级电阻合并为一个电阻以减少放大倍数的损失。

这样，在如图 3-3 所示的 u_i 极性下，由于对称的缘故，i_{e1} 上的改变量与 i_{e2} 上的改变量相互抵消，R_e 两端的电压不变。这就是典型的差动放大电路，就是两个输入端有差别，输出端才有变动。

差分放大电路是由对称的两个基本放大电路，通过射极公共电阻耦合构成的，对称的含义是两个三极管的特性一致，电路参数对应相等，即

$$\beta_1 = \beta_2 = \beta \qquad (3-1)$$

$$u_{BE1} = u_{BE2} = u_{BE} \qquad (3-2)$$

$$r_{be1} = r_{be2} = r_{be} \qquad (3-3)$$

$$R_{b1} = R_{b2} = R_b \qquad (3-4)$$

$$R_{c1} = R_{c2} = R_c \qquad (3-5)$$

$$R_{s1} = R_{s2} = R_s \qquad (3-6)$$

2. 差分放大电路的输入和输出方式

差分放大电路一般有两个输入端：同相输入端和反相输入端。

根据规定的正方向，在一个输入端加上一定极性的信号，如果所得到的输出信号极性与其相同，则该输入端称为同相输入端；如果所得到的输出信号的极性与其相反，则该输入端称为反相输入端。

信号的输入方式：若信号同时加到同相输入端和反相输入端，则称为双端输入；若信号仅从一个输入端加入，则称为单端输入。

差分放大电路可以有两个输出端，一个是集电极 C_1，另一个是集电极 C_2。若从 C_1 和 C_2 输出则称为双端输出，若仅从集电极 C_1 或集电极 C_2 对地输出则称为单端输出。

3. 差模信号和共模信号

差模信号是指在两个输入端加上幅度相等，极性相反的信号；若 $u_{s1} = -u_{s2}$，则差模信号 $u_{id} = u_{s1} - u_{s2} = 2u_s$。

共模信号是指在两个输入端加上幅度相等，极性相同的信号。共模信号 $u_{ic} = u_{s1} = u_{s2}$，此时差模信号 $u_{id} = u_{s1} - u_{s2} = 0$。由于温度变化或电源电压波动，都会对两个输出端产生相同的影响，其效果相当于在两个输入端都加入了共模信号。理想差分放大电路仅对差模信号具有放大能力，对共模信号不予放大。

一般情况下两个信号既不互为差模，也不互为共模，则称两个信号互为任模信号。两个互为任模的信号可以分解为共模信号与差模信号分量组合的形式。

定义

$$u_{id} = u_{s1} - u_{s2} \qquad (3-7)$$

$$u_{ic} = (u_{s1} + u_{s2})/2 \qquad (3-8)$$

两个任模信号可分解为

$$u_{s2} = u_{ic} - u_{id}/2 \qquad (3-9)$$

$$u_{s1} = u_{ic} + u_{id}/2 \qquad (3-10)$$

例 3 - 1 已知，$u_{s1} = 10\sin\omega t$ mV，$u_{s2} = 4\sin\omega t$ mV，求 u_{id}、u_{ic}。

解：
$$u_{id} = u_{s1} - u_{s2} = 6\sin\omega t \text{ mV}$$

$$u_{ic} = \frac{u_{s1} + u_{s2}}{2} = 7\sin\omega t \text{ mV}$$

$$\frac{u_{id}}{2} = 3\sin\omega t \text{ mV}$$

差分放大器是模拟集成运算放大电路输入级所采用的电路形式。在如图 3 - 3 所示的接法下，介绍差分电路的基本性能指标：

（1）当输入信号 $u_{i1} = -u_{i2} = u_{id}/2$ 时，差模电压放大倍数 A_{ud} 定义为输入差模信号时的电压放大倍数，即

$$A_{ud} = \frac{u_o}{u_{id}} \tag{3 - 11}$$

（2）当输入信号 $u_{i1} = u_{i2} = u_{ic}$ 时，共模电压放大倍数 A_{uc} 定义为输入共模信号时的电压放大倍数，即

$$A_{uc} = \frac{u_o}{u_{ic}} \tag{3 - 12}$$

当电路完全对称时，$u_o = u_{o1} - u_{o2} = 0$，共模电压放大倍数为 0，电路越对称，抑制零点漂移的能力越强，共模电压放大倍数越小。

（3）共模抑制比 K_{CMR}。共模抑制比为综合考查放大电路对差模信号的放大能力和对共模信号的抑制能力的参数，即

$$K_{CMR} = \frac{|A_{ud}|}{|A_{uc}|} \tag{3 - 13}$$

当电路完全对称且双端输出时，$K_{CMR} = \infty$。

4. 差分电路静态工作点的分析

如图 3 - 4 所示，在静态时，交流信号 $u_{i1} = u_{i2} = 0$，同时由于电路完全对称，故 $u_{BE1} = u_{BE2}$，$\beta_1 = \beta_2$，$i_{B1} = i_{B2}$，且 $i_{C1} = i_{C2}$，$u_{C1} = u_{C2}$，$u_o = u_{C1} - u_{C2} = 0$，故 R_L 上没有电流。

对电路进行分析可知，两个对称的晶体管 VT_1 和 VT_2 产生大小相等，方向相同的电流 i_{E1} 和 i_{E2}，因此流经 R_e 的电流为 $2i_{E1}$，由基尔霍夫定律可得

$$i_{B1}R_s + u_{BE} + 2i_{E1}R_e = V_{EE}$$

将 $i_{E1} = (1 + \beta)i_{B1}$ 代入得

$$i_B = \frac{V_{EE} - u_{BE}}{R_s + 2(1 + \beta)R_e}$$

$$i_{C1} = \beta i_{B1}$$

由于直流情况下，R_L 上的电流为 0，故有

$$u_{C1} = u_{C2} = V_{CC} - i_{C1}R_c$$

在实际电路中 $i_{B1}R_s$ 的值很小，因此可得

$$i_B \approx \frac{V_{EE} - u_{BE}}{2(1 + \beta)R_e}$$

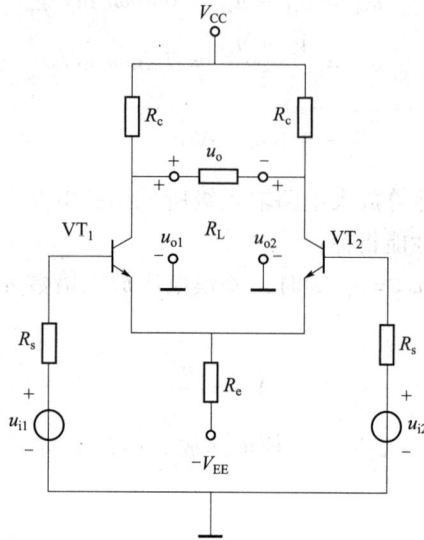

图 3 - 4　差分电路静态工作点分析

例 3 - 2　已知如图 3 - 4 所示的差分放大电路，其中 $R_s = 1$ kΩ，$R_c = 20$ kΩ，$R_e = 10$ kΩ，$V_{EE} = -15$ V，$R_L = 10$ kΩ，$V_{CC} = 15$ V，$u_{BE} = 0.7$ V，$\beta = 100$。求该差分电路的静态工作点。

解：

$$i_B = \frac{V_{EE} - u_{BE}}{R_s + (1 + \beta) R_e}$$

$$= \frac{15 - 0.7}{1 + 2(100 + 1) \times 10}$$

$$\approx 7(\mu A)$$

$$i_{C1} = \beta i_{B1} = 100 \times 7 = 0.7(mA)$$

$$u_{C1} = u_{C2} = V_{CC} - i_{C1} R_c = 15 - 0.7 \times 20 = 1(V)$$

5. 差模交流性能的分析

由于实际电路中存在 4 种不同接法，为双输入双输出、双输入单输出、单输入双输出、单输入单输出。

1）双输入双输出

如图 3 - 4 所示，当信号源从两个输入端与地之间输入时，由于输入的交流信号是极性相反的信号，因此 $i_{E1} = -i_{E2}$，故 R_e 上交流信号产生的电流为 0，相当于对地短路。由于 $u_{i1} = -u_{i2}$，由电路对称可得 $u_{C1} = -u_{C2}$，R_L 的中点可以视为差模地。输入差模信号时的放大倍数称为差模放大倍数，记作 A_{ud}，即

$$A_{ud} = \frac{\Delta u_{od}}{\Delta u_{id}} \tag{3 - 14}$$

式中，Δu_{od} 为输入差模信号时的输出电压。

由于电路对称，则 $u_{i1} = -u_{i2}$，输出端 $u_{C1} = -u_{C2}$，则有

$$A_{ud} = \frac{u_{C1} - u_{C2}}{u_{i1} - u_{i2}} = \frac{2u_{C1}}{2u_{i1}} = \frac{u_{C1}}{u_{i1}} = \frac{u_{C1}}{u_{i2}} \qquad (3-15)$$

可见电路对称且差模输入时，A_{ud} 为半边电路的电压放大倍数，实际上就是通过牺牲一个管子的放大倍数去换取低温漂的结果，因此分析时也可以画出其半边等效电路，如图 3-5 所示。

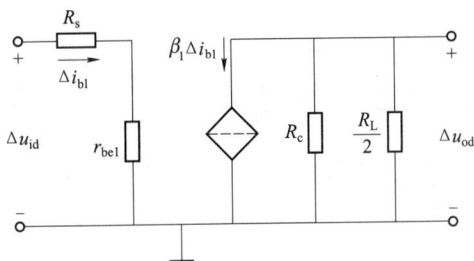

图 3-5　双输入双输出差模电路交流等效电路

由图 3-4 可以得到

$$A_{ud} = -\frac{\beta\left(R_c \middle/\middle/ \dfrac{R_L}{2}\right)}{R_s + r_{be1}} \qquad (3-16)$$

而电路的输入电阻则是从两个输入端看进去的等效电阻。从图 3-4 可以很容易得到

$$R_i = 2(R_s + r_{be1}) \qquad (3-17)$$

其输入电阻为单管放大电路的两倍。

电路的输出电阻为

$$R_o = 2R_c \qquad (3-18)$$

2）双输入单输出

如图 3-6 所示，单端输出是指负载 R_L 接在 VT_1 的集电极和地之间（从 VT_1 输出）或者是指负载 R_L 接在 VT_2 的集电极和地之间（从 VT_2 输出），下面以在 VT_1 输出进行分析。和前面相同分析，其交流等效电路如图 3-7 所示。

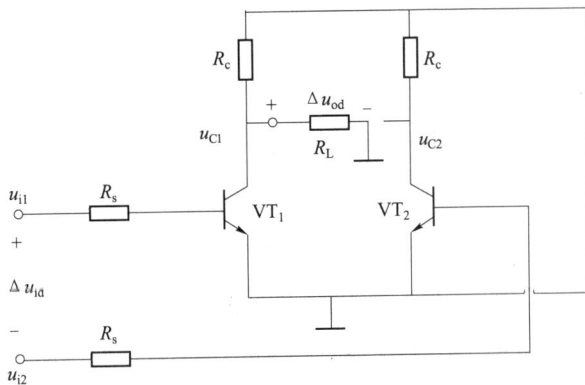

图 3-6　双输入单输出差模电路

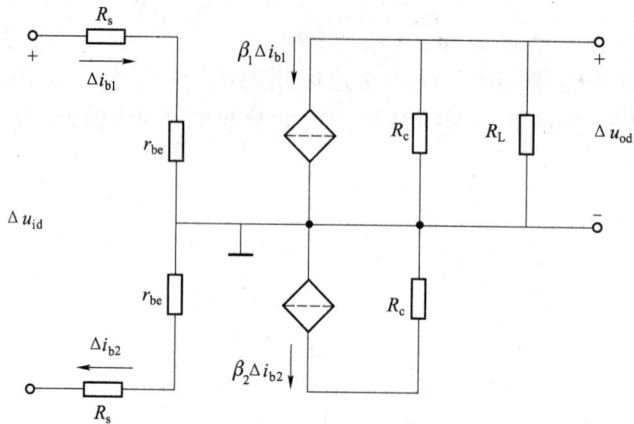

图 3 - 7 双输入单输出差模交流等效电路

由于电路其他部分都不变，但是输出约变为原来的一半，所以有

$$A_{ud} = \frac{-\beta(R_c \mathbin{/\mkern-5mu/} R_L)}{2(R_s + r_{be})} \tag{3 - 19}$$

其输入电阻不变，为

$$R_i = 2(R_s + r_{be}) \tag{3 - 20}$$

而输出电阻

$$R_o = R_c \tag{3 - 21}$$

3）单端输入差放

所谓单端输入，如图 3 - 8 所示，是指将输入端中一端接地。对这种方式，可以将它进行等效变换，把原来的信号分为一对共模信号和一对差模信号。

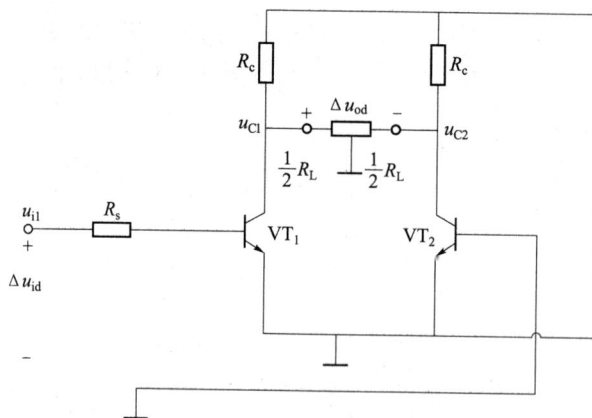

图 3 - 8 单端输入差模电路

将输入信号分成共模和差模信号后，VT_1 得到的信号依然是 Δu_{id}，而 VT_2 输入端如同接地，进行这样的变化后，电路可以按照前面的方法进行分析。

6. 共模信号的分析

共模输入是指两输入信号大小相等、极性相同，如图 3 - 9 及图 3 - 10 所示。现分为两种情况分析。

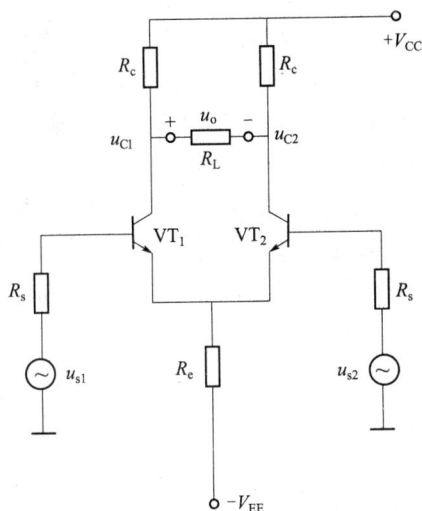

图 3 - 9　双输入双输出共模电路

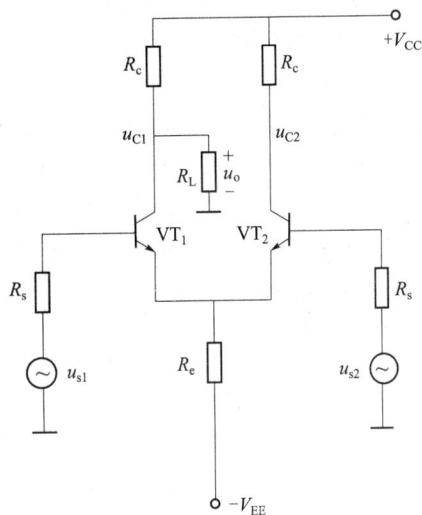

图 3 - 10　双输入单输出共模电路

1）电路对称双端输出

当电路双端输出且对称时，有

$$u_{C1} = u_{C2} \tag{3 - 22}$$

$$A_{uc} = 0 \tag{3 - 23}$$

2）电路对称单端输出

当输入为共模信号时，由于两半边的电路输入的为同极性、同幅值的信号，所以在 R_e 上得到的电流是晶体管 VT_1 或者 VT_2 的射极电流 i_E 的 2 倍，在 R_e 上的压降为 $u_{R_e} = 2i_E \cdot R_e$，对于每个晶体管来说，也可认为是射极电流流过阻值为 $2R_e$ 的电阻造成的，画出其等效电路如图 3 - 11 所示，由图可以得

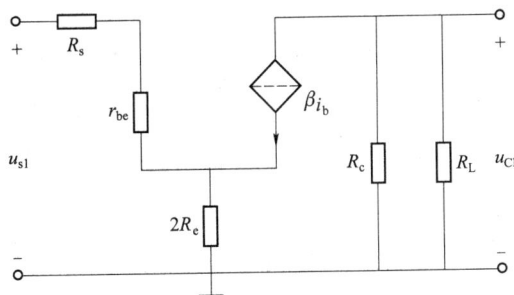

图 3 - 11　双输入单输出共模交流等效电路

$$A_{uc} = - \frac{\beta(R_c \mathbin{/\!/} R_L)}{R_s + r_{be} + (1 + \beta) \times 2R_e} \tag{3 - 24}$$

由于 $(1+\beta)\times 2R_e$ 一般都很大，故单端输出的共模放大系数通常很小，其共模抑制比为

$$K_{CMR} = \frac{|A_{ud}|}{|A_{uc}|} = \frac{R_s + r_{be} + (1+\beta)\times 2R_e}{2(R_s + r_{be})} \quad (3-25)$$

由上两式可以发现，R_e 的增大对减小共模放大倍数和提高共模抑制比都有好处，为了突出这一点，通常把具有 R_e 的差动放大电路称为长尾式差动放大电路，R_e 就好比一对晶体管的"尾巴"，"尾巴"越长对抑制温漂越有利，但是 R_e 的增大是有限的，因为当电源 V_{EE} 选定后，R_e 太大会使 I_{CQ} 下降太多，影响放大倍数，同时在集成电路中也不易制作大阻值的电阻。为此，我们希望得到这样一种器件：它的交流等效电阻很大，直流压降却不大。由前所学，可知恒流源具有这种性能。由晶体管的输出特性知，在放大区的很大范围内 i_C 基本取决于 i_B 的值而和 u_{CE} 的大小无关，这相当于一个内阻很大的电流源。要实现这种恒流特性，可以利用工作点稳定电路来代替 R_e，因此可以得到如图 3-12 所示的电路。也可以将该图简化为如图 3-13 所示电路。

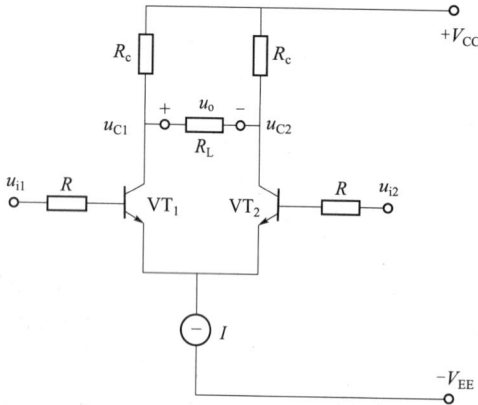

图 3-12 电流源长尾电路

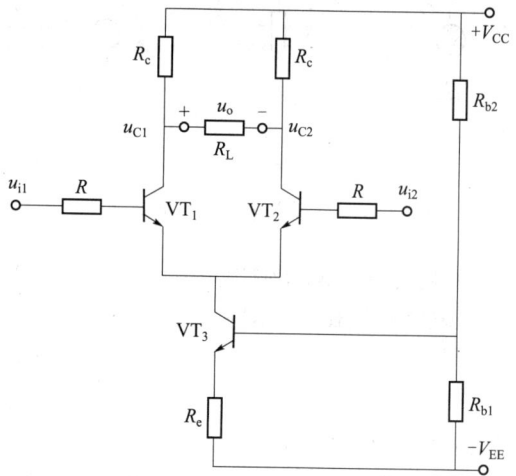

图 3-13 实际长尾电路

而实际电路的元器件不可能完全对称，会造成即使无电压输入时，仍然有输出电压。解决的办法是在电路中用一个电位器 R_w 进行调节，如图 3-14 所示。当然这种调节只能在两边电路性能差别不太大的情况下适用。若差别太大，说明参数失调比较严重，由前面的分析可知温漂将加大，即使调节 R_w 使输出 $u_o = 0$，也不能解决问题，这时就应该更换器件。

3.4 电流源电路

在前一节中介绍了可使用一个恒流源代替 R_e 的方法，从而使电路性能大大改善。但使用工作点稳定共射放大电路作为恒流源的方法，若在集成电路中使用，却存在问题：首先集成工艺中希望电阻越少越好，同时作为恒流源的晶体管 VT_3，它的 U_{BE} 还要受到温度变化的影响，因此抑制温漂的效果还不理想。下面介绍在集成电路中常用的恒流源电路的形式。

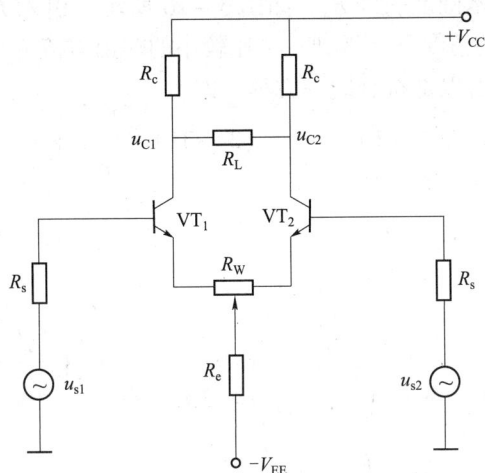

图 3 - 14 可调节长尾电路

1. 镜像电流源电路

如图 3 - 15 所示的电路中 VT_1 和 VT_2 构造相同，U_{BE} 相同，I_C 就相同，就像镜中的影像和原物体的形象是一致的，故称为镜像电流源。如图 3 - 15 所示，当温度升高时 VT_1 的 U_{BE1} 变小，I_{C1} 增加；同时温度升高使 VT_2 的 U_{BE2} 变小，这样就削弱了 I_{B1} 的增加，从而抑制了 I_{C1} 的增大，减少了温度对晶体管的影响。

由于

$$U_{BE1} = U_{BE2} = U_{BE} \tag{3-26}$$

$$I_{B1} = I_{B2} = I_B \tag{3-27}$$

$$I_{C1} = I_{C2} = I_C = \beta I_B \tag{3-28}$$

由节点电流法可得

$$I_{C1} = I_R - (I_{B1} + I_{B2}) = I_R - 2I_{B1} = I_R - 2\frac{I_{C1}}{\beta} \tag{3-29}$$

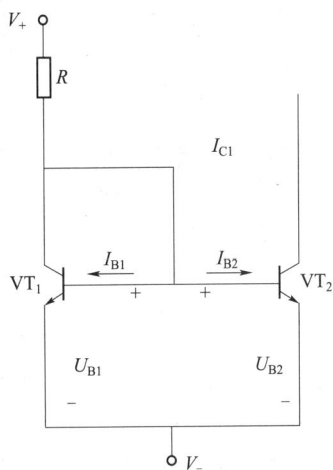

图 3 - 15 镜像电流源电路

移项后得

$$I_{C1} = \frac{\beta}{\beta + 2}I_R \tag{3-30}$$

当 $\beta \gg 1$ 时，则有 $I_{C1} \approx I_R$，因此只要 I_R 确定，I_{C1} 就确定了。

镜像电流源的优点为结构简单，两管参数对称符合集成电路的特点，具有一定的温度补偿作用。但是 I_{C1} 的数值由 I_R 确定，而 I_R 受电源变化的影响很大，不适用于直流电源在大范围变化的集成运放。同时若要得到小电流（如微安量级），则电阻的值会达到兆欧级，不易集成化。

2. 微电流源电路

若想获得小电流的同时又保持 R 的阻值不太大，可以采用微电流源电路。为了获得微小电流，在镜像电流源的基础上引入 R_e，如图 3 - 16 所示。引入 R_e 使 $U_{BE2} < U_{BE1}$，可以使 $I_{C2} \ll I_{C1}$，即在 R_e 值不大的情况下，得到一个比较小的输出电流 I_{C2}。

因为两管参数相同，所以都符合同一方程，即

$$I_E = I_S(e^{U_{BE}/U_T} - 1) \qquad (3-31)$$

当 $U_{BE} \gg U_T$ 时 $e^{U_{BE}/U_T} \gg 1$ 可得

$$I_{E1} \approx I_S \cdot e^{U_{BE1}/U_T},$$
$$I_{E2} \approx I_S \cdot e^{U_{BE2}/U_T}$$

两式相除得

$$\frac{I_{E1}}{I_{E2}} \approx e^{(U_{BE1}-U_{BE2})/U_T} \qquad (3-32)$$

$$U_{BE1} - U_{BE2} \approx U_T \ln \frac{I_{E1}}{I_{E2}} \qquad (3-33)$$

又因为

$$U_{BE1} - U_{BE2} \approx I_{E2} \cdot R_e \qquad (3-34)$$

则

$$U_T \ln \frac{I_{E1}}{I_{E2}} = I_{E2} \cdot R_e \qquad (3-35)$$

利用近似关系可得

$$I_{E1} \approx I_{C1}$$
$$I_{E2} \approx I_{C2} \approx I_{REF} \qquad (3-36)$$

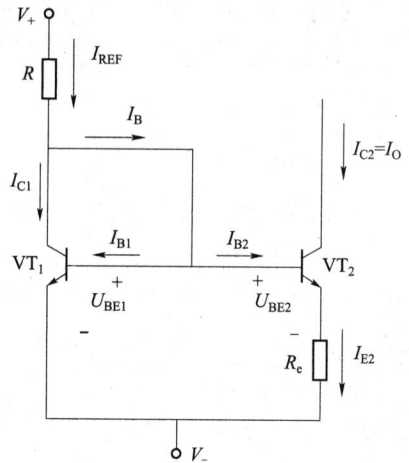

图 3 - 16　微电流源电路

代入上式可得 $U_T \ln \dfrac{I_{C1}}{I_{C2}} = I_{C2} \cdot R_e$，这个式子是一个超越方程，通常可用图解法或者累试法求解。但在设计中我们通常是先确定 I_{C1} 和 I_{C2} 的值，然后再确定 R_e 的值，因此较为容易。

微电流源的特点为 R_e 不大时，I_{C2} 可以很小（微安量级），同时由于 R_e 引入了负反馈，从而提高了恒流源对电流变化的稳定性。

3. 多路电流源电路

以上讨论的是用一个参考电流去获得另一个固定电流的方法，一个集成运放的内部通常有多个放大级，如输入级、中间级和输出级，因而需要多路偏置电路。因此可以把各种电流源加以扩展，从而用一个参考电流去获得多个电流，而且各个电流的数值可以不相同。

如图 3 - 17 所示，晶体管 VT_1 和 VT_2 构成镜像电流源，而 VT_1 和 VT_3 构成微电流源，可知

$$I_{C2} \approx I_{REF} = \frac{V_{CC} - U_{BE1}}{R}$$
$$U_T \ln \frac{I_{C1}}{I_{C3}} \approx I_{C3} R_e \qquad (3-37)$$

可以根据所需静态电流选择不同的电阻值。

4. 电流源作有源负载电路

由于电流源具有交流电阻大的特点（理想电流源的内阻为无穷大），所以在模拟集成电路中被广泛用作放大电路的负载。这种由有源器件及其电路所构成的放大电路的负载称为有源负载。共发射极有源负载放大电路如图 3-18 所示。

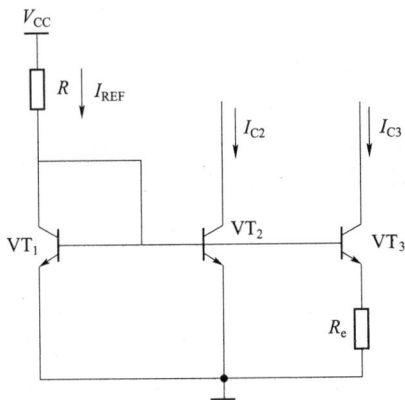

图 3-17 多路电流源电路

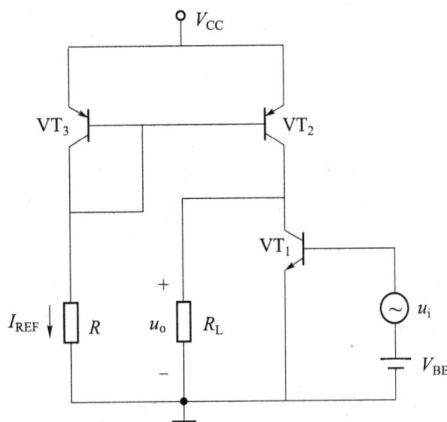

图 3-18 电流源作有源负载电路

VT_1 是共射极的放大管，信号从基极输入，集电极输出，VT_2、VT_3 和电阻 R 组成镜像电流源代替 R_c 作为 VT_1 的集电极有源负载，电流 i_{C2} 等于基准电流 I_{REF}。

根据共射极放大电路的电压增益可知，该电路的电压增益为

$$A_u = -\frac{\beta(r_o \,/\!/\, R_L)}{r_{be}} \quad (3-38)$$

其中，r_o 是电流源的内阻，即从集电极看进去的等效交流电阻，由于恒流源的等效内阻为无穷大，因此提高了电压放大倍数。

3.5　集成运算放大电路

前面介绍了集成运放作为通用性很强的有源器件，它不仅可以用于信号的计算、处理、变换和测量，还可以用来产生正弦信号或者非正弦信号，不仅在模拟电路中得到广泛应用，而且在脉冲数字电路中也被日益广泛地应用。因此，集成运放应用电路品种繁多，为了分析这些电路的原理，必须了解运放的基本特性。

运放通常用如图 3-19 所示的电路符号表示，其中 u_+ 表示同相输入端，而 u_- 表示反相输入端，u_o 表示输出端。

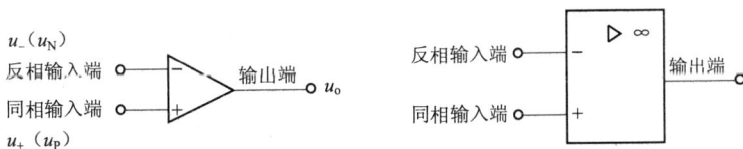

图 3-19 运放电路符号

1. 集成运放的开环差模电压传输特性

集成运放在开环状态下，输出电压 u_o 与差模输入电压 $u_{id} = u_- - u_+$ 之间的关系称为开环差模传输特性。理论分析与实验得到的开环差模传输特性如图 3-20 所示。

曲线表明运放有两个工作区域，即线性区（阴影部分）和非线性区（阴影两侧区域）。在线性区内有 $u_o = A_{od}(u_- - u_+)$，即输出电压与输入电压呈线性关系。由于输出电压的最大值有限，而一般运放的开环电压放大倍数又很大，所以，线性区域很小。应用时，应引入深度负反馈网路，以保证运放稳定地工作在线性区域内。

在非线性区内 u_o 与 u_{id} 无关，它只有两种可能取值，即正向饱和电压和负向饱和电压。

在两种区域中，运放的性质截然不同，因此在使用和分析应用电路时，应该首先判断运放的工作区域。

图 3-20 运放的电压传输特性

2. 理想运放的两个重要特性

为了突出主要特性，简化分析过程，在分析实际电路时，一般将实际运放当作理想运放看待。所谓理想运放是指具有如下理想参数的运放，即

开环电压放大倍数：$\qquad A_{od} = \infty$

输入电阻：$\qquad r_{id} = \infty$

输出电阻：$\qquad r_o = 0$

频带宽度：$\qquad B = \infty$

共模抑制比：$\qquad K_{CMR} = \infty$

输入偏置电流：$\qquad I_{B1} = I_{B2} = 0$

失调和温漂等均为 0。

理想运放是不存在的，但是随着集成电路工艺的发展，使得现代集成运放的参数与理想运放的参数很接近。实践表明用理想运放作为实际运放的简化模型，分析运放应用电路所得结果与实验结果基本一致，误差在工程允许范围之内。因此，在分析实际电路时，除要求考虑分析误差的电路外，均可把实际运放当作理想运放处理，以使分析过程得到合理简化。

工作在线性区域的理想运放具有两个重要特性：

（1）理想运放两个输入端的电位相等，即 $u_+ \approx u_-$。

（2）理想运放的输入电流为 0，即 $i_i \approx 0$。

这两条特性极大简化了运放应用电路的分析过程，是分析运放工作在线性区域的各种电路的基本依据，这两条特性常用"虚短"和"虚断"来表示，对电压而言，两个输入端是短路的叫"虚短"，对电流而言，两个输入端是开路的叫"虚断"。

如同三极管放大电路有 3 种基本组态一样，各种复杂的运放应用电路也可以分为几种最基本的组态，掌握了这几种组态的分析方法及主要特性，就可以分析更加复杂的电路。

3. 比例电路

1）反相比例电路

电压并联深度负反馈的输出电压与输入电压之比的绝对值基本上等于反馈电阻与信号源

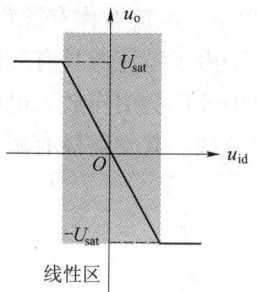

内阻之比，因此可用如图 3 – 21 所示的电路实现比例
运算。图中的电阻 R_1 与信号源相串联，其作用和信
号源内阻 R_s 类似。由于这个电路的输入信号是从集成
运放的反相输入端输入的，因此叫作反相比例电路。

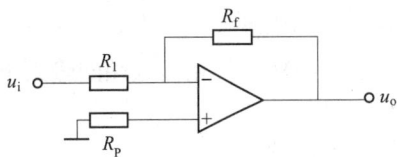

图 3 – 21　反相比例等效电路

由于集成运放输入级由差动放大电路组成，它要
求两边的输入回路参数对称，即从集成运放反相输入端和地两点向外看的等效电阻 R_N 应当
等于从集成运放同相输入端和地两点向外看的等效电阻 R_P，即

$$R_N = R_P \tag{3 – 39}$$

这个对称条件，对于各种双极型晶体管集成运放构成的运算电路和放大电路均普遍适用。

在图 3 – 21 中设信号源的内阻为 0，或者把信号源的内阻计算到电阻 R_1 中，则有

$$R_N = R_P = R_1 /\!/ R_f \tag{3 – 40}$$

设电路中的各参数合适，集成运放工作在线性放大状态，且负反馈深度很大，那它具有
两个特点，即

$$u_+ \approx u_- \tag{3 – 41}$$

$$i_+ = i_- \approx 0 \tag{3 – 42}$$

由于 $i_+ \approx 0$，故电阻 R_P 上没有电流，因此也没有电压降，故同相输入端和地端等电位，
同时 $u_+ \approx u_-$，所以反相输入端与地端等电位即 $u_- \approx 0$，在这种情况下，运放的反相输入端
又称为"虚地"。

由于运放的输入端的虚断，故 R_1 和 R_f 可视为串联，可得

$$\frac{u_i - u_-}{R_1} = \frac{u_- - u_o}{R_f} \tag{3 – 43}$$

又因为 $u_- \approx 0$，故有

$$u_o = -\frac{R_f}{R_1} u_i \tag{3 – 44}$$

可见 u_o 与 u_i 符合比例关系，式中的负号表示输出电压与输入电压的相位是相反的，同
时反相比例电路还有其他特点：

（1）集成运放的反相输入端为虚地点，它的共模输入电压可视为 0，因此对运放的共模
抑制比要求很低。

（2）由于电压负反馈的作用，反相比例电路的输出电阻小，其带负载能力很强。

（3）由于并联负反馈的作用，输入电阻小，因此对输入电流有一定的要求。

2）同相比例电路

前面讲到的反相比例电路的输入电阻小，如果希望输入电阻大，且输出电压与输入电压
按一定比例同方向变化，那么可将信号接到运放的同相输入端，并在反相输入端引入负反
馈，因此可用如图 3 – 22 所示的电路实现同相比例运
算。图中 R_P 的作用是使参数对称，即 $R_P = R_N = R_1 /\!/ R_2$，同时如果 u_i 太大，使运放不能工作在线性工作
范围，则 R_P 还可以起到限制输入的作用。

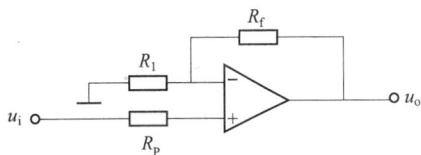

由于运放同相输入端不是处在地电位，因此不
能用虚地，只能用虚短。由于虚短，则有

图 3 – 22　同相比例电路

$$u_+ = u_- = u_i \tag{3-45}$$

由于虚断，反相输入端的输入电流近似为 0，R_1 和 R_2 可视为串联，即

$$\frac{0 - u_-}{R_1} = \frac{u_- - u_o}{R_f} \tag{3-46}$$

代入 $u_- = u_i$，可得

$$u_o = \left(1 + \frac{R_f}{R_1}\right)u_i \tag{3-47}$$

由式（3-47）可以看出，输出电压和输入电压在 $R_f \gg R_1$ 时成比例关系，且输出和输入是同相的，同时该同相比例电路还有其他特点：

（1）由于引入了电压串联负反馈，所以输入电阻很大，可达 MΩ 数量级。而输出电阻很小，通常可视为 0。

（2）由于 $u_+ = u_- = u_i$，即同相比例电路中共模电压等于输入电压，因此对集成运放的共模抑制比要求较高，这也是同相比例电路的缺点。

3）电压跟随电路

如果希望输出电压等于输入电压，可将同相比例电路中的 R_1 开路，即为如图 3-23 所示的电压跟随电路，简称电压跟随器。

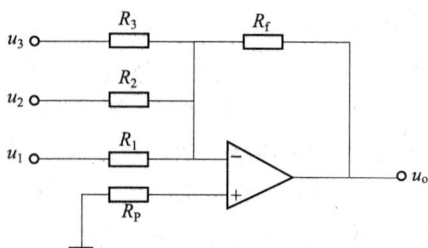

也可在输入和同相输入端及输出和反相输入端接入电阻，以防止意外造成电流过大。由于虚断和虚短，有

$$u_i = u_+ = u_- = u_o \tag{3-48}$$

由于集成运放性能优良，所以由它构成的电压跟随器不仅精度高，而且输入电阻大，输出电阻小，同时电压跟随器的反馈系数等于 1，所以它的反馈深度很大。

4. 加减运算电路

输出电压与若干个输入电压之和或差成比例关系的电路称为加减运算电路。它不仅是模拟计算机的基本单元，而且在测量及控制系统中经常被用到，下面首先介绍求和电路，然后介绍加减电路。

1）求和电路

集成运放的求和电路也分为同相输入和反相输入。

（1）反相输入求和电路。

如图 3-24 所示的反相输入求和电路是在反相比例电路的基础上，在反相输入端接入三路输入信号 u_1、u_2、u_3，同时为了使运放输入对称，在同相输入端接入的 R_P 应满足

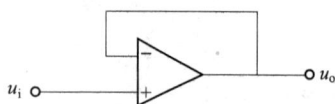

图 3-23　电压跟随电路　　　　　图 3-24　反相求和电路

$$R_P = R_1 /\!/ R_2 /\!/ R_3 \qquad\qquad (3-49)$$

若 R_1、R_2、R_3、R_f 上的电流分别为 i_1、i_2、i_3、i_f，由虚断可得

$$i_f = i_1 + i_2 + i_3 \qquad\qquad (3-50)$$

又由虚短可得

$$u_+ = u_- = 0 \qquad\qquad (3-51)$$

代入式（3-51）可得

$$\frac{0-u_o}{R_f} = \frac{0-u_1}{R_1} + \frac{0-u_2}{R_2} + \frac{0-u_3}{R_3} \qquad (3-52)$$

因此其输入输出电压的函数关系为

$$u_o = -\left(\frac{u_1}{R_1} + \frac{u_2}{R_2} + \frac{u_3}{R_3}\right)R_f \qquad (3-53)$$

反相求和电路的特点为调节方便，同时共模电压小，因此应用范围广。

（2）同相求和电路。

和同相比例电路类似，同相求和电路是在同相比例电路的基础上增加几路输入，如图 3-25 所示。同时为了使运放的输入端对称，R_P 应满足

$$R_P = R /\!/ R_f = R_1 /\!/ R_2 /\!/ R_3 \quad (3-54)$$

若 R_1、R_2、R_3 上的电流分别为 i_1、i_2、i_3，由虚断可得

$$i_1 + i_2 + i_3 = 0 \qquad (3-55)$$

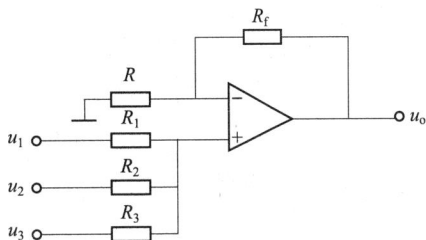

图 3-25　同相求和电路

即

$$\frac{u_1 - u_+}{R_1} + \frac{u_2 - u_+}{R_2} + \frac{u_3 - u_+}{R_3} = 0 \qquad (3-56)$$

该式经变形可得

$$\frac{u_1}{R_1} + \frac{u_2}{R_2} + \frac{u_3}{R_3} = \left(\frac{1}{R_1} + \frac{1}{R_2} + \frac{1}{R_3}\right)u_+ = \frac{1}{R_P}u_+ \qquad (3-57)$$

故

$$u_+ = \left(\frac{u_1}{R_1} + \frac{u_2}{R_2} + \frac{u_3}{R_3}\right)R_P \qquad (3-58)$$

又由于虚断，R 和 R_f 可视为串联，即

$$\frac{0-u_-}{R} = \frac{u_- - u_o}{R_f} \qquad (3-59)$$

可得

$$u_o = \left(1 + \frac{R_f}{R}\right)u_- = R_f\left(\frac{1}{R_f} + \frac{1}{R}\right)u_- \qquad (3-60)$$

由于 $u_+ = u_-$ 及 $\dfrac{1}{R_P} = \dfrac{1}{R_f} + \dfrac{1}{R}$，可得

$$u_o = R_f \cdot \frac{1}{R_P} \cdot u_+$$

$$= R_f \cdot \frac{1}{R_P}\left(\frac{u_1}{R_1} + \frac{u_2}{R_2} + \frac{u_3}{R_3}\right)R_P$$

$$= R_f\left(\frac{u_1}{R_1} + \frac{u_2}{R_2} + \frac{u_3}{R_3}\right) \qquad (3-61)$$

可见输出电压和输入电压为线性组合的关系，由于输入是同相输入，故共模输入电压较高。

2）加减运算电路

反相求和电路的输出电压与输入电压的极性相反，而同相求和电路的输出电压与输入电压的极性相同，因此将两个电路合并就可以构成加减电路。如图 3-26 所示，为单路的同相输入和单路的反相输入。令与信号相接的电阻为 R_1，为了保持输入的对称，在同相输入端再接上和反馈电阻阻值相等的 R_2，可用两种方法求解。

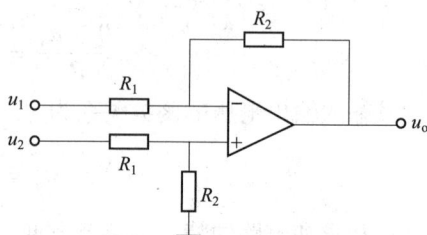

图 3-26 加减运算电路

解法一：

对同相输入端，由于虚断，有

$$u_+ = \left(\frac{R_2}{R_1 + R_2}\right)u_2 \qquad (3-62)$$

对反相输入端，有

$$\frac{u_1 - u_-}{R_1} = \frac{u_- - u_o}{R_2} \qquad (3-63)$$

两式联立可得

$$u_o = \frac{R_2}{R_1}(u_2 - u_1) \qquad (3-64)$$

解法二：叠加原理。

（1）令同相输入端输入信号 $u_2 = 0$，反相端输入信号 u_1 作用，此时集成运放的反相输入端为虚地点，即为反相求和电路，有

$$u_o' = -\frac{R_2}{R_1}u_1 \qquad (3-65)$$

（2）令反相输入端输入信号 $u_1 = 0$，同相端输入信号 u_2 作用，此时为同相求和电路，有

$$u_o'' = \frac{R_2}{R_1}u_2 \qquad (3-66)$$

由叠加原理可得

$$u_o = u_o' + u_o''$$
$$= \frac{R_2}{R_1}(u_2 - u_1) \qquad (3-67)$$

5. 积分电路和微分电路

1）积分电路

积分电路是模拟计算机及积分型模/数转换电路的基本单元之一，它可以实现积分运算，或起到延迟及产生三角波的作用。

积分电路的输出电压与输入电压成积分关系，电容两端的电压与它的电流成积分关系，而反相比例电路中流过反馈电阻的电流与输入电压成正比，因此只要将反相比例电路中的反馈电阻换为电容，就构成了基本的积分电路，如图 3 – 27 所示。

由于反相输入端虚地，且 $i_+ \approx i_- \approx 0$，故有

$$i_R \approx i_C \qquad (3-68)$$

而

$$i_R = \frac{u_i}{R}, i_C = C\frac{du_C}{dt} = -C\frac{du_o}{dt}$$

由此可得

$$u_o = -\frac{1}{RC}\int u_i dt \qquad (3-69)$$

积分电路的主要用途：

（1）如果将积分电路的输出电压作为电阻开关的输入电压，电路就可以起到延迟作用。

（2）积分电路可以将方波变成三角波。

（3）积分电路还可以起到移相等作用。

以上所述积分电路的性能，是指理想情况下。实际积分电路的输出电压与输入电压的函数关系与理想情况存在误差，情况严重时甚至不能正常工作。

2）微分电路

微分电路是积分电路的逆运算，其输出电压与输入电压成微分关系，将积分电路中的电阻和电容的位置交换就可以得到微分电路，如图 3 – 28 所示。

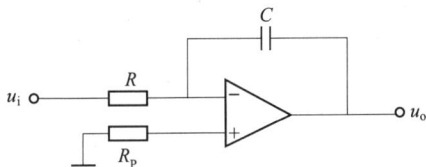

图 3 – 27　积分电路　　　　图 3 – 28　微分电路

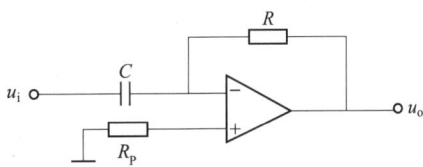

由于反相输入端虚地，且 $i_+ \approx i_- \approx 0$，故有

$$i_R \approx i_C$$

而 $i_R = -\frac{u_o}{R}$，$i_C = C\frac{du_i}{dt}$，由此可得

$$u_o = -RC\frac{du_i}{dt} \qquad (3-70)$$

实际微分电路也存在一些问题，由于输出电压与输入电压的变化率成正比，输出电压对输入电压的变化非常敏感，因此基本微分电路的抗干扰性能差；基本微分电路的 RC 环节对于反馈信号有滞后作用，它和运放的滞后作用合在一起可能造成自激振荡。

3.6　运算电路在实际工程中的应用

1. 测量放大电路

在工农业应用中，生物传感器所产生的信号一般为频率较低的微弱信号，检测后可得到电压（电流）信号，然后使用如图 3 – 29 所示的测量放大电路进行被测信号的放大。

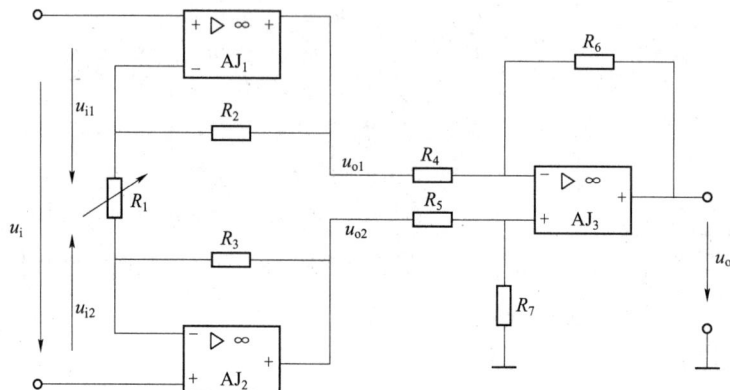

图 3 – 29　测量放大电路

图 3 – 29 所示的测量放大电路可以分为两级，在输入级为同相比例电路并采用对称电路，可以很好地抑制温漂，同时使用串联反馈，使输入电阻变大。

$$u_{o2} = \left(1 + \frac{2R_3}{R_1}\right)u_{i2} \tag{3 – 71}$$

$$u_{o1} = \left(1 + \frac{2R_2}{R_1}\right)u_{i1} \tag{3 – 72}$$

$$u_{i1} - u_{i2} = u_i$$

$$u_{o1} - u_{o2} = \left(1 + \frac{2R_2}{R_1}\right)u_i \tag{3 – 73}$$

第二级为减法电路，有

$$A_u = \frac{u_o}{u_i} = \frac{u_o}{u_{o1} - u_{o2}} \cdot \frac{u_{o1} - U_{o2}}{u_i} = -\frac{R_6}{R_1}\left(1 + \frac{2R_2}{R_1}\right) \tag{3 – 74}$$

2. 滤波器

在通信电路中，通常需要让输入信号中的某一频率的信号通过，对其他频率的信号进行衰减，这时就需要使用滤波器来对输入信号进行筛选。滤波器按采用的元器件可分为无源滤波器和有源滤波器；按所通过信号的频段可分为低通滤波器、高通滤波器、带通滤波器及带阻滤波器。

1）无源滤波器

无源滤波器是使用电阻、电容等无源器件构成的滤波器，下面以最简单的低通滤波器为例来介绍无源滤波器的原理。低通滤波器的电路如图 3 – 30 所示，通常电阻可以忽略不计。

设通过 RC 的电流为 $\dot{I}$，其输入电压与输出电压关系为

$$\frac{\dot{U}_o}{\dot{U}_i} = \frac{\dot{I}\dfrac{1}{j\omega C}}{\dot{I}\left(R + \dfrac{1}{j\omega C}\right)} = \frac{1}{j\omega RC} \tag{3-75}$$

其低通频率特性如图 3 - 31 所示。

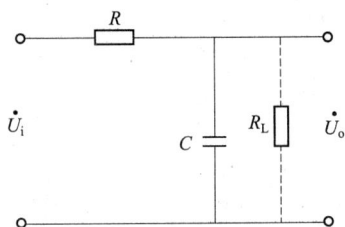

图 3 - 30　低通滤波器原理电路

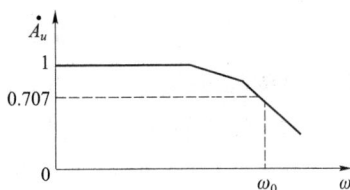

图 3 - 31　低通频率特性

2）有源滤波器

如图 3 - 32 所示为一阶有源低通滤波器。

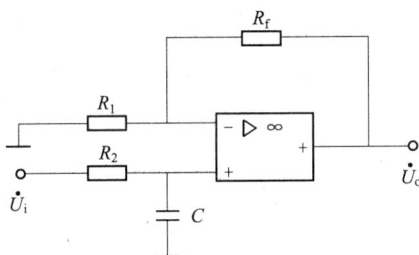

图 3 - 32　一阶有源低通滤波器

● 本 章 小 结

本章介绍了集成运算放大电路的组成，重点介绍了差分电路及电流源电路的组成和原理，并介绍了理想集成运算放大电路的基本组态及其应用。

● 习 题

一、填空题

3 - 1　在半导体集成电路中，晶体管元件占芯片面积最小，（　　）和（　　）元件的值越大，占芯片的面积越大，而（　　）元件无法集成。

3 - 2　SI 集成放大器的偏置电路往往采用（　　）电路，而集成放大器的负载常采用（　　）负载，其目的是为了（　　）。

3-3 差动放大器依靠电路的（　　）和（　　）负反馈来抑制零点漂移。

3-4 集成放大器的恒压源和恒流源模型中的电阻都是（　　）电阻，前者有很小的（　　）电阻，后者的（　　）电阻很大。

3-5 一般情况下，单端输入的差动放大器输出电压与同一信号差模输入时的输出电压几乎相同，其原因是（　　　　　　　　　　　　　）。

3-6 采用恒流源偏置的差动放大器可以明显提高（　　　）。

二、计算题

3-7 由对管 VT_1 和 VT_2 组成的镜像恒流源电路如图 3-33 所示，设 $U_{BE1} = U_{BE2} = 0.6$ V，$\beta_1 = \beta_2 \gg 1$。

（1）若要求 $I_{C2} = 28$ μA，电阻 R 应为多大？

（2）若仍要求 $I_{C2} = 28$ μA，但是取 $R = 20$ kΩ，试用微电流源电路实现，画出电路图，并求未知电阻。

3-8 某集成放大器内部电路如图 3-34 所示，试指出该电路中哪些元件构成恒流源？并说明各级放大器的组态及负载情况。

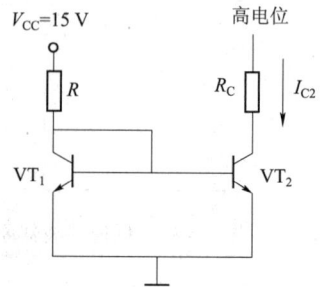

图 3-33 题 3-7 用图

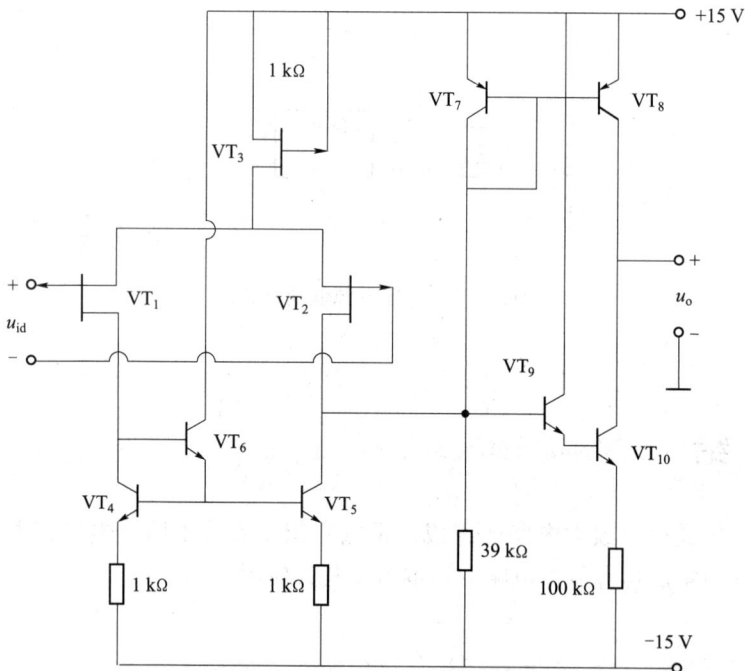

图 3-34 题 3-8 用图

3-9 如图 3-35 所示的恒流源的电流 I_{C2} 为多少？

3-10 在如图 3-36 所示的理想对称差放中，VT_1 和 VT_2 的 $\beta = 100$，$U_{BEQ} \approx 0.7$ V，试求：

（1）静态电流 I_{CQ1} 和 I_{CQ2}。

（2）差模输入电阻 R_{id} 和差模电压增益 A_{ud}（R_W 的滑动臂位于中点）。

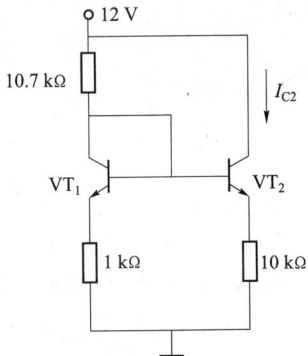

图 3-35 题 3-9 用图

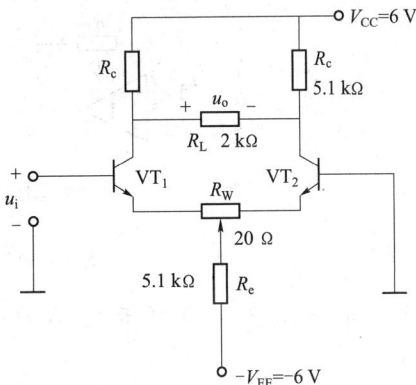

图 3-36 题 3-10 用图

3-11 某理想对称差放当 $u_{i1} = -6$ mV，$u_{i2} = 4$ mV 时测得双端输出 $u_o = 0.5$ V，一个单端的输出 $\Delta u_{o1} = 0.25$ V（Δu_{o1} 是 u_{i1} 和 u_{i2} 产生的增量电压），求该差放的 K_{CMR}。

3-12 如图 3-37 所示的电路中，已知对管 VT_1 和 VT_2 的 $\beta = 50$，$U_{BEQ} \approx 0.7$ V，恒流源内阻为 100 MΩ，求该恒流源的差模电压放大倍数和共模电压放大倍数及共模抑制比。

3-13 比较同相放大器和反相放大器的异同。

3-14 如图 3-38（a）所示的理想集成运放，u_1 和 u_2 的波形如图 3-38（b）所示，$u_3 = -4$ V，试画出该运放的输出波形。

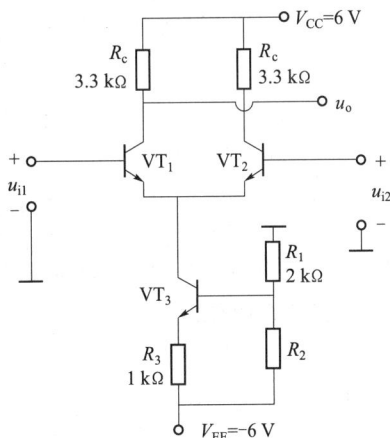

图 3-37 题 3-12 用图

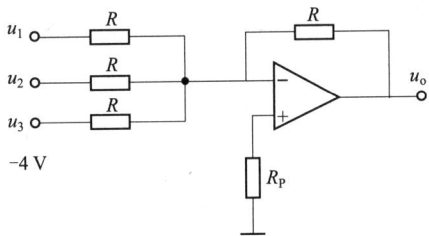

（a）

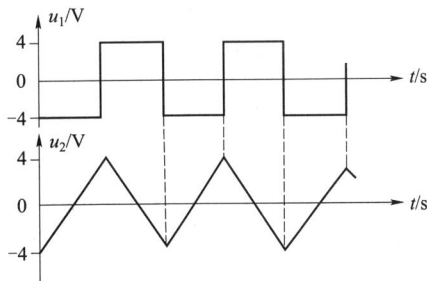

（b）

图 3-38 题 3-14 用图

3-15 如图 3-39 所示的理想运放，且 $\dfrac{R_1}{R_2} = \dfrac{R_4}{R_3}$，求输出电压与输入电压之间的关系式，并说明电路功能。

3-16 使用运放设计一个同相加法器，使其输出电压为 $u_o = 6u_1 + 4u_2$。

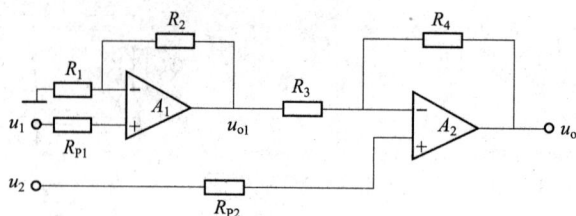

图 3-39 题 3-15 用图

3-17 求如图 3-40 所示电路的输出电压 u_o。假设运放是理想的，且 $R_1 = R_3$，$R_2 = R_4$。

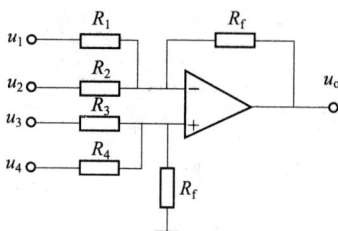

图 3-40 题 3-17 用图

3-18 如图 3-41（a）所示的反相积分器的输入与输出的电压波形如图 3-41（b）所示，求电容 C 的值。

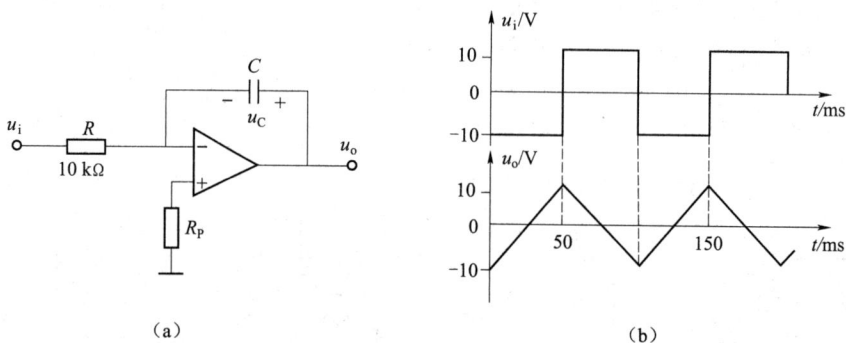

（a）

（b）

图 3-41 题 3-18 用图

第 4 章

逻辑代数基础

本章介绍

本章主要介绍逻辑代数的基础知识。首先介绍数制和码制的基本概念，然后介绍逻辑代数的基本分类、公式定理以及逻辑函数的表示方法和各种表示方法的相互转换，最后介绍如何使用这些公式定理进行逻辑代数的化简。

本章学习目标

(1) 了解不同数制之间的转换。
(2) 掌握逻辑代数的相关公式定理。
(3) 理解逻辑函数的表示方法及相互转换。
(4) 掌握逻辑代数的化简方法。

4.1　数制与 BCD

4.1.1　概述

21 世纪人类进入了信息时代，信息技术与国民经济及人们的日常生活息息相关。信息技术处理的信号分模拟信号和数字信号两类，如图 4-1 所示。在时间和数值上连续的信号称为模拟信号；在时间和数字上离散的信号称为数字信号，又称离散信号。

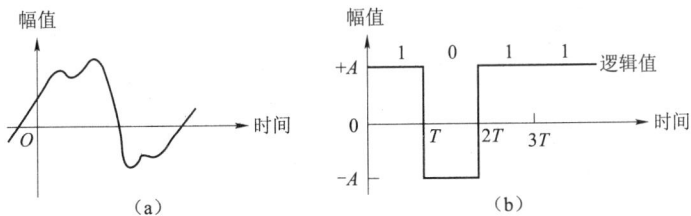

图 4-1　模拟信号和数字信号
(a) 模拟信号；(b) 数字信号

对数字信号进行传递、处理的电路称为数字电路。由于数字电路不仅能对信号进行数值运算，还能进行逻辑运算和逻辑判断，所以又称为数字逻辑电路或逻辑电路。逻辑电路主要研究电路的输出信号和输入信号状态之间的逻辑关系。在数字系统中，目前广泛采用二进制系统。

4.1.2 几种常用的数制

数制即计数体制，是按照一定规律表示数值大小的计数方法，日常生活中最常用的是十进制，数字电路中最常用的是二进制。任何一种计数体制中都包含基数和位权。

1. 十进制

十进制就是以 10 为基数的记数体制。在十进制中，任何数都可以用 0 ~ 9 这 10 个数码按一定的规律排列起来表示，其规则是"逢 10 进 1"，如 9 + 1 = 10。每一个数码处于不同位置时表示的数值是不同的，每一位的位权为 10^n，其中 n 是所处的位。注意，最低位是 0 位。

例 4 - 1 用位权来表示十进制数 4567。

解：将数码与位权相乘，然后相加得十进制数，即

$$4567 = 4 \times 10^3 + 5 \times 10^2 + 6 \times 10^1 + 7 \times 10^0$$

由上例可以得知，任意的十进制数可以表示为 $N_D = \sum K_i \times 10^i$，其中 $i \in (-\infty, +\infty)$，K_i 为每一位的数值。

从计数电路的角度来看，十进制是不方便的。因为构成计数电路的基本思路是把电路的状态和数码对应起来，而十进制的数码就需要有 10 个电路状态与之对应，这样将在技术上带来困难，而且不经济，因此计数电路中一般不直接采用十进制。

2. 二进制

二进制数就是以 2 为基数的记数体制。任何数都可以用 0、1 两个数码按一定的规律排列起来表示，规则是"逢 2 进 1"，如 1 + 1 = 10（读作"壹零"），注意二进制的"10"与十进制的"10"完全不同。每一个数码处于不同位置时表示的数值是不同的，每一位的位权为 2^n，其中 n 是所处的位，最低位也是 0 位。即 $10 = 1 \times 2^1 + 0 \times 2^0 = 2$。任意的二进制数可以表示为 $N_B = \sum K_i \times 2^i$，其中 $i \in (-\infty, +\infty)$，K_i 为每一位的数值。

由于二进制只有两个数码，其数字装置简单可靠，每一位都可以用具有两个稳定状态的元件来表示，比如开关的闭合与断开，只要规定一种状态表示 1，另一种状态表示 0，就可以表示二进制数。这样就能以这种简单的方式进行数码的储存、分析及传输。但是二进制位数较多，不够形象、直观，且使用时不方便，因此引入八进制和十六进制。

3. 八进制

八进制就是以 8 为基数的计数体制。含有 8 个数码为 0，1，2，3，4，5，6，7；规则是"逢 8 进 1"。每一个数码处于不同位置时表示的数值是不同的，每一位的位权为 8^n，其中 n 是所处的位，最低位也是 0 位。即 $10 = 1 \times 8^1 + 0 \times 8^0 = 8$。任意的八进制数可以表示为 $N_O = \sum K_i \times 8^i$，其中 $i \in (-\infty, +\infty)$，K_i 为每一位的数值。

4. 十六进制

十六进制就是以 16 为基数的计数体制。含有 16 个数码为 0，1，2，3，4，5，6，7，8，9，A，B，C，D，E，F；规则是"逢 16 进 1"。每一个数码处于不同位置时表示的数值是不同

的，每一位的位权为 16^n，其中 n 是所处的位，最低位也是 0 位。即 $10 = 1 \times 16^1 + 0 \times 16^0 = 16$。任意的十六进制数可以表示为 $N_H = \sum K_i \times 16^i$，其中 $i \in (-\infty, +\infty)$，K_i 为每一位的数值。

4.1.3　任意进制转换成十进制

将一个任意进制数转换成十进制数的方法都比较类似，即数码乘上该位位权，求出的各位数值相加之和即为相应的十进制数。

例 4-2　将 $(10110.011)_B$，$(436.5)_O$，$(1C4)_H$，$(D8.A)_H$ 转换成十进制。

解：
$$(10110.011)_B = 1 \times 2^4 + 0 \times 2^3 + 1 \times 2^2 + 1 \times 2^1 + 0 \times 2^0 +$$
$$0 \times 2^{-1} + 1 \times 2^{-2} + 1 \times 2^{-3}$$
$$= 16 + 4 + 2 + 0.25 + 0.125$$
$$= (22.375)_D$$

$$(436.5)_O = 4 \times 8^2 + 3 \times 8^1 + 6 \times 8^0 + 5 \times 8^{-1} = (286.825)_D$$

$$(1C4)_H = 1 \times 16^2 + 12 \times 16^1 + 4 \times 16^0 = (452)_D$$

$$(D8.A)_H = 13 \times 16^1 + 8 \times 16^0 + 10 \times 16^{-1} = (216.625)_D$$

从上例可以知道，当数码为零时，可以略过该位。

4.1.4　十进制转换成任意进制

十进制转换成其他进制时，整数部分和小数部分要分别转换。整数部分采用除基取余法，小数部分采用乘基取整法。

整数部分采用除基取余法是将十进制除以基数 R，取余数 K_0；再将商除以基数，取余数 K_1，依此类推，直至商为 0，取余数 K_{n-1} 为止，把余数按照倒级联的方式排列在一起，即是转换出来的 R 进制数，即 $(K_{n-1}\cdots\cdots K_1 K_0)_R$。

例 4-3　将 $(343)_D$ 转换成二进制。

过程如图 4-2 所示，所以 $(342)_D = (101010111)_B$。

小数部分采用乘基取整法是将十进制小数乘以基数 R，取整数部分 K_{-1}，再将小数部分乘以基数，取整数部分 K_{-2}，依此类推，直至小数部分为 0 或者达到精度要求为止，取整数部分 K_{-m}，把所得到的整数部分正级联的方式排列在一起，即是转换出来的 R 进制数，即 $(K_{-1} K_{-2}\cdots\cdots K_{-m})_R$。

在进制转换时，不要把结果顺序排列错，注意只要记住不管是除基取余法还是乘基取整法，算出来的第一位数码是最接近小数点的，就不会混淆了。

例 4-4　将 $(0.392)_D$ 转换成最接近 6 位的二进制数。

过程如图 4-3 所示，所以 $(0.392)_D = (0.011001)_B$

例 4-5　将 $(343.392)_D$ 转换成最接近 6 位的二进制数。

$(343.392)_D = (101010111.011001)_B$

十进制转换成八进制和十六进制的方法与上类似，故不单独举例。

练习：

（1）请将十进制数 17.25 转换成二进制、八进制、十六进制，小数部分最多保留 6 位。

（2）请将二进制数 1101.111 转换成十进制。

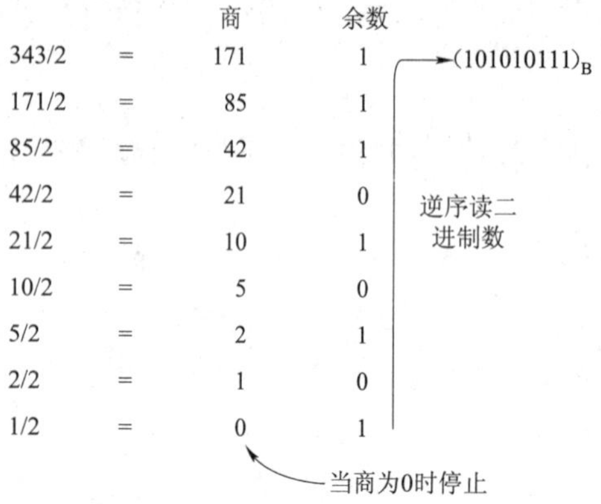

```
              商      余数
343/2  =     171      1   ┌──→(101010111)_B
171/2  =      85      1
85/2   =      42      1
42/2   =      21      0   逆序读二
21/2   =      10      1   进制数
10/2   =       5      0
5/2    =       2      1
2/2    =       1      0
1/2    =       0      1
         ↓
      当商为0时停止
```

```
              取整      余数
2×0.392  =    ┌ 0 ┐  +  0.784
2×0.784  =    │ 1 │  +  0.568
2×0.568  =    │ 1 │  +  0.136
2×0.136  =    │ 0 │  +  0.272
2×0.272  =    │ 0 │  +  0.544
2×0.544  =    └ 1 ┘  +  0.088
                ↓
       (0.011001)_B 近似的二进制数
```

图 4-2 将 343 转换成二进制 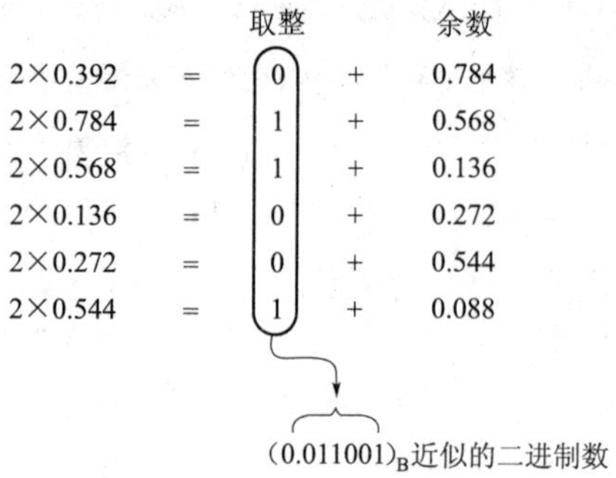   图 4-3 将 0.392 转换成二进制

4.1.5 二进制和八进制、十六进制之间的相互转换

1. 二进制和八进制的转换

二进制中的 3 位数码对应 1 位八进制数码。所以二进制转换成八进制时，整数部分按照从低位到高位的顺序，将 3 位二进制数码分为 1 组，转换成对应的八进制数码，对于最高位不足 3 位的，在高位添 0 补足；小数部分则按照从高位到低位的顺序，将 3 位二进制数码分为 1 组，转换成对应的八进制数码，对于最低位不足 3 位的，在低位添 0 补足。

例 4-6 将二进制数据 1011001011.01011 转换成八进制。

解：$(1011001011.01011)_B = (001\ 011\ 001\ 011.010\ 110)_B = (1313.26)_O$

而八进制转换成二进制时，只需按照顺序将每位八进制数码转换成对应的二进制即可，对于整数部分最高位和小数部分最低位的 0 直接去掉即可。

例 4-7 将八进制数 175.32 转换成二进制。

解：$(175.32)_O = (001\ 111\ 101.011\ 010)_B = (1111101.01101)_B$

2. 二进制和十六进制的转换

二进制中的 4 位数码对应 1 位十六进制数码。所以二进制转换成十六进制时，整数部分按照从低位到高位的顺序，将 4 位二进制数码分为 1 组，转换成对应的十六进制数码，对于最高位不足 4 位的，在高位添 0 补足；小数部分则按照从高位到低位的顺序，将 4 位二进制数码分为 1 组，转换成对应的十六进制数码，对于最低位不足 4 位的，在低位添 0 补足。

例 4-8 将二进制数 1011001011.01011 转换成十六进制。

解：$(1011001011.01011)_B = (0010\ 1100\ 1011.0101\ 1000)_B = (2CB.58)_H$

而十六进制转换成二进制时，只需按照顺序将每位十六进制数码转换成对应的二进制即可，对于整数部分最高位和小数部分最低位的 0 直接去掉即可。

例 4-9 将十六进制数 17A.3C 转换成二进制。

解：$(17A.3C)_H = (0001\ 0111\ 1010.0011\ 1100)_B = (101111010.001111)_B$

为了便于对照，将十进制、二进制、八进制和十六进制之间的对应关系列于表 4-1 中。

表 4 – 1　4 种数制的关系对照

十进制数	二进制数	八进制数	十六进制数
0	00000	0	0
1	00001	1	1
2	00010	2	2
3	00011	3	3
4	00100	4	4
5	00101	5	5
6	00110	6	6
7	00111	7	7
8	01000	10	8
9	01001	11	9
10	01010	12	A
11	01011	13	B
12	01100	14	C
13	01101	15	D
14	01110	16	E
15	01111	17	F
16	10000	20	10
17	10001	21	11
18	10010	22	12
19	10011	23	13
20	10100	24	14

4.1.6　BCD 码

数字系统中的信息分两类，一类是数值，另一类是文字符号。数值信息的表示前面已经介绍了，文字符号信息往往也采取一定位数的二进制数码进行表示，这个特定的二进制码称为代码。建立这种代码与十进制数值、字母、符号的一一对应关系的过程称为编码。

若要编码的信息有 N 项，则需要的编码位数 n 与需要编码的项数 N 之间的关系要满足

$$2^n \geqslant N$$

在数字系统中，各种数据要转换成二进制代码才能进行处理，而人们习惯使用十进制数，所以在数字系统输入输出中仍然采用十进制数，这样就产生了用 4 位二进制代码表示十进制数的方法，这种表示十进制数的二进制代码称二 – 十进制代码（Binary Coded Decimal，BCD），简称 BCD 码。在 BCD 编码中，如果每一位都有固定的位权则称为有权码，如 8421 码、2421码，否则称为无权码，如余 3 码。常见的 BCD 码与自然二进制码之间的对应关系如表 4 – 2 所示。

8421 码是使用最广泛的 BCD 码，是一种有权码，位权依次是 8，4，2，1，因此被称为8421 码。2421 码的位权依次是 2，4，2，1。它具有单值性，即值的不唯一性。例如：0101和 1011 都对应十进制数字 5，所以为了与十进制字符一一对应，以免有重复值，2421 码不允许出现 0101 ~ 1010。

一般说来十进制数与二进制码之间可以表示为

表 4 - 2　常见 BCD 码

b_3	b_2	b_1	b_0	代码对应的十进制数			
				自然二进制码	BCD 码		
					8421 码	2421 码	余 3 码
0	0	0	0	0	0	0	
0	0	0	1	1	1	1	
0	0	1	0	2	2	2	
0	0	1	1	3	3	3	0
0	1	0	0	4	4	4	1
0	1	0	1	5	5		2
0	1	1	0	6	6		3
0	1	1	1	7	7		4
1	0	0	0	8	8		5
1	0	0	1	9	9		6
1	0	1	0	10			7
1	0	1	1	11		5	8
1	1	0	0	12		6	9
1	1	0	1	13		7	
1	1	1	0	14		8	
1	1	1	1	15		9	

$$N_D = W_3 \times b_3 + W_2 \times b_2 + W_1 \times b_1 + W_0 \times b_0 \tag{4-1}$$

式中，$W_3 \sim W_0$ 为二进制码中各位的权值。

8421 码由 0000 ~ 1001 这 10 种二进制码组合表示十进制的 0 ~ 9。1010 ~ 1111 这 6 个二进制码在 8421 码中是无效的。一般说来，从 16 个二进制码中选取不同的 10 个组合可以得到不同的 BCD 码。

十进制数和 BCD 码转换时，要注意 BCD 码只能表示 0 ~ 9 这 10 个数值，因此要把十进制数每一位转换成对应的 BCD 码，反之亦然。

例 4 - 10　将十进制数 1257 转换成 8421 码。

解： $(1257)_D = (0001\ 0010\ 0101\ 0111)_{8421}$

注意，此处整数部分高位的 0 不能去掉，因为 BCD 码是 4 位二进制代码。

例 4 - 11　将 $(0001\ 0010\ 0110)_{8421}$ BCD 码转换成十进制数。

解： $(0001\ 0010\ 0110)_{8421} = (126)_D$

2421 码 b_3 位的位权是 2，b_2 位的位权是 4，b_1 位的位权是 2，b_0 位的位权是 1，因此被称为 2421 码。2421 码由 0000 ~ 0100 和 1011 ~ 1111 这 10 个二进制码组合表示十进制的 0 ~ 9。0101 ~ 1010 是无效码，$1111 = 1 \times 2 + 1 \times 4 + 1 \times 2 + 1 \times 1 = 2 + 4 + 2 + 1 = 9$。

例 4 - 12　将十进制数 1257 转换成 2421 码。

解： $(1257)_D = (0001\ 0010\ 1011\ 1101)_{2421}$

余 3 码是 8421 码加 3（0011）得到的，因此不能用式（4 - 1）来表示其编码关系。余 3 码是一种无权码也是一种自补码，0 ~ 4 和 9 ~ 5 的代码互为反码。这种代码的优点是求补方便，所以在计算机系统中被广泛应用。

　　例 4 - 13　将十进制数 1257 转换成余 3 码。

　　解： $(1257)_D = (0100\ 0101\ 1000\ 1010)_{余3码}$

4.1.7　格雷码

　　格雷码的排码规则是相邻两个码组之间仅有一位不同，如表 4 - 3 所示。将二进制转换成格雷码的方法是：保持最高位不变，其他位与前面一位异或（将在后面介绍该运算）。

表 4 - 3　格雷码

b_3	b_2	b_1	b_0	G_3	G_2	G_1	G_0
0	0	0	0	0	0	0	0
0	0	0	1	0	0	0	1
0	0	1	0	0	0	1	1
0	0	1	1	0	0	1	0
0	1	0	0	0	1	1	0
0	1	0	1	0	1	1	1
0	1	1	0	0	1	0	1
0	1	1	1	0	1	0	0
1	0	0	0	1	1	0	0
1	0	0	1	1	1	0	1
1	0	1	0	1	1	1	1
1	0	1	1	1	1	1	0
1	1	0	0	1	0	1	0
1	1	0	1	1	0	1	1
1	1	1	0	1	0	0	1
1	1	1	1	1	0	0	0

4.2　逻辑代数的基本运算

　　在分析和设计数字电路时，主要使用的方法是逻辑代数，因为它是英国数学家乔治·布尔（George Boole）于 1847 年提出的，所以又称为布尔代数。逻辑代数是描述客观事物逻辑关系的数学方法，是按照一定的逻辑规律进行运算的代数，它是分析和设计逻辑电路的数学工具，也可用来描述数字电路和数字系统的结构和特性。

　　逻辑代数有其自身独立的规律和运算法则，不同于普通代数，其逻辑变量只有 0 或 1。0 和 1 不表示具体的物理量，只表示两种对立的逻辑状态。

　　逻辑代数中有 3 种基本的逻辑运算：与、或、非运算，此 3 种基本运算都是逻辑关系的描述，均可以由语句、表达式、表格和图形表示。下面分别讨论这 3 种基本运算。

4.2.1　与运算

　　当决定某一事件的所有条件都成立时，这个事件才发生，否则这个事件就不发生，这样的逻辑关系称为逻辑与，或者逻辑乘，在逻辑代数中称为与运算。为了便于理解，以如图 4 - 4（a）所示的一个指示灯控制电路为例介绍与运算。

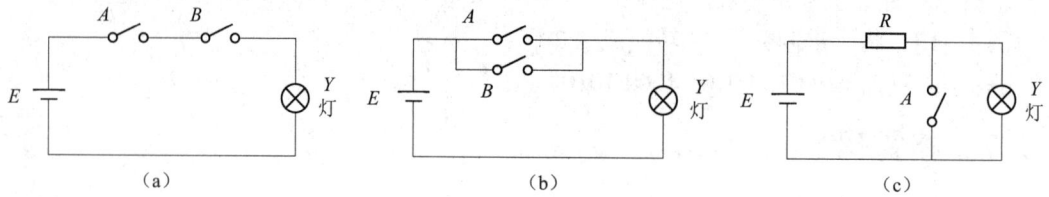

图4-4 说明与、或、非的电路

（a）与逻辑；（b）或逻辑；（c）非逻辑

若把开关闭合作为事件发生的条件，灯亮作为事件的结果。则图4-4恰好反映了不同的逻辑关系。

由图4-4（a）所示电路中，可以看出只有两个开关同时闭合（条件同时满足），灯泡才会亮（事件才会发生）。该电路中开关和灯泡的逻辑关系可以用如图4-5（a）所示的状态表体现，由于逻辑代数中只有逻辑变量0和1，灯"亮"为逻辑"1"，灯"灭"为逻辑"0"；开关"通"为逻辑"1"，开关"断"为逻辑"0"，则可得与逻辑的真值表如图4-5（b）所示。

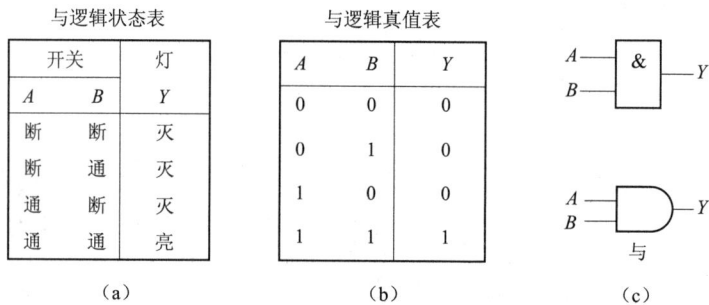

图4-5 与逻辑运算

（a）状态表；（b）真值表；（c）与逻辑门电路符号

若用逻辑表达式表示输入A、B和输出Y之间的逻辑关系，即与运算的逻辑表达式，则可写为

$$Y = A \cdot B \tag{4-2}$$

式中"·"是与运算的运算符，读作"与"，也可读为逻辑乘。在很多场合下"·"也可以省略。在某些文献中与运算的运算符也可以用∩或者∧表示，可以用与门电路实现逻辑电路中的与运算，其电路符号如图4-5（c）所示，上图是矩形轮廓符号，下图是特定外形符号，两种符号都可以表示与运算。

4.2.2 或运算

当决定某一事件的条件只要有一个成立时，这个事件就发生；要让事件不发生除非所有条件都不成立，这样的逻辑关系称为逻辑或，或者逻辑加，在逻辑代数中称为或运算。为了便于理解，以如图4-4（b）所示的一个指示灯控制电路为例介绍或运算。

由图4-4（b）所示电路中，可以看出只要一个开关闭合（有一个条件满足），灯泡就会亮（事件就会发生）。该电路中开关和灯泡的逻辑关系可以用如图4-6（a）所示的状态表体现，由于逻辑代数中只有逻辑变量 0 和 1，灯"亮"为逻辑"1"，灯"灭"为逻辑"0"；开关"通"为逻辑"1"，开关"断"为逻辑"0"，则可得或逻辑的真值表如图 4-6 (b) 所示。

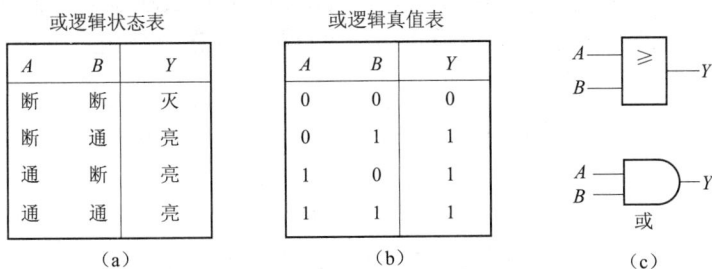

或逻辑状态表		
A	B	Y
断	断	灭
断	通	亮
通	断	亮
通	通	亮

(a)

或逻辑真值表		
A	B	Y
0	0	0
0	1	1
1	0	1
1	1	1

(b)

(c)

图 4-6　或逻辑运算
(a) 状态表；(b) 真值表；(c) 或逻辑门电路符号

若用逻辑表达式表示输入 A、B 和输出 Y 之间的逻辑关系，也就是或运算的逻辑表达式，则可写为

$$Y = A + B \qquad\qquad (4-3)$$

式中"+"是或运算的运算符，读作"或"，也可读作逻辑加。在某些文献中或运算的运算符也可以用 $\cup$ 或者 $\vee$ 表示，可以用或门电路实现逻辑电路中的或运算，其电路符号如图 4-6 (c) 所示，上图是矩形轮廓符号，下图是特定外形符号，两种符号都可以表示或运算。

4.2.3　非运算

当决定某一事件的条件不成立时，这个事件才发生；否则事件不发生，这样的逻辑关系称为逻辑非，或者逻辑反，在逻辑代数中称为非运算。为了便于理解，以如图 4-4 (c) 所示的一个指示灯控制电路为例介绍非运算。

由图 4-4 (c) 中所示电路，可以看出只要开关断开（条件不成立），灯泡就会亮（事件就会发生），而开关闭合（条件成立），灯泡则熄灭。该电路中开关和灯泡的逻辑关系可以用图 4-7 (a) 所示的状态表体现，由于逻辑代数中只有逻辑变量 0 和 1，灯"亮"为逻辑"1"，灯"灭"为逻辑"0"；开关"通"为逻辑"1"，开关"断"为逻辑"0"，则可得非逻辑的真值表如图 4-7 (b) 所示。

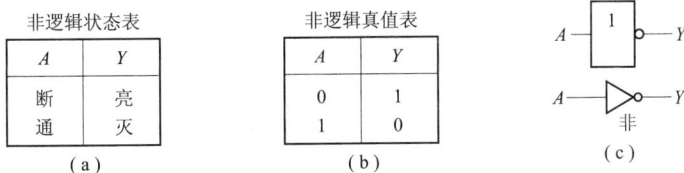

非逻辑状态表	
A	Y
断	亮
通	灭

(a)

非逻辑真值表	
A	Y
0	1
1	0

(b)

(c)

图 4-7　非逻辑运算
(a) 状态表；(b) 真值表；(c) 非逻辑门电路符号

若用逻辑表达式表示输入 A 和输出 Y 之间的逻辑关系，也就是非运算的逻辑表达式，则可写为

$$Y = A' \text{ 或 } Y = \overline{A} \qquad (4-4)$$

式中" ' "是非运算的运算符，读作非，也可读为逻辑反。在某些文献中非运算的运算符也可以在字母 A 上方划"—"来表示，可以用非门电路实现逻辑电路中的非运算，其电路符号如图 4-7（c）所示，上图是矩形轮廓符号，下图是特定外形符号，两种符号都可以表示非运算。

上述的前两种电路中开关的数目可以从两个变成多个，也就是与运算和或运算可以推及到多变量的情况，即

$$Y = A \cdot B \cdot C \cdot D \cdots \qquad (4-5)$$

$$Y = A + B + C + D + \cdots \qquad (4-6)$$

在研究实际逻辑问题时，会发现事物的各个因素之间的逻辑关系往往比单一的与、或、非复杂得多，不过它们都可以用与、或、非的组合来实现。在复合运算中，这 3 种基本逻辑运算的优先等级从高到低的排列为非、与、或。

常见的复合逻辑运算有与非、或非、与或非、同或、异或等，其表达式及门电路符号如图 4-8 所示。

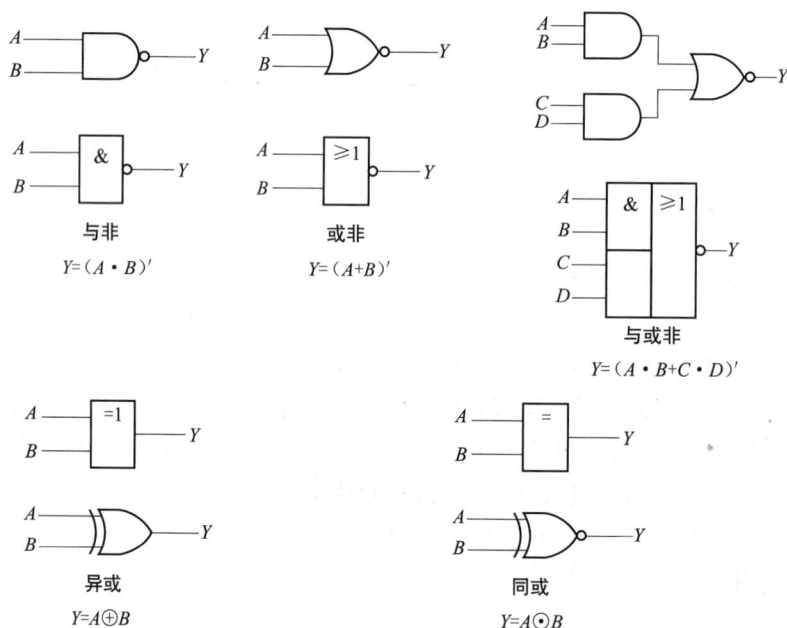

图 4-8　常见的复合运算

4.3　逻辑代数中的公式和定律

4.3.1　基本定律

1. 0-1 律

0-1 律反应的是常量和变量的关系，即

$$0 + A = A, \quad 1 \cdot A = A$$
$$1 + A = 1, \quad 0 \cdot A = 0$$

2. 重叠律

重叠律反应的是同一变量的运算关系,即

$$A + A = A, \quad A \cdot A = A$$

3. 互补律

互补律反应的是原变量和反变量之间的运算关系,即

$$A + \bar{A} = 1, \quad A \cdot \bar{A} = 0$$

4. 与普通代数相同的定律

交换律

$$A + B = B + A, \quad A \cdot B = B \cdot A$$

结合律

$$(A + B) + C = A + (B + C)$$
$$(A \cdot B) \cdot C = A \cdot (B \cdot C)$$

分配律

$$A \cdot (B + C) = A \cdot B + A \cdot C$$
$$A + B \cdot C = (A + B) \cdot (A + C)$$

5. 还原律

$$\bar{\bar{A}} = A$$

6. 摩根定律

摩根定律又称反演律,即

$$\overline{A \cdot B} = \bar{A} + \bar{B}, \quad \overline{A + B} = \bar{A} \cdot \bar{B}$$

推及到多变量时,摩根定律的演化形式为

$$\overline{A \cdot B \cdot C \cdots} = \bar{A} + \bar{B} + \bar{C} + \cdots$$
$$\overline{A + B + C + \cdots} = \bar{A} \cdot \bar{B} \cdot \bar{C} \cdots$$

对于上面的基本定律,最有效的证明方法就是检验等式左右两边的真值表是否吻合。

思考练习: 请用列真值表的方式验证摩根定律成立。

4.3.2 基本公式

1. 吸收公式

1) $A + A \cdot B = A$

证明:

$$A + A \cdot B = A \cdot (1 + B) = A \cdot 1 = A$$

2) $A \cdot (A + B) = A$

证明:
$$A \cdot (A + B) = A \cdot A + A \cdot B = A + AB = A$$

2. 消去公式

$$A + \bar{A} \cdot B = A + B$$

证明:
$$A + \bar{A} \cdot B = A + A \cdot B + \bar{A} \cdot B = A + B \cdot 1 = A + B$$

3. 并项公式

$$AB + A\bar{B} = A$$

这个公式证明过程简单，只需提取公因子 A 即可得证，故过程省略。

4. 消项公式

$$A \cdot B + \bar{A} \cdot C + B \cdot C = A \cdot B + \bar{A} \cdot C$$

证明：

$$A \cdot B + \bar{A} \cdot C + B \cdot C = AB + \bar{A}C + (A + \bar{A})BC = AB + \bar{A}C + ABC + \bar{A}BC$$
$$= (AB + ABC) + (\bar{A}C + \bar{A}BC)$$
$$= AB + \bar{A}C$$

本节所列出的所有公式和定律反应的是逻辑关系，而不是数量之间的关系，在运算中不能简单套用初等数学中的运算定律。如移项就不能用，这是因为逻辑代数中没有减法和除法，在使用时必须注意。

4.3.3 逻辑代数的基本规则

1. 代入规则

在任一逻辑等式中，若将等式两边出现的同一变量同时用另一函数式取代，则等式仍然成立。这个规则称为代入规则。代入规则扩大了逻辑代数公式的应用范围。

例如：摩根定律 $\overline{A + B} = \bar{A} \cdot \bar{B}$，若将此等式两边同时出现的 B 用 $B + C$ 取代，则有 $\overline{A + (B + C)} = \bar{A} \cdot \overline{B + C} = \bar{A} \cdot \bar{B} \cdot \bar{C}$。

2. 反演规则

已知一逻辑函数 Z，如果将 Z 中所有的符号 " $\cdot$ " 换成 " $+$ "，" $+$ " 换成 " $\cdot$ "，"1" 换成 "0"，"0" 换成 "1"，原变量换成反变量，反变量换成原变量，所得的函数就是原函数的反函数。这个规则称为反演规则。

利用反演规则可以方便地对一个函数表达式 Z 进行求反运算。例如：

$$Y = \bar{A} + \bar{B} + CD + 0$$
$$\bar{Y} = A \cdot B \cdot (\bar{C} + \bar{D}) \cdot 1$$
$$Z = \overline{\bar{A} \cdot \bar{B} \cdot (A + C \cdot \bar{D})}$$

$$\bar{Z} = \overline{\bar{A}} + \overline{\bar{B}} + \bar{A} \cdot (\bar{C} + D) = A \cdot B + \bar{A} \cdot \bar{C} + \bar{A} \cdot D$$

利用反演规则求反函数时，要注意两点：

（1）必须保持原来的运算优先级顺序，即在原函数中 A、B 先进行运算，再和其他变量进行运算，则反演后，A、B 之间的运算仍然要先进行，所以必要的时候要添加括号保持运算的优先级。

（2）单个变量以上的非号必须要保留。

3. 对偶规则

已知一逻辑函数 Z，如果将 Z 中所有的符号 " $\cdot$ " 换成 " $+$ "，" $+$ " 换成 " $\cdot$ "，"1" 换成 "0"，"0" 换成 "1"，所得的函数就是原函数的对偶函数。这个规则称为对偶规则。

所谓对偶规则，是指当等式成立时，对等式两边同时利用对偶规则变换，等式依旧成立。对偶规则可以将之前的公式定律中得到的与之对应的另一组公式的适用范围扩大。

利用对偶规则时，也要注意必须保持原来的运算优先级顺序。

思考练习：吸收公式对偶变换后得到的是哪组公式？0 - 1 律对偶变换后得到的又是什么？

4.4　逻辑函数式的表示方法

若以逻辑变量为输入，运算结果为输出，则输入变量值确定以后，输出的取值也随之而定。输入、输出之间是一种函数关系。任何一个因果关系都可以用逻辑函数来描述。常用的逻辑函数的表示方法有逻辑真值表、逻辑函数式、逻辑电路图、工作波形图、卡诺图、时序图和硬件描述语言等，这一节只介绍前 3 种表示方式。各种表示方式之间是可以相互转换的。

如图 4 - 9 所示电路是一个楼梯照明开关，开关 A 装在楼下，B 装在楼上。可用逻辑函数描述图中的逻辑关系。

由图 4 - 9 所示电路可以看出，只有两个开关同时上扳或同时下扳时，灯才亮。设 Y 表示灯的状态，$Y = 1$ 表示灯亮；$Y = 0$ 表示灯灭。用 A 和 B 表示开关 A 和 B 的位置，用 1 表示上扳；0 表示下扳。

1. 逻辑真值表

将输入变量所有的取值对应的输出值列出，所得到的表格就是真值表。图 4 - 9 所示电路对应的真值表如表 4 - 4 所示。

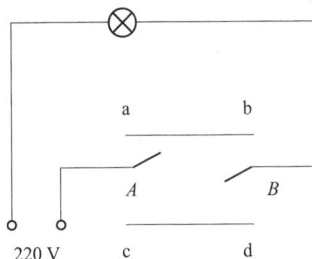

图 4 - 9　照明灯控制电路

表 4 - 4　图 4 - 9 电路的真值表

A	B	Y
0	0	1
0	1	0
1	0	0
1	1	1

2. 逻辑函数式

真值表所体现的输入 A、B 和输出 Y 之间的关系，可以用与、或、非运算的组合式表达，进而得到逻辑函数式，为

$$Y = A'B' + AB \tag{4 - 7}$$

从真值表转换成逻辑函数表达式，只需遵循以下几步：

(1) 找出输出为 1 的所有输入变量的组合。

(2) 每组输入变量取值的组合对应一个与项，0 用反变量表示，1 用原变量表示。

(3) 将这些与项加起来。

反之，要从逻辑表达式转换成真值表就更简单了，只需将输入变量的取值的所有组合代入表达式中，求出对应的输出值，列在真值表中即可。

思考练习：将式（4-7）所对应的真值表列出，并和表4-4对照检查其是否一致。

3. 逻辑电路图

将逻辑函数式中各变量之间的与、或、非运算用对应的门电路符号表示出来，就可以得到如图4-10所示的逻辑电路。

反过来，要将电路图转换成逻辑函数式，只需将门电路转换成对应的逻辑运算即可。可以试着将图4-10所示的电路对应的函数式列出。

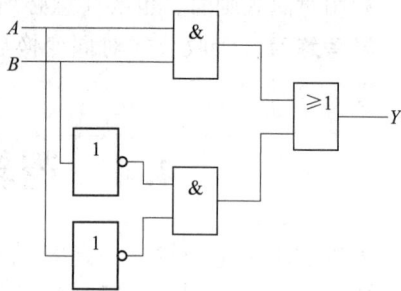

图4-10　逻辑电路

4.5　逻辑函数式的化简

4.5.1　逻辑函数式的基本形式

表4-4所示的变量也满足同或的逻辑关系，因此可用逻辑表达式表示同或运算关系，即 $Y = A \odot B$。因此，同一逻辑函数可以有多种表示形式，常见的有与-或式、或-与式、与非-与非式、或非-或非式、与-或-非式，这些表示形式之间是可以相互转换的。

$$Y = AB + \bar{A}C \qquad \text{与 - 或表达式}$$

$$= \overline{\overline{AB + \bar{A}C}} \qquad \text{两次取反(还原律)}$$

$$= \overline{\overline{AB} \cdot \overline{\bar{A}C}} \qquad \text{与非 - 与非表达式}$$

$$= \overline{(\bar{A} + \bar{B}) \cdot (A + \bar{C})}$$

$$= \overline{\bar{A} \cdot \bar{C} + A \cdot \bar{B}} \qquad \text{与 - 或 - 非表达式}$$

$$= (A + C) \cdot (\bar{A} + B) \qquad \text{或 - 与表达式}$$

$$= \overline{\overline{(A + C) \cdot (\bar{A} + B)}} \qquad \text{两次取反}$$

$$= \overline{\overline{A + C} + \overline{\bar{A} + B}} \qquad \text{或非 - 或非表达式}$$

其中与-或式、或-与式是基本形式。但是在电路设计的过程中，有时会限制所使用的门电路类型，比如只能用与非门实现，这时就需要将逻辑函数转换成与非-与非式；同样只用或非门实现的电路就需要先将逻辑函数转换成或非-或非式。

4.5.2　逻辑函数式的标准形式

在设计逻辑电路时，通常从真值表转换出逻辑函数式。从真值表直接转换出来的表达式通常就是逻辑函数式的标准形式之一——最小项表达式。逻辑函数式有两种标准形式，即最小项表达式和最大项表达式，后者本教材不作介绍。

1. 最小项

逻辑函数的最小项是构成逻辑函数的最小因子。在 n 变量逻辑函数中，每一变量都作为一个因子以原变量或反变量的形式出现，并且只出现一次，这样相乘而得到的 n 因子乘积项就称为该函数的最小项。

在 n 变量逻辑函数中，n 个变量可以构成 2^n 个最小项。如 3 变量 A、B、C 构成的任何逻辑函数，都有 $2^3 = 8$ 个最小项；同理 4 变量的逻辑函数有 $2^4 = 16$ 个最小项。2 变量的最小项为 $A'B'$，$A'B$，AB'，AB（即 $2^2 = 4$ 个）。

为了分析最小项的性质，在表 4-5 中列出了 3 变量的逻辑函数真值表。

表 4-5　3 变量的逻辑函数真值表

ABC	$\bar{A}\bar{B}\bar{C}$	$\bar{A}\bar{B}C$	$\bar{A}B\bar{C}$	$\bar{A}BC$	$A\bar{B}\bar{C}$	$A\bar{B}C$	$AB\bar{C}$	ABC
000	1	0	0	0	0	0	0	0
001	0	1	0	0	0	0	0	0
010	0	0	1	0	0	0	0	0
011	0	0	0	1	0	0	0	0
100	0	0	0	0	1	0	0	0
101	0	0	0	0	0	1	0	0
110	0	0	0	0	0	0	1	0
111	0	0	0	0	0	0	0	1

从表 4-5 可以看出，最小项具有以下性质：

（1）对于任意一个最小项，只有一组变量的取值使其值为 1；

（2）不同的最小项，使其值为 1 的变量取值也不同；

（3）对于变量的任意一组取值，任意两个最小项的乘积为 0；

（4）对于变量的任一组取值，所有最小项的和为 1。

为了方便表示，最小项通常用 m_i 表示，下标 i 是最小项的编号，用十进制表示。编号的值，就是当最小项取值为 1 时，所对应的那组变量的十进制数值。简单说就是将最小项中原变量用 1 表示，反变量用 0 表示，所得到的一组二进制数值所对应的十进制数值即为该最小项的编号的值。以 3 变量最小项为例，在表 4-6 中给出了最小项编号。

表 4-6　3 变量最小项编号

A $\ B$ $\ C$	对应十进制数	最小项名称	编号
0 　0 　0	0	$\bar{A}\bar{B}\bar{C}$	m_0
0 　0 　1	1	$\bar{A}\bar{B}C$	m_1
0 　1 　0	2	$\bar{A}B\bar{C}$	m_2
0 　1 　1	3	$\bar{A}BC$	m_3
1 　0 　0	4	$A\bar{B}\bar{C}$	m_4
1 　0 　1	5	$A\bar{B}C$	m_5
1 　1 　0	6	$AB\bar{C}$	m_6
1 　1 　1	7	ABC	m_7

2. 最小项表达式

任意一个逻辑函数式都可以表示成唯一一组最小项之和，称为该逻辑函数式的最小项表达式。它是与－或式的标准形式，在最小项表达式中，每一个与项都是最小项。对于不是最小项表达式的与－或式可以用配项法将其转换成最小项表达式。

例 4 – 14 将 $Y = AB + BC$ 展开成最小项表达式。

解：
$$Y = AB + BC = AB\ (\overline{C} + C)\ +\ (\overline{A} + A)\ BC$$
$$= AB\overline{C} + ABC + \overline{A}BC$$
$$= m_3 + m_6 + m_7$$
$$= \sum m\ (3, 6, 7)$$

4.5.3 逻辑函数代数法化简

在逻辑电路设计中，逻辑函数最终要用逻辑电路来实现。由于同一逻辑函数可以表示成不同的表达式，不同的逻辑函数式对应不同的逻辑电路图。从简化电路、节省器材、降低成本、提高系统的可靠性等方面考虑，需要对逻辑函数式进行化简，得到最简逻辑函数式。

由于与－或表达式最常用，因此只讨论最简与－或表达式的最简标准。所谓最简与－或表达式要满足以下两个条件，即：

（1）与项（乘积项）的个数最少；

（2）每个与项中的变量最少。

逻辑函数化简有两种常用的方法，即代数法和卡诺图法，卡诺图法将在下一小节介绍，本小节先重点介绍代数法化简。

代数法化简的基本原理就是用逻辑代数的基本公式定律来进行简化，得到最简表达式。代数法化简没有固定的步骤和规律，通常要求对公式非常熟练，根据经验来实现化简，现将经常使用的方法归纳如下。

1. 并项法

利用并项公式 $AB + A\overline{B} = A$，$A + \overline{A} = 1$ 并两项为一项，并消去一个互补因子。

例 4 – 15 请用并项法对下列逻辑函数式进行化简。

$$Y_1 = A \cdot \overline{B} \cdot C + A \cdot \overline{B} \cdot \overline{C} = A\overline{B}(C + \overline{C}) = A\overline{B}$$

$$Y_2 = ABC + \overline{A}B + AB\overline{C}$$
$$= (ABC + AB\overline{C}) + \overline{A}B$$
$$= AB + \overline{A}B$$
$$= B$$

$$Y_3 = A \cdot \overline{B} \cdot C + A \cdot \overline{B} \cdot \overline{C} + A \cdot B \cdot C + A \cdot B \cdot \overline{C}$$
$$= A\overline{B}(C + \overline{C}) + AB(C + \overline{C}) = A\overline{B} + AB = A$$

2. 吸收法

吸收法主要是利用公式 $A + AB = A$，吸收多余与项。

例 4 – 16 请用吸收法对下列逻辑函数式进行化简。

$$Y_1 = A \cdot \overline{B} + A \cdot \overline{B} \cdot \overline{C} + A\overline{B}(C + DEF) = A\overline{B}$$

$$Y_2 = A\overline{C} + A\overline{B}\overline{C} + BC$$

$$= A\overline{C} + BC$$

$$Y_3 = AB\overline{D} + C\overline{D} + ABC\overline{D}(\overline{E}\,\overline{F} + EF)$$

$$= AB\overline{D} + C\overline{D}$$

3. 消去法

消去法就是用消去公式 $A + \overline{A}B = A + B$，消去与项 $\overline{A}B$ 中的多余因子 $\overline{A}$。

例 4 – 17　请用消去法对下列逻辑函数式进行化简。

$$Y_1 = AB + \overline{A}C + \overline{B}C$$

$$= AB + (\overline{A} + \overline{B})C$$

$$= AB + \overline{AB}C$$

$$= AB + C$$

$$Y_2 = AB + \overline{B} = A + \overline{B}$$

4. 消项法

消项法就是用消项公式 $AB + \overline{A}C + BC = AB + \overline{A}C$，消去多余的一项，得到化简的目的。

例 4 – 18　请用消项法对下列逻辑函数式进行化简。

$$Y_1 = AC + A\overline{B} + \overline{\overline{B} + C} = AC + A\overline{B} + \overline{B}\,\overline{C} = AC + \overline{B}\,\overline{C}$$

$$Y_2 = (AB + \overline{A}\,\overline{B})D + (A\overline{B} + \overline{A}B)\overline{C} + \overline{C}DEF$$

$$= (A \odot B)D + (A \oplus B)\overline{C} + \overline{C}DEF$$

$$= (A \odot B)D + (A \oplus B)\overline{C}$$

5. 配项法

利用公式 $A + A = A$，$A + \overline{A} = 1$，$AA = A$ 等给某逻辑函数式增加适当的项，进而消去原来函数中的某些项。

例 4 – 19　请用配项法对下列逻辑函数式进行化简。

$$Y_1 = ABC + \overline{A}BC + \overline{A}B\overline{C} = ABC + \overline{A}BC + \overline{A}B\overline{C} + \overline{A}BC$$

$$= (ABC + \overline{A}BC) + (\overline{A}B\overline{C} + \overline{A}BC) = BC + \overline{A}B$$

$$Y_2 = \overline{A}\,\overline{B} + \overline{B}\,\overline{C} + BC + AB$$

$$= \overline{A}\,\overline{B}(C + \overline{C}) + \overline{B}\,\overline{C} + BC(A + \overline{A}) + AB$$

$$= \overline{A}\,\overline{B}C + \overline{A}\,\overline{B}\,\overline{C} + \overline{B}\,\overline{C} + ABC + \overline{A}BC + AB$$

$$= (ABC + AB) + (\overline{A}\,\overline{B}\,\overline{C} + \overline{B}\,\overline{C}) + (\overline{A}\,\overline{B}C + \overline{A}BC)$$

$$= AB + \overline{B}\,\overline{C} + \overline{A}C$$

在对复杂逻辑函数式进行化简时，可以对上述的方法进行灵活的综合交替使用，从而得到最简结果。

例 4 – 20　请对下列逻辑函数式进行化简。

$$Y_1 = AC + B'C + BD' + CD' + A(B + C') + A'BCD' + AB'DE$$

$$= AC + B'C + BD' + CD' + A(B'C)' + AB'DE$$

$$= AC + B'C + BD' + CD' + A + AB'DE$$
$$= A + B'C + BD' + CD'$$
$$= A + B'C + BD'$$
$$Y_2 = AD + A\overline{D} + AB + \overline{A}C + BD + A\overline{B}EF + \overline{B}EF$$
$$= A + AB + \overline{A}C + BD + A\overline{B}EF + \overline{B}EF$$
$$= A + \overline{A}C + BD + A\overline{B}EF + \overline{B}EF$$
$$= A + C + BD + A\overline{B}EF + \overline{B}EF$$
$$= A + C + BD + \overline{B}EF$$

使用公式法化简没有固定的步骤、规律可以遵循，方法比较灵活，为了方便起见，对于复杂逻辑函数式的化简通常采用卡诺图法化简。

4.5.4 逻辑函数卡诺图法化简

1. 卡诺图的构成

对于一组 N 个逻辑变量，其逻辑函数共有 2^N 个最小项。如果把每个最小项用一个小方格表示，再将这些小方格以格雷码顺序排列，就可以构成 N 个变量的卡诺图。

卡诺图的特点是：在几何位置上相邻的最小项小方格在逻辑上也必定是相邻的，即相邻两项中有一个变量是互补的。利用这一特点就可以对逻辑函数式进行化简。

如图 4-11 所示，给出了 2~4 变量最小项的卡诺图。图形两侧标注的 0 和 1 为使对应小方格最小项为 1 的变量取值。同时，这些 0 和 1 组成的二进制数所对应的十进制数值即是该最小项的编号。

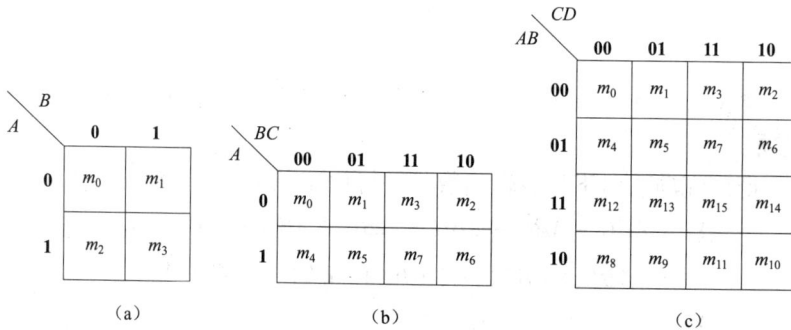

图 4-11 各变量最小项的卡诺图

(a) 2 变量；(b) 3 变量；(c) 4 变量

在绘制卡诺图时要注意以下两点：

（1）卡诺图两侧的数码不是按照自然二进制数从小到大的顺序排列，而是按照格雷码的顺序排列；

（2）在卡诺图左右两边，上下两侧的最小项也是相邻的，如 m_0 和 m_2、m_0 和 m_4。

2. 用卡诺图表示逻辑函数式

既然所有逻辑函数都可以表示成最小项表达式，那么逻辑函数也可以用卡诺图表示，其方法如下：

（1）将函数表示为最小项之和的形式；

（2）在卡诺图上于这些最小项所对应的位置上填 1，其余地方填 0。

例 4 - 21 请用卡诺图表示该逻辑函数式。

$$Y (A，B，C，D) = A'B'C'D + A'BD' + AB'$$
$$= A'B'C'D + (C + C') A'BD' + AB' [C'D' + C'D + CD' + CD]$$
$$= \sum m (1，4，6，8，9，10，11)$$

卡诺图如图 4 - 12 所示。

例 4 - 22 请用卡诺图表示下列逻辑函数式。

$$F (A，B，C，D)$$
$$= \overline{A} \, \overline{B} \, \overline{C} D + \overline{A} BCD + AB \overline{C} \, \overline{D}$$
$$= \sum m (1，7，12)$$

卡诺图如图 4 - 13 所示。

AB\CD	00	01	11	10
00	0	1	0	0
01	1	0	0	1
11	0	0	0	0
10	1	1	1	1

图 4 - 12　例 4 - 21 的卡诺图

AB\CD	00	01	11	10
00	0	1	0	0
01	0	0	1	0
11	1	0	0	0
10	0	0	0	0

图 4 - 13　例 4 - 22 的卡诺图

3. 合并最小项

卡诺图法化简逻辑函数的基本原理是依据关系式 $AB + A\overline{B} = A$。即两个与项中，如果只有一个变量互反，其余变量均相同，则这两个与项可以合并成一项，消去其中互反的变量，从而实现化简的目的。

将相邻最小项圈起来的矩形圈，称为卡诺圈。在卡诺圈中合并 2 个最小项，可消去 1 个变量；合并 4 个最小项，可消去 2 个变量；合并 8 个最小项，可消去 3 个变量。合并 2^N 个最小项，可消去 N 个变量。

如图 4 - 14 所示，为 2 个最小项的合并。画卡诺圈时一定要注意，只有相邻的最小项才能合并，并且不要忽略上下左右这些特殊的角落位置，例如图 4 - 14（c）、（d）所示的特殊位置。

如图 4 - 15 所示，为 4 个最小项的合并。在合并 4 个最小项时要注意如图 4 - 15（c）、（d）、（f）所示的特殊位置。

如图 4 - 16 所示，为 8 个最小项的合并。在合并 8 个最小项时要注意如图 4 - 16（a）、（d）所示的特殊位置。

利用卡诺图化简时，合并相邻最小项这一步尤为重要，所以必须得画出正确的卡诺圈，画卡诺圈时必须要遵循一些规则。例如从图 4 - 14 到图 4 - 16 可以看出，在一个卡诺圈中最小项只能是 2^n 个。

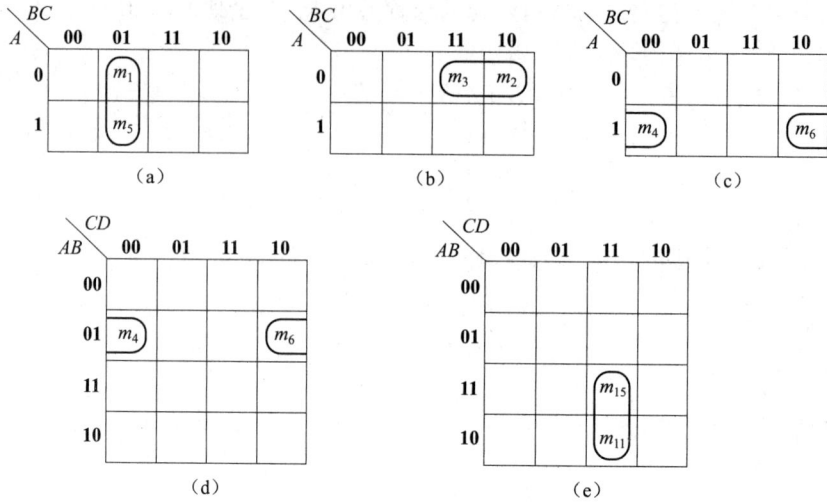

图 4-14　2 个最小项的合并

(a) $\overline{A}\,\overline{B}C + \overline{A}BC = \overline{B}C$；(b) $\overline{A}BC + \overline{A}B\overline{C} = \overline{A}B$；(c) $\overline{A}B\overline{C} + AB\overline{C} = A\overline{C}$；

(d) $\overline{A}BC\,\overline{D} + \overline{A}BC D = \overline{A}BD$；(e) $ABCD + A\overline{B}CD = ACD$

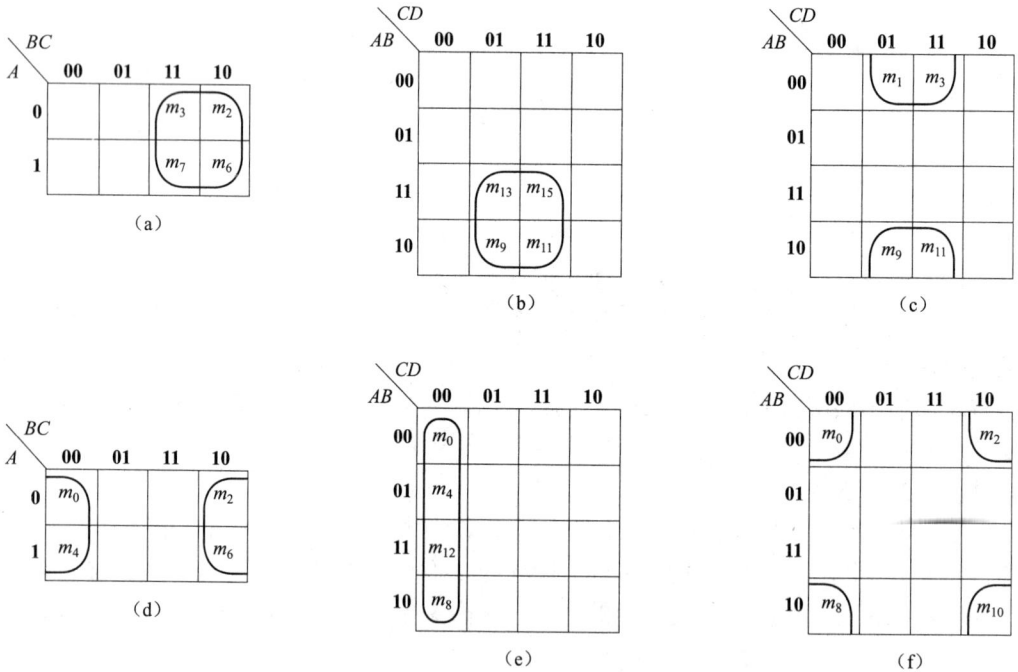

图 4-15　4 个最小项的合并

(a) $\overline{A}\overline{B}C + \overline{A}B\overline{C} + ABC + AB\overline{C} = B$；(b) $ABCD + ABC\overline{D} + A\overline{B}CD + A\overline{B}C\overline{D} = AD$；

(c) $\overline{A}\,\overline{B}CD + \overline{A}BCD + \overline{A}\,\overline{B}C\overline{D} + \overline{A}BC\overline{D} = \overline{B}D$；(d) $\overline{A}\,\overline{B}\,\overline{C} + \overline{A}B\overline{C} + A\overline{B}\,\overline{C} + AB\overline{C} = \overline{C}$；

(e) $\overline{A}\,\overline{B}\,\overline{C}\,\overline{D} + \overline{A}BC\overline{D} + AB\overline{C}\overline{D} + A\overline{B}\,\overline{C}\,\overline{D} = \overline{C}\,\overline{D}$；(f) $\overline{A}\,\overline{B}\,\overline{C}\,\overline{D} + \overline{A}\,\overline{B}C\overline{D} + A\overline{B}\,\overline{C}\,\overline{D} + A\overline{B}C\overline{D} = \overline{B}\,\overline{D}$

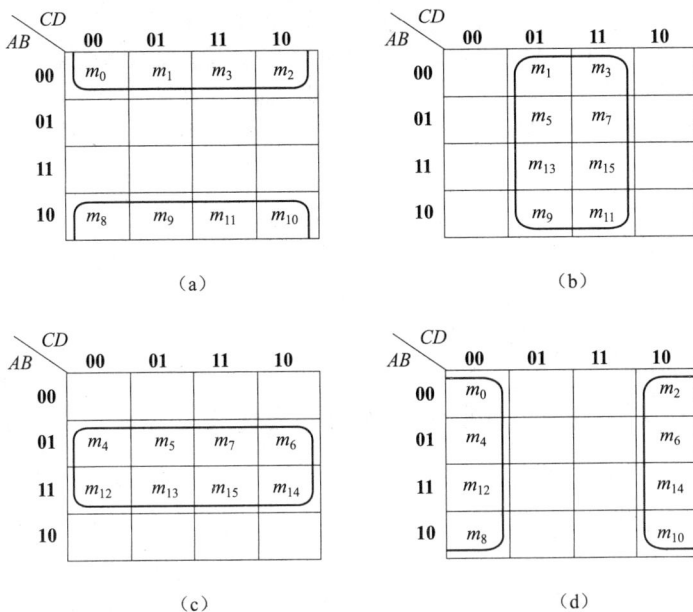

图 4 –16 8 个最小项的合并

(a) $\bar{B}$; (b) D; (c) B; (d) $\bar{D}$

画卡诺圈所遵循的规则：

（1）圈内必须包含所有的最小项；

（2）圈内的方格数必定是 2^n 个，n 是自然数；

（3）圈的圈数要尽可能少（乘积项总数要少）；

（4）圈要尽可能大（乘积项中含的因子最少）；

（5）同一个 "1" 可以被不同的圈所包围。

尽管与其他圈相重，卡诺圈也要尽可能地画大，相重是指同一块区域可以重复被圈多次，但每个圈至少要包含一个尚未被圈过的 "1"。

4．写出化简结果

根据所画出的卡诺圈，一个圈对应一个与项。在卡诺圈所处位置上，若某变量的代码有 0 也有 1，则该变量被消去，否则该变量被保留，并按 0 为反变量、1 为原变量的原则写成乘积项形式。

最后把所得到的所有与项用或运算连接起来，就得到了最简逻辑函数式。

例 4 –23 请用卡诺图表示下列逻辑函数式。

$$Y = \Sigma m(0,1,3,4,5,7)$$

由图 4 –17 所示卡诺图可得

$$Y = \bar{B} + C$$

例 4 –24 $F\ (A,\ B,\ C,\ D)\ =\Sigma m\ (0,\ 3,\ 4,\ 6,\ 7,\ 9,\ 12,\ 14,\ 15)$

由图 4 –18 所示卡诺图可得

$$F(A,B,C,D) = BC + B\bar{D} + \bar{A}\,\bar{C}\,\bar{D} + \bar{A}CD + A\bar{B}\,\bar{C}D$$

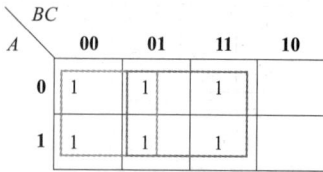

图 4 – 17　例 4 – 23 的卡诺图

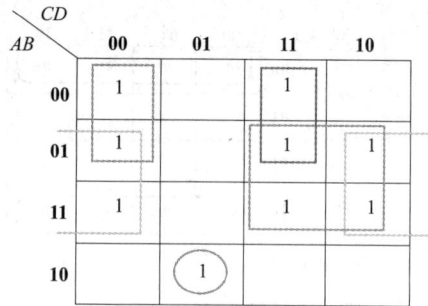

图 4 – 18　例 4 – 24 的卡诺图

4.5.5　包含无关项逻辑函数的卡诺图法化简

在分析某些具体的逻辑函数时，会遇到这样一种情况，即输入的变量取值不是任意的。对输入变量取值所加的限制称为约束。同时把这一组变量称为具有约束的一组变量。

例如，有三个逻辑变量 A、B、C，分别表示一台电动机的正转、反转和停止的命令，$A = 1$ 表示正转，$B = 1$ 表示反转，$C = 1$ 表示停止。因为电动机任何时候只能执行其中一种命令，所以不允许两个以上的变量同时为 1。

A、B、C 的取值只可能是 001、010、100 当中的一种，而不能是 000、011、101、110、111 中的任何一种，所以后几组取值所对应的最小项的值只能为 0，即 $\sum m$ (0, 3, 5, 6, 7) $= 0$，这就称为函数的约束项。

当分析实际问题时，在约束项的限制下，这些最小项的取值始终为 0，也就是在逻辑函数式中无论这些最小项是否写入逻辑函数都不会影响函数的值，所以约束项又称为无关项，用 d 表示，在卡诺圈中用 × 表示。也就是在逻辑函数中这些最小项是否写入都是无关紧要的，利用这一特点，在对包含无关项的卡诺图化简时，可以将逻辑函数更简化。

由于无关最小项为"1"、为"0"对实际输出无影响，因此在化简逻辑函数时，可以根据化得最简函数式的需要来处理无关最小项。

例 4 – 25　化简逻辑函数 F (A, B, C, D) $= \sum m$ (1, 3, 5, 7, 9) $+ \sum d$ (10, 11, 12, 13, 14, 15)。

$$Y = D$$

很明显，将无关项 $\sum d$ (11, 13, 15) 对应的卡诺框当 1 看待（见图 4 – 19），可让化简结果更简化，包含无关项的卡诺图化简的方法步骤和卡诺图化简基本相同，只有两点差异：

（1）将逻辑函数中包含的最小项对应的卡诺框置 1，无关项对应的卡诺框用 × 表示，其余的置 0。

（2）在画卡诺圈包围相邻的 1 时，无关项对应的框既可当 0 处理也可当 1 处理，主要依据为让卡诺圈变大。

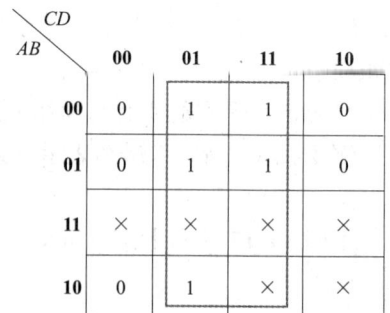

图 4 – 19　例 4 – 25 的卡诺图

本章小结

本章主要介绍了数字电路的基础、逻辑代数的基本公式定律以及逻辑函数式的表示方法和化简。

首先要了解在数字电路中数值和符号的表示方法，必须熟练掌握各种数制之间的转换以及同 BCD 码之间的转换。

为了描述数字电路输入输出之间的因果关系，必须用到逻辑代数这个数学工具。要进行逻辑运算，就必须熟练掌握逻辑代数的基本公式定律。

一个逻辑函数的表示可以有多种表示方法：真值表、逻辑函数式、逻辑电路图、波形图、卡诺图。这几种表示方法之间可以任意转换。熟练掌握转换方法是电路分析设计的基础。

本章的重点是逻辑函数的化简，介绍了两种化简方法，一种是代数法化简，一种是卡诺图法化简。代数法化简的好处是不受任何条件的限制；缺陷是没有固定的方法步骤可遵循，所以需要一定的经验和技巧。卡诺图法化简的优点是有固定的方法步骤可以遵循，比较简单直观；缺陷是当变量的数目超过 5 个时，其优势就失去了。

习题

4-1 将下列的二进制转换成对应的十进制。

(1) 110010101；(2) 01101011；(3) 100101101

4-2 将下列的二进制转换成对应的十进制。

(1) 1011.101；(2) 1111.1011；(3) 10010.1101

4-3 将下列的二进制转换成对应的八进制和十六进制。

(1) 11011.01；(2) 1111101011.1101；(3) 1001100.11001

4-4 将下列的十六进制转换成对应的八进制、十进制和二进制。

(1) 8C；(2) 3D.EF；(3) 1A7.C

4-5 将十进制转换成二进制、八进制、十六进制、8421 码、2421 码和余 3 码。

(1) 346；(2) 96；(3) 257.8

4-6 利用基本公式和定律证明下列等式是成立的。

(1) $ABC + A\bar{B}C + AB\bar{C} = AB + AC$

(2) $A\bar{B} + BD + DCE + \bar{A}D = A\bar{B} + D$

(3) $(A+B+C)(\bar{A}+\bar{B}+\bar{C}) = A\bar{B} + \bar{A}C + B\bar{C}$

4-7 列出下列函数的真值表。

(1) $F = A\bar{B} + BC + AC\bar{D}$

(2) $F = \bar{A}\,\bar{B}CD + \overline{B \oplus CD} + AD$

4-8 写出图 4-20 所示逻辑电路图的逻辑表达式。

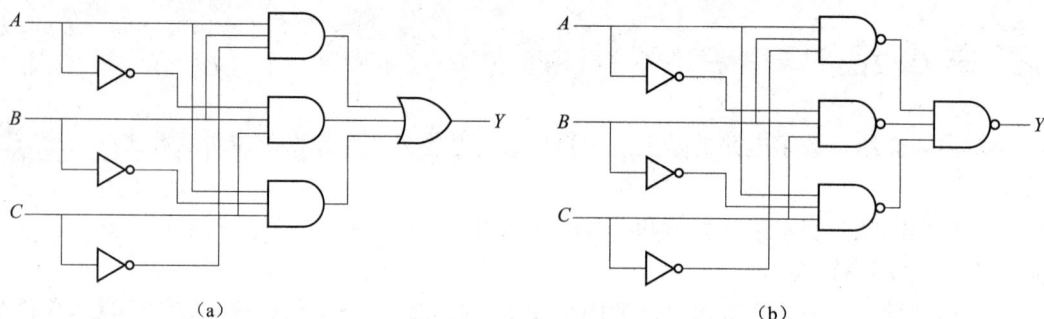

图 4 - 20 题 4 - 8 用图

4 - 9 写出下列真值表（见图 4 - 21）对应的逻辑表达式。

输　　入			输　　出
A	B	C	Y
0	0	0	1
0	0	1	0
0	1	0	0
0	1	1	0
1	0	0	0
1	0	1	0
1	1	0	0
1	1	1	1

图 4 - 21 题 4 - 9 用图

4 - 10 把下列逻辑表达式转换成最小项表达式。

（1） $Y = A + B + CD$

（2） $Y = ABCD + \overline{A}BC\overline{D} + AB\overline{C}$

（3） $Y = A\overline{B}C + \overline{A}C + BC$

4 - 11 把下列逻辑表达式转换成与非 - 与非式。

（1） $Y = AB + AC + BC$

（2） $Y = \overline{\overline{A}BC + A\overline{B}C + AB\overline{C}}$

4 - 12 利用公式法化简下列逻辑表达式。

（1） $Y = ABC + B\overline{C} + \overline{A}BC$

（2） $Y = ABC + AB + A\overline{C}$

（3） $Y = AC + B\overline{C} + \overline{A}B$

（4） $Y = ABC + ABD + A\overline{B}EF + A$

（5） $Y = A\overline{B}C + \overline{A} + B + \overline{C}$

（6） $Y = ABC + A\overline{C} + AC\overline{D} + CD$

4 - 13 利用卡诺图法化简下列逻辑表达式。

（1）$Y = \overline{A}BC + A\overline{B}\,\overline{C} + A\,\overline{B}C + AB\,\overline{C}$

（2）$Y = A\overline{B}C + BC + \overline{A}BCD$

（3）$Y = A\overline{B} + \overline{C}\,\overline{D} + \overline{A}C + D$

（4）$Y = \overline{A}\,\overline{B}\,\overline{C}\,\overline{D} + \overline{A}\,BC\,\overline{D} + \overline{A}B\,\overline{C}D + A\,\overline{B}\,\overline{C}\,\overline{D} + A\overline{B}CD + ABCD$

（5）$Y\,(A,\ B,\ C,\ D)\ =\sum m\ (0,\ 1,\ 2,\ 5,\ 8,\ 9,\ 10,\ 12,\ 13)$

（6）$Y\,(A,\ B,\ C,\ D)\ =\sum m\ (0,\ 2,\ 4,\ 5,\ 7,\ 13)\ +\sum d\ (8,\ 9,\ 10,\ 11,\ 14,\ 15)$

（7）$Y\,(A,\ B,\ C,\ D)\ =\sum m\ (0,\ 1,\ 2,\ 3,\ 6,\ 8)\ +\sum d\ (10,\ 11,\ 12,\ 13,\ 14,\ 15)$

（8）$Y\,(A,\ B,\ C,\ D)\ =\sum m\ (0,\ 1,\ 2,\ 3,\ 4,\ 6,\ 8,\ 9,\ 10,\ 11,\ 14)$

（9）$Y\,(A,\ B,\ C)\ =\sum m\ (0,\ 1,\ 2,\ 4)\ +\sum d\ (5,\ 6)$

（10）$Y\,(A,\ B,\ C,\ D)\ =\sum m\ (3,\ 5,\ 6,\ 7,\ 10)\ +\sum d\ (0,\ 1,\ 2,\ 4,\ 8)$

第 5 章

组合逻辑电路

本章介绍

本章重点讲解组合逻辑电路的特点以及组合逻辑电路的分析和设计方法。首先讲述组合逻辑电路的共同特点和分析设计方法。然后介绍编码器、译码器、数据选择器和加法器的一般工作原理和使用方法。最后从概念上讲述竞争 – 冒险现象以及消除竞争 – 冒险的方法。

本章学习目标

(1) 熟悉组合逻辑电路在电路结构和逻辑功能上的特点，理解组合逻辑电路的描述方法。

(2) 掌握组合电路的分析和设计方法，掌握编码器、译码器、数据选择器和加法器等常用组合电路的功能及应用。

(3) 熟悉典型中规模集成组合逻辑器件的功能、应用以及用中规模集成器件实现组合逻辑函数的方法。

(4) 了解组合电路中的竞争 – 冒险成因及基本消除方法。

5.1 概　　述

在数字逻辑电路中，根据逻辑功能的不同，把数字电路划分为两大类，一为组合逻辑电路，二为时序逻辑电路。组合逻辑电路的特点为：

1) 从功能上

任意时刻的输出仅取决于任意时刻的输入，与电路原来的状态无关。

2) 从电路结构上

组合逻辑电路不需要记忆（存储）元件来记忆电路的原来状态，仅由各种门电路构成。

设 x_1、x_2、$\cdots$、x_n 为电路的输入变量，y_1、y_2、$\cdots$、y_n 为电路的输出变量，那么可以用一组逻辑函数的关系表示，即

$$
\begin{aligned}
y_1 &= f_1(x_1, x_2, \cdots, x_n) \\
y_2 &= f_2(x_1, x_2, \cdots, x_n) \\
&\vdots \\
y_n &= f_n(x_1, x_2, \cdots, x_n)
\end{aligned}
\tag{5-1}
$$

亦可写成

$$Y = F(x) \qquad (5-2)$$

组合逻辑电路的组成框图如图 5-1 所示。从组合逻辑电路的函数关系式可以进一步验证，在组合逻辑电路中，电路的输出仅与输入的变量相关，与时间无关。

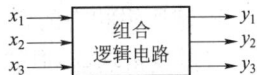

图 5-1　组合逻辑电路的组成框图

5.2　组合逻辑电路的分析和设计方法

分析一个给定的逻辑电路，需要根据逻辑电路的输入、输出关系写出逻辑函数式，利用逻辑代数的基础知识对逻辑函数式进行化简，并列出其真值表，最后描述电路的逻辑功能。其步骤如图 5-2 所示。

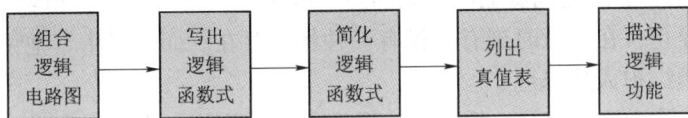

图 5-2　组合逻辑电路分析的步骤

例 5-1　分析如图 5-3 所示的组合逻辑电路的逻辑功能。

解：按照组合逻辑电路的分析步骤，首先根据图 5-3 写出输出端的逻辑函数式为

$$CO = A \cdot B \qquad (5-3)$$
$$Y = A \oplus B \qquad (5-4)$$

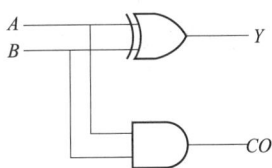

图 5-3　例 5-1 的组合逻辑电路

再根据 CO 及 Y 的表达式，列出其真值表，如表 5-1 所示。

表 5-1　例 5-1 的真值表

输入变量		输出变量	
A	B	CO	Y
0	0	0	0
0	1	0	1
1	0	0	1
1	1	1	0

从真值表我们可以发现，当输入端 A、B 同时为零时，输出端 Y 为 0，CO 也为 0；当 $A=0$，$B=1$ 或 $A=1$，$B=0$ 时，输出端 $Y=1$，$CO=0$；当 A、B 同时为 1 时，$CO=1$，$Y=0$。这个逻辑关系正好就是 1 位的二进制加法运算，因此这个组合逻辑电路的功能就是完成 1 位的二进制加法运算，其中 CO 为进位输出端。

分析组合逻辑电路是在给定了已知的组合逻辑电路逻辑图的前提下，最终得出电路功能描述的过程。但在实际生活中，往往已知的是某种电路的逻辑功能，需要根据此功能描述设计出组合逻辑电路图，这就是接下来要介绍的组合逻辑电路的设计方法。

组合逻辑电路的设计步骤：

（1）根据逻辑功能的描述，分析时间的因果关系，确定输入变量和输出变量。一般来

说，把引起事件的起因定为输入变量，把事件的结果作为输出变量。

（2）确定逻辑状态的含义。如果用二进制来代表变量，那么变量的取值就有 0 和 1 两种可能，根据逻辑功能的描述，自行定义不同的二进制取值下不同的逻辑状态。

（3）画出真值表。在已知输入、输出变量的前提下，列出真值表，根据逻辑状态写出对应的二进制取值。

（4）由真值表写出逻辑函数式。即把每一个输出变量与输入变量的关系用函数关系式表达出来，有多少输出变量就有多少个函数关系式。

（5）将逻辑函数式进行化简。利用常用公式将函数式进行化简，因为函数式越简化，所使用的逻辑器件就越少。

（6）根据化简或变换后的逻辑函数式，画出逻辑电路图。

例 5 - 2　设计一个监视机器工作状态的逻辑电路。正常情况下，机器有 3 种工作状态，即正转、反转和停止，在任意时刻有且仅有一种状态存在。而当发生其他情况时，要求发出故障信号，以提醒维护人员修理。

解：首先确定输入输出变量，设正转、反转、停止的状态为输入变量，分别用 A、B、C 表示，并规定正转时 A 为 1，其他为 0；反转时 B 为 1，其他为 0；停止时 C 为 1，其他为 0。设故障信号为输出变量，以 Y 表示，并规定正常工作状态下 Y 为 0，如发生故障时 Y 为 1。

根据题意列出如表 5 - 2 所示的逻辑真值表。

表 5 - 2　例 5 - 2 的逻辑真值表

输入变量			输出变量
A	B	C	Y
0	0	0	1
0	0	1	0
0	1	0	0
0	1	1	1
1	0	0	0
1	0	1	1
1	1	0	1
1	1	1	1

由逻辑真值表，写出逻辑表达式

$$Y = \overline{A}\,\overline{B}\,\overline{C} + \overline{A}BC + A\overline{B}C + AB\overline{C} + ABC \tag{5 - 5}$$

将式（5 - 5）化简后得到

$$Y = \overline{A}\,\overline{B}\,\overline{C} + BC + AC + AB \tag{5 - 6}$$

根据式（5 - 6）的化简结果画出逻辑电路图（略）。

例 5 - 3　设计一个监视交通信号灯工作状态的逻辑电路。每一组信号灯由红、黄、绿 3 盏灯组成，如图 5 - 4 所示。正常状态下，任何时刻必有一盏且只有一盏灯点亮。而当出现其他 5 种点亮状态时，电路发出故障信号，以提醒维护人员修理。

解：（1）首先进行逻辑抽象。设红、黄、绿 3 盏灯的状态为输入变量，分别用 R、Y、

G 表示，并规定灯亮时为 1，不亮时为 0。设故障信号为输出变量，以 Z 表示，并规定正常工作状态下 Z 为 0，发生故障时 Z 为 1。

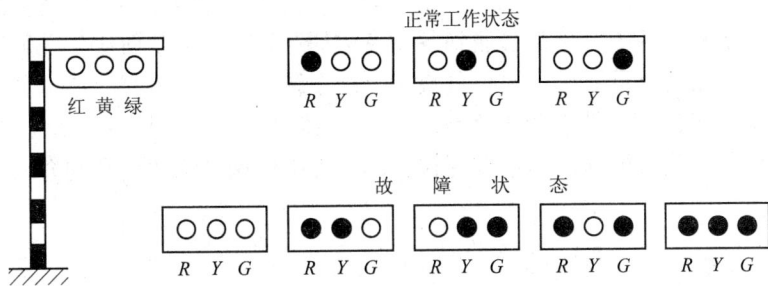

图 5-4 交通灯正常工作状态和故障状态

根据题意可列出如表 5-3 所示的逻辑真值表。

表 5-3 例 5-3 的逻辑真值表

输入变量			输出变量
R	Y	G	Z
0	0	0	1
0	0	1	0
0	1	0	0
0	1	1	1
1	0	0	0
1	0	1	1
1	1	0	1
1	1	1	1

（2）由真值表写出逻辑表达式为

$$Z = \overline{R}\,\overline{Y}\,\overline{G} + \overline{R}YG + R\overline{Y}G + RY\overline{G} + RYG \tag{5-7}$$

（3）如图 5-5 所示，根据卡诺图化简得

$$Z = \overline{R}\,\overline{Y}\,\overline{G} + RY + RG + YG \tag{5-8}$$

（4）根据式（5-8）画出逻辑电路，如图 5-6 所示。

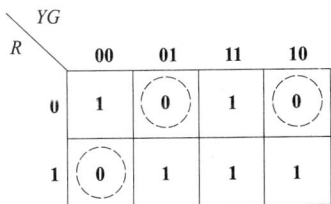

图 5-5 卡诺图化简

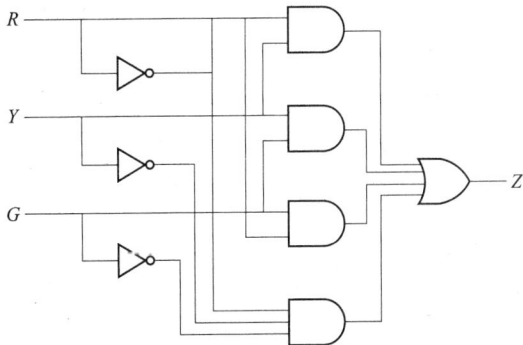

图 5-6 例 5-3 的逻辑电路

5.3 常用的组合逻辑电路

在实际的生产和生活中，总是会遇到各种各样的逻辑问题需要解决，在解决的过程中会发现，有些逻辑电路总是重复出现在各种数字电路系统中。本节就来介绍部分较常用的组合逻辑电路，如编码器、译码器、数据选择器、加法器等。这些常用的逻辑电路已经制造成中、小规模的标准化集成电路产品，以便在实际工程中使用。下面就分别介绍这些电路的工作原理和使用方法。

5.3.1 编码器

所谓编码，就是把不同的输入状态转化成二进制代码输出。编码器就是能实现编码操作的电路，它的功能是将输入信号转换成对应的数码信号，用输入的数码表示相应的输入信号。

根据编码的概念，编码器的输入端个数 N 和输出端个数 n 应该满足关系式

$$N \leq 2^n \tag{5-9}$$

经常使用的编码器有普通编码器和优先编码器两种。

1. 普通编码器

在普通编码器中，任何时刻只允许输入一个编码信号，否则无效。以 8 个按键的遥控器为例，若规定遥控器每次只按下一个按键的状态才为有效，其余状态无效，则 8 个按键对应于 8 个不同的状态，因此若要描述这 8 个不同的状态，则必须用 3 位的二进制来表示。

以 3 位二进制普通编码器为例，它的输入是 I_0、I_1、$\cdots$、I_7 8 个高电平信号，输出是 3 位二进制代码 $Y_2 Y_1 Y_0$，因此又称为 8 线 -3 线编码器，如图 5 -7 所示。

由编码器的逻辑功能，写出其真值表，如表 5 -4 所示。

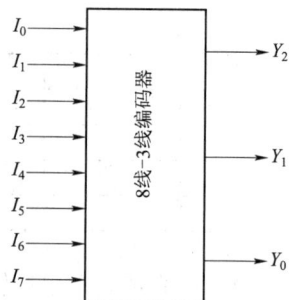

图 5 -7 8 线 -3 线编码器

表 5 -4 8 线 -3 线编码器真值表

输入								输出		
I_0	I_1	I_2	I_3	I_4	I_5	I_6	I_7	Y_2	Y_1	Y_0
1	0	0	0	0	0	0	0	0	0	0
0	1	0	0	0	0	0	0	0	0	1
0	0	1	0	0	0	0	0	0	1	0
0	0	0	1	0	0	0	0	0	1	1
0	0	0	0	1	0	0	0	1	0	0
0	0	0	0	0	1	0	0	1	0	1
0	0	0	0	0	0	1	0	1	1	0
0	0	0	0	0	0	0	1	1	1	1

由真值表可得对应的逻辑关系式为

$$Y_2 = I_7'I_6'I_5I_4'I_3'I_2'I_1'I_0' + I_7'I_6'I_5I_4'I_3'I_2'I_1'I_0' + I_7'I_6I_5'I_4'I_3'I_2'I_1'I_0' + I_7I_6'I_5'I_4'I_3'I_2'I_1'I_0'$$

$$Y_1 = I_7'I_6'I_5'I_4'I_3'I_2I_1'I_0' + I_7'I_6'I_5'I_4'I_3I_2'I_1'I_0' + I_7'I_6I_5'I_4'I_3'I_2'I_1'I_0' + I_7I_6'I_5'I_4'I_3'I_2'I_1'I_0'$$

$$Y_0 = I_7'I_6'I_5'I_4'I_3'I_2'I_1I_0' + I_7'I_6'I_5'I_4'I_3I_2'I_1'I_0' + I_7'I_6'I_5I_4'I_3'I_2'I_1'I_0' + I_7I_6'I_5'I_4'I_3'I_2'I_1'I_0'$$

$$(5-10)$$

由于在普通编码器中，任何时刻输入端仅允许 1 个信号取值为 1，因此输入变量为其他取值下其值等于 1 的那些最小项均为约束项。利用约束式将式（5-10）化简得

$$Y_2 = I_4 + I_5 + I_6 + I_7$$
$$Y_1 = I_2 + I_3 + I_6 + I_7$$
$$Y_0 = I_1 + I_3 + I_5 + I_7$$

$$(5-11)$$

由化简后的逻辑式（5-11）可得 8 线-3 线编码器的电路如图 5-8 所示。

2. 优先编码器

在优先编码器中，允许同时输入多个编码信号，在同时输入的多个编码信号中，选择优先级最高的一个进行编码输出。

74HC148 为一种常用的优先编码器，其在原来的优先编码器基础上增加了一个 S' 选通输入端、一个 Y_S' 选通输出端和扩展端 Y_{EX}'。S' 选通输入端的作用如同开关，当开关打开，编码器通电工作，反之则不工作。即当 $S' = 0$ 时，开关打开，编码器能正常工作；当 $S' = 1$ 时，不管其他输入端状态如何，所有的输出端均被封锁在高电平位。

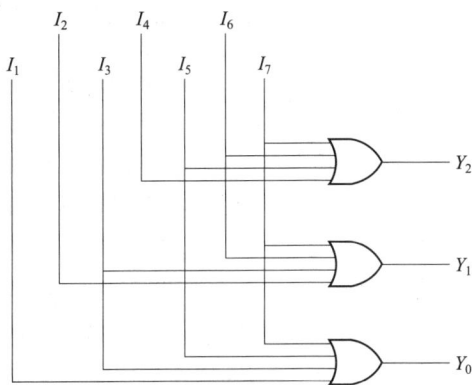

图 5-8　8 线-3 线二进制编码器电路

选通输入端 Y_S' 和扩展端 Y_{EX}' 用于扩展编码功能。当所有的编码输入端都是高电平（即没有编码输入），而且 $S' = 0$ 时，$Y_S' = 0$，$Y_{EX}' = 1$，表示"电路工作，但无编码输入"；只要任何一个编码输入端有低电平输入（即有编码信号输入），且当 $S' = 0$ 时，$Y_S' = 1$，$Y_{EX}' = 0$ 表示"电路工作而且有编码输入"，如表 5-5 所示为 Y_S' 和 Y_{EX}' 的工作状态表。

表 5-5　Y_S' 和 Y_{EX}' 的工作状态表

Y_S'	Y_{EX}'	状态
1	1	不工作
0	1	工作，但无编码输入
1	0	工作，且有编码输入
0	0	不可能出现

根据上述内容，可以列出 74HC148 优先编码器的逻辑功能表，表中编码器的输入和输出均以低电平作为有效信号，用符号"×"表示任意输入（"1"和"0"皆可）。

表 5 - 6　74HC148 逻辑功能表

输　入								输　出				
S'	I'_0	I'_1	I'_2	I'_3	I'_4	I'_5	I'_6	I'_7	Y'_2	Y'_1	Y'_0	Y'_S	Y'_{EX}
1	×	×	×	×	×	×	×	×	1	1	1	1	1
0	1	1	1	1	1	1	1	1	1	1	1	0	1
0	×	×	×	×	×	×	×	0	0	0	0	1	0
0	×	×	×	×	×	×	0	1	0	0	1	1	0
0	×	×	×	×	×	0	1	1	0	1	0	1	0
0	×	×	×	×	0	1	1	1	0	1	1	1	0
0	×	×	×	0	1	1	1	1	1	0	0	1	0
0	×	×	0	1	1	1	1	1	1	0	1	1	0
0	×	0	1	1	1	1	1	1	1	1	0	1	0
0	0	1	1	1	1	1	1	1	1	1	1	1	0

从表中看出，在 $S' = 0$ 时电路正常工作的状态下，允许 $I'_0 \sim I'_7$ 当中同时有几个输入端为低电平，即有编码输入信号。I'_7 的优先级最高，I'_0 的优先级最低。当 $I'_7 = 0$ 时，无论其他输入端有无输入信号（表中以 × 表示），输出端只给出 I'_7 的编码，即 $Y'_2 Y'_1 Y'_0 = 000$，其他情况类似。

3. 用编码器设计组合逻辑电路

前面已经详细介绍了二进制编码器的工作原理。下面举例说明如何利用 74HC148 设计组合逻辑电路。

例 5 - 4　某医院有 1、2、3、4 号病房 4 间，每室设有呼叫按钮，同时在护士值班室内对应地装有 1 号、2 号、3 号、4 号 4 个指示灯。现要求当 1 号病室的按钮按下时，无论其他病房的按钮是否按下，只有 1 号灯亮。当 1 号病室的按钮没有按下而 2 号病室的按钮按下时，无论 3、4 号病室的按钮是否按下，只有 2 号灯亮。当 1、2 号病室的按钮都未按下而 3 号病室的按钮按下时，无论 4 号病室的按钮是否按下，只有 3 号灯亮。只有当 1、2、3 号病室的按钮均未按下时，按下 4 号病室的按钮后，4 号灯才亮。试用 74HC148 优先编码器和门电路设计满足上述控制要求的逻辑电路。

解：设 Z_1、Z_2、Z_3 和 Z_4 为连接 1、2、3、4 号病房的 4 个指示灯，高电平表示指示灯亮，低电平表示指示灯灭。利用 74HC148 优先编码器连接 1、2、3、4 号病房的按钮。由题意知，1 号病房的优先级最高，连接 74HC148 的输入端 I'_7；2 号病房的优先级其次，连接输入端 I'_6；同理 3 号病房连接输入端 I'_5，4 号病房连接输入端 I'_4，其余 4 个输入端封锁在高电平位置，根据此设计列出真值表如表 5 - 7 所示。

表 5 - 7　逻辑真值表

输　入								输　出						
I'_0	I'_1	I'_2	I'_3	I'_4	I'_5	I'_6	I'_7	Y'_2	Y'_1	Y'_0	Z_1	Z_2	Z_3	Z_4
1	1	1	1	×	×	×	0	0	0	0	1	0	0	0
1	1	1	1	×	×	0	1	0	0	1	0	1	0	0
1	1	1	1	×	0	1	1	0	1	0	0	0	1	0
1	1	1	1	0	1	1	1	0	1	1	0	0	0	1

由此真值表可得逻辑关系式为：

$$\left.\begin{array}{l} Z_1 = Y_2 Y_1 Y_0 \\ Z_2 = Y_2 Y_1 Y_0' \\ Z_3 = Y_2 Y_1' Y_0 \\ Z_4 = Y_2 Y_1' Y_0' \end{array}\right\} \qquad (5-12)$$

由逻辑关系式画出逻辑电路如图 5-9 所示。

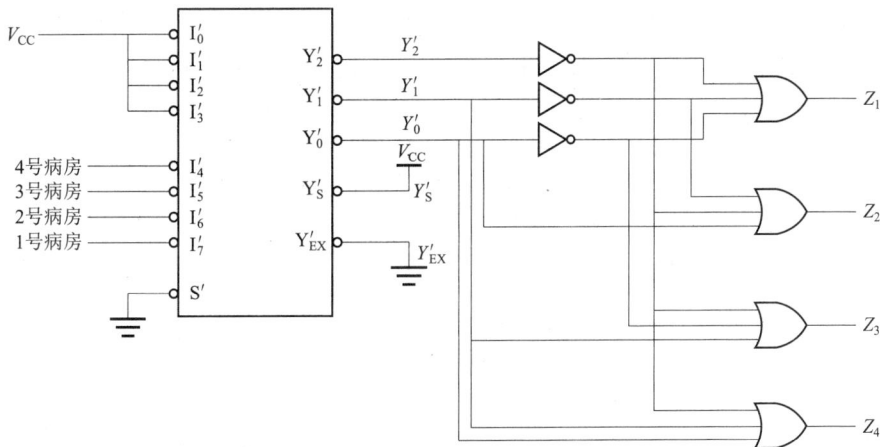

图 5-9　逻辑电路

下面通过一个具体例子说明如何利用 Y_S' 和 Y_{EX}' 信号实现电路功能扩展。

例 5-5　试用两片 74HC148 接成 16 线 -4 线优先编码器，将 $A_0' \sim A_{15}'$ 这 16 个低电平输入信号编为 0000 ~ 1111 共 16 个 4 位二进制代码，其中 A_{15}' 的优先级最高，A_0' 的优先级最低。

解：由于每片 74HC148 只有 8 个编码输入，所以需将 16 个输入信号分别接到两片编码器上。现将 $A_{15}' \sim A_8'$ 这 8 个优先级高的输入信号接到第（1）片的 $I_7' \sim I_0'$ 输入端，而将 $A_7' \sim A_0'$ 这 8 个优先级低的输入信号接到第（2）片 $I_7' \sim I_0'$ 输入端。

按照优先顺序的要求，只有当 $I_{15}' \sim I_8'$ 均无输入信号时，才允许对 $I_7' \sim I_0'$ 的输入信号编码。因此，只要将第（1）片的"无编码信号输入"信号 Y_S' 作为第（2）片的选通输入信号 S' 就行了。

此外，当第（1）片有编码信号输入时，它的 $Y_{EX}' = 0$，无编码输入时 $Y_{EX}' = 1$，正好可以用它作为输出编码的第 4 位，以区分 8 个高优先级输入信号和 8 个低优先级输入信号的编码。编码输出的低 3 位应为两片输出 Y_2'、Y_1'、Y_0' 的逻辑或，电路如图 5-10 所示。

5.3.2　译码器

译码器的逻辑功能与编码器相反，即将输入的二进制代码转换成不同的输出状态输出。

1. 二进制译码器

常用的译码器有 3 线 -8 线译码器，3 线 -8 线译码器的输入信号是一组二进制数代码，输出信号是高、低电平信号不同的组合状态。

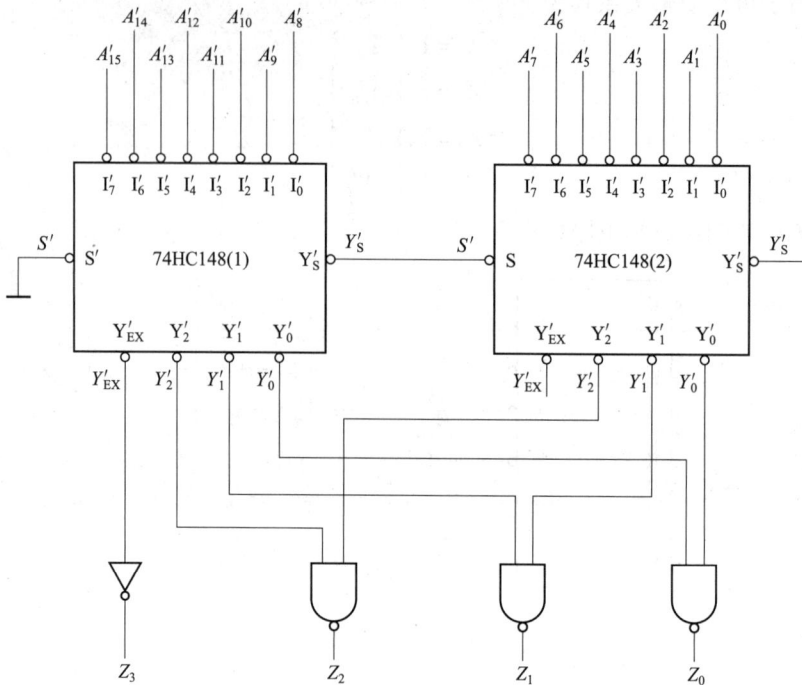

图 5 – 10　用两片 74HC148 接成的 16 线 – 4 线优先编码器

以 3 线 – 8 线译码器为例，设 A_2、A_1、A_0 为输入端，8 个输出端为 Y_0、Y_1、Y_2、Y_3、Y_4、Y_5、Y_6、Y_7，根据逻辑功能列出真值表如表 5 – 8 所示。

表 5 – 8　译码器的逻辑真值表

输　入			输　　出							
A_2	A_1	A_0	Y_7	Y_6	Y_5	Y_4	Y_3	Y_2	Y_1	Y_0
0	0	0	0	0	0	0	0	0	0	1
0	0	1	0	0	0	0	0	0	1	0
0	1	0	0	0	0	0	0	1	0	0
0	1	1	0	0	0	0	1	0	0	0
1	0	0	0	0	0	1	0	0	0	0
1	0	1	0	0	1	0	0	0	0	0
1	1	0	0	1	0	0	0	0	0	0
1	1	1	1	0	0	0	0	0	0	0

74HC138 是一种常用的 3 线 – 8 线译码器，带有 3 个附加的控制端 S_1、S_2' 和 S_3'，当 S_1 = 1，且 S_2' = 0，S_3' = 0 时，译码器处在被选通的状态下，译码器才可实现正常的译码功能；反之，当 S_1、S_2' 和 S_3' 三个控制端口信号不是上述的高、低电平信号时，译码器不被选通，全部输出端都输出高电平信号 "1"。可得 74HC138 的功能表如表 5 – 9 所示。

表 5 – 9 **74HC138 的功能表**

输　入					输　出							
S_1	$S_2' + S_3'$	A_2	A_1	A_0	Y_7'	Y_6'	Y_5'	Y_4'	Y_3'	Y_2'	Y_1'	Y_0'
0	×	×	×	×	1	1	1	1	1	1	1	1
×	1	×	×	×	1	1	1	1	1	1	1	1
1	0	0	0	0	1	1	1	1	1	1	1	0
1	0	0	0	1	1	1	1	1	1	1	0	1
1	0	0	1	0	1	1	1	1	1	0	1	1
1	0	0	1	1	1	1	1	1	0	1	1	1
1	0	1	0	0	1	1	1	0	1	1	1	1
1	0	1	0	1	1	1	0	1	1	1	1	1
1	0	1	1	0	1	0	1	1	1	1	1	1
1	0	1	1	1	0	1	1	1	1	1	1	1

由逻辑功能表可得逻辑表达式为

$$\left. \begin{aligned}
Y_0' &= (A_2'A_1'A_0')' = m_0' \\
Y_1' &= (A_2'A_1'A_0)' = m_1' \\
Y_2' &= (A_2'A_1A_0')' = m_2' \\
Y_3' &= (A_2'A_1A_0)' = m_3' \\
Y_4' &= (A_2A_1'A_0')' = m_4' \\
Y_5' &= (A_2A_1'A_0)' = m_5' \\
Y_6' &= (A_2A_1A_0')' = m_6' \\
Y_7' &= (A_2A_1A_0)' = m_7'
\end{aligned} \right\} \tag{5 – 13}$$

由上式可以看出，$Y_0' \sim Y_7'$ 同时又是 A_2、A_1、A_0 这 3 个变量的全部最小项的译码输出，所以也将这种译码器称为最小项译码器。

例 5 – 6　试用两片 3 线 – 8 线译码器 74HC138 组成 4 线 – 16 线译码器，将输入的 4 位二进制代码 $D_3D_2D_1D_0$ 译成 16 个独立的低电平信号 $Z_0' \sim Z_{15}'$。

解： 74HC138 仅有 3 个地址输入端 A_2、A_1、A_0。如果想对 4 位二进制代码译码，只能利用一个附加控制端（S_1、S_2'、S_3' 当中的一个）作为第 4 个地址输入端，如图 5 – 11 所示。

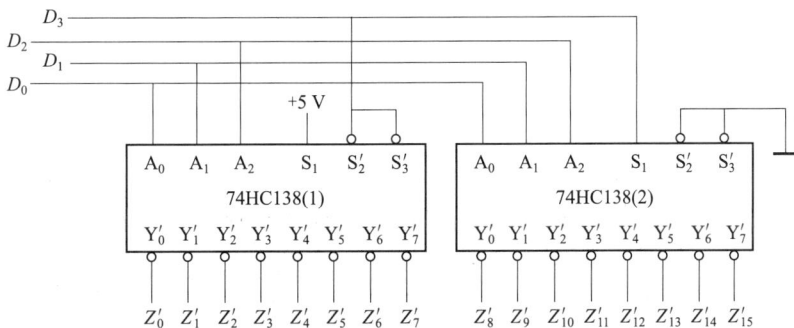

图 5 – 11　用两片 74HC138 接成的 4 线 – 16 线译码器

2. 用译码器设计组合逻辑电路

由式（5－13）可以看出，当控制端 $S_1 = 1$ 时，若将 A_2、A_1、A_0 作为 3 个输入逻辑变量，则 8 个输出端给出的就是 3 个输入变量的全部最小项 $m'_0 \sim m'_7$，利用附加的门电路将这些最小项适当地组合起来，便可产生任何形式的 3 变量组合逻辑函数。同理，n 位二进制译码器给出 n 变量的全部最小项，可获得任何形式的输入变量不大于 n 的组合逻辑。

例 5－7 试利用 3 线－8 线译码器 74HC138 设计一个多输出的组合逻辑电路。输出的逻辑函数为

$$\left. \begin{array}{l} Y_1 = BC \\ Y_2 = A'B'C' + ABC + A'B \\ Y_3 = AC' + ABC' \end{array} \right\} \tag{5－14}$$

解： 首先将式（5－14）转化为最小项之和的形式，得

$$\left. \begin{array}{l} Y_1 = BC = (A + A')BC = ABC + A'BC = m_3 + m_7 = \sum m\,(3,\,7) \\ Y_2 = A'B'C' + ABC + A'B = \sum m\,(0,\,2,\,3,\,7) \\ Y_3 = AC' + ABC' = \sum m\,(4,\,6) \end{array} \right\} \tag{5－15}$$

由于 74HC148 的输出端 $Y'_0 \sim Y'_7$ 可对应 $m'_0 \sim m'_7$，于是把式（5－15）变换为 $m'_0 \sim m'_7$ 的函数式，即

$$\left. \begin{array}{l} Y_1 = \sum m\,(3,\,7) = (m'_3 \cdot m'_7)' \\ Y_2 = \sum m\,(0,\,2,\,3,\,7) = (m'_0 \cdot m'_2 \cdot m'_3 \cdot m'_7)' \\ Y_3 = \sum m\,(4,\,6) = (m'_4 \cdot m'_6)' \end{array} \right\} \tag{5－16}$$

由式（5－16）画出由 74HC138 组成的组合逻辑电路如图 5－12 所示，其中 S_1、S'_2 和 S'_3 设为译码器正常工作状态。

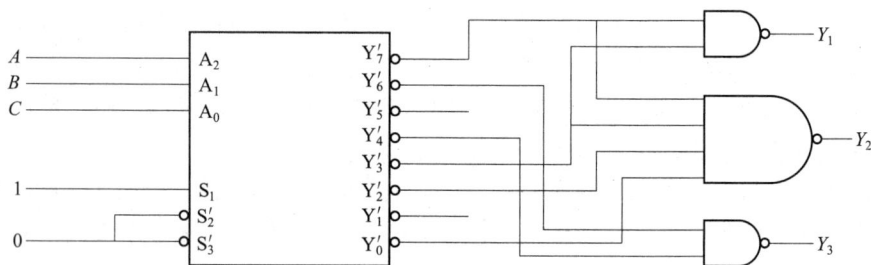

图 5－12 组合逻辑电路

5.3.3 数据选择器

数据选择器又称多路选择器，它的功能是选择 N 个输入通道中的任意一路信号传送到输出端，作为输出信号。输入信号的选择是通过改变数据选择端（地址端）的二进制代码来进行的。显然，数据选择端口数目 n 应该满足 $N = 2^n$ 的关系。因此，数据选择器有 n 位地址输入端，2^n 位数据输入端以及 1 位数据输出端。它是一个多输入、单输出的组合逻辑电路。

1. 4 选 1 数据选择器

根据数据选择器的功能特点，可知 4 选 1 数据选择器有 2 位地址输入端，$N = 2^n = 4$ 位数据输入端以及 1 位数据输出端，故称为 4 选 1 数据选择器。4 选 1 数据选择器的真值表如表 5 - 10 所示。

表 5 - 10　4 选 1 数据选择器真值表

S_1'	A_1	A_0	Y_1
1	×	×	0
0	0	0	D_0
0	0	1	D_1
0	1	0	D_2
0	1	1	D_3

其中 S_1' 为选通输入端，当 $S_1' = 0$ 时，数据选择器正常工作；D_0、D_1、D_2、D_3 为数据选择输入端输入信号，4 选 1 数据选择器逻辑符号如图 5 - 13 所示。根据真值表 5 - 10，可得以下逻辑关系

$$Y_1 = S_1 [D_0 (A_1' A_0') + D_1 (A_1' A_0) + D_2 (A_1 A_0') + D_3 (A_1 A_0)] \tag{5 - 17}$$

2. 8 选 1 数据选择器

8 选 1 数据选择器 74151 的逻辑符号如图 5 - 14 所示，A_2、A_1、A_0 是 3 个地址输入端；$D_7 \sim D_0$ 是数据输入端，在地址输入端 A_2、A_1、A_0 的控制下，从 $D_7 \sim D_0$ 中选择一路送到输出端；S_1' 是低电平有效的使能端；Y 和 Y' 为一对互补输出。真值表如表 5 - 11 所示。

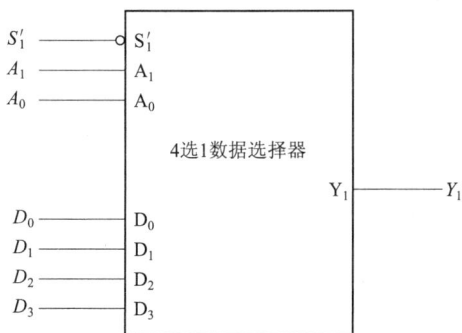

图 5 - 13　4 选 1 数据选择器　　　　图 5 - 14　8 选 1 数据选择器

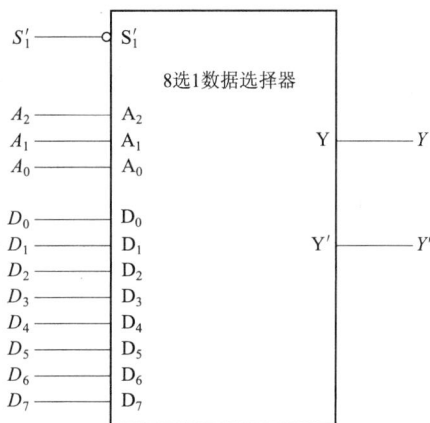

当 $S_1' = 0$ 时，8 选 1 数据选择器的逻辑函数式为

$$Y = D_0 (A_2' A_1' A_0') + D_1 (A_2' A_1' A_0) + D_2 (A_2' A_1 A_0') + D_3 (A_2' A_1 A_0) +$$
$$D_4 (A_2 A_1' A_0') + D_5 (A_2 A_1' A_0) + D_6 (A_2 A_1 A_0') + D_7 (A_2 A_1 A_0) \tag{5 - 18}$$

常见的数据选择器除了 "4 选 1"、"8 选 1" 以外，还有 "2 选 1"、"16 选 1" 几种类型。它们的工作原理类似，只是数据输入端和地址输入端的数目各不相同而已。

表5-11　8选1数据选择器真值表

输入				输出	
S_1'	A_2	A_1	A_0	Y	Y'
1	×	×	×	0	1
0	0	0	0	D_0	D_0'
0	0	0	1	D_1	D_1'
0	0	1	0	D_2	D_2'
0	0	1	1	D_3	D_3'
0	1	0	0	D_4	D_4'
0	1	0	1	D_5	D_5'
0	1	1	0	D_6	D_6'
0	1	1	1	D_7	D_7'

3. 用数据选择器设计组合逻辑电路

以4选1数据选择器的逻辑函数式为例，当 $S_1' = 0$ 时，输出与输入间的逻辑关系可以写成

$$Y = D_0(A_1'A_0') + D_1(A_1'A_0) + D_2(A_1A_0') + D_3(A_1A_0) \tag{5-19}$$

若将 A_1、A_0 作为两个输入变量，同时令 $D_0 \sim D_3$ 为第3个输入变量的适当状态（包括原变量、反变量、0和1），就可以在数据选择器的输出端产生任何形式的3变量组合逻辑函数。同理，具有 n 位地址输入的数据选择器，可以产生任何形式输入变量不大于 $n+1$ 的组合函数。

例5-8　试用8选1数据选择器产生3变量逻辑函数

$$Z = BC + AC \tag{5-20}$$

解：将逻辑函数式展开为最小项之和，即

$$\begin{aligned} Z &= (A + A')BC + A(B + B')C \\ &= ABC + A'BC + AB'C \end{aligned} \tag{5-21}$$

令 $A_2 = A$，$A_1 = B$，$A_0 = C$，将式（5-21）写成8选1数据选择器逻辑表达式（5-18）的形式，为

$$\left. \begin{aligned} Z &= 0 \cdot (A_2'A_1'A_0') + 0 \cdot (A_2'A_1'A_0) + 0 \cdot (A_2'A_1A_0') + 1 \cdot (A_2'A_1A_0) + \\ &\quad 0 \cdot (A_2A_1'A_0') + 1 \cdot (A_2A_1'A_0) + 0 \cdot (A_2A_1A_0') + 1 \cdot (A_2A_1A_0) \\ D_0 &= D_1 = D_2 = D_4 = D_6 = 0 \\ D_3 &= D_5 = D_7 = 1 \end{aligned} \right\} \tag{5-22}$$

输出端 Y 即函数 Z，则电路连接如图5-15所示。

例5-9　试用4选1数据选择器完成例5-8，即产生3变量逻辑函数

$$Z = BC + AC \tag{5-23}$$

解：例5-8用8选1数据选择器实现3变量的函数式只需把地址输入端接入对应的3个变量即可；若用4选1数据选择器，选择其中两个变量接入地址输入端，另一个变量根据函数式接入数据输入端。同样，将函数式写成最小项之和，即

$$Z = ABC + A'BC + AB'C$$

设 A、B 为地址输入端，写成 4 选 1 逻辑表达式（5 - 19）的形式为

$$Z = (AB) \cdot C + (A'B) \cdot C + (AB') \cdot C + (A'B') \cdot 0 \qquad (5 - 24)$$

由式（5 - 19）可得

$$D_0 = 0, \quad D_1 = D_2 = D_3 = C$$

电路连接如图 5 - 16 所示。

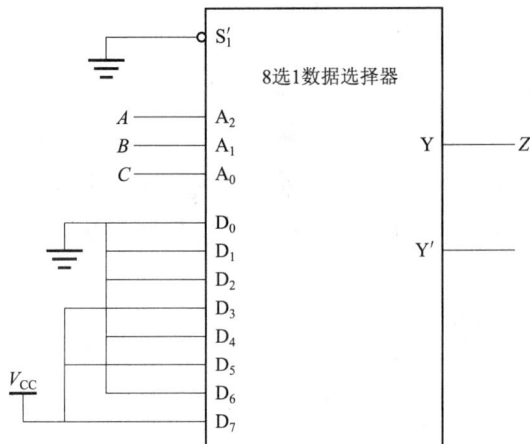

图 5 - 15　例 5 - 8 电路连接　　　　图 5 - 16　例 5 - 9 电路连接

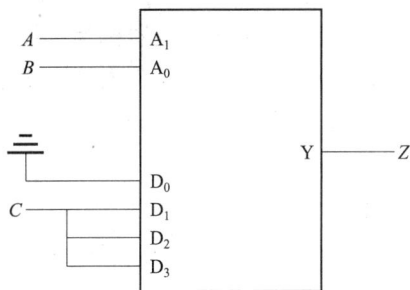

5.3.4　加法器

加法器顾名思义其逻辑功能是实现两个二进制数的相加，由于计算机内部的加、减、乘、除算术运算通常是利用加法器来实现的，所以，加法器是构成计算机内部算术运算器（ALU）的基本单元。

1. 1 位加法器

最基本的加法器是 1 位加法器，不考虑进位的 1 位加法器称为半加器；若要考虑进位的 1 位加法器称为全加器。

根据二进制加法原则列出半加器的真值表如表 5 - 12 所示，A、B 为加数，S 为相加的和，CO 是向高位的进位。

表 5 - 12　半加器的真值表

输　　入		输　　出	
A	B	S	CO
0	0	0	0
0	1	1	0
1	0	1	0
1	1	0	1

根据真值表可得输出与输入端的逻辑关系式为

$$\left. \begin{aligned} S &= A'B + AB' = A \oplus B \\ CO &= AB \end{aligned} \right\} \qquad (5 - 25)$$

因此，半加器由一个异或门和一个与门组成，其逻辑电路和电路逻辑符号如图 5 – 17 所示。

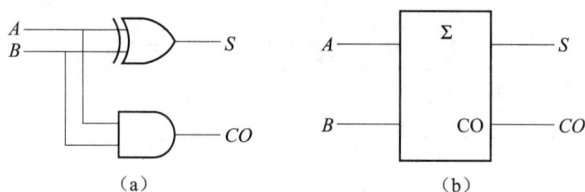

图 5 – 17　半加器

(a) 逻辑电路；(b) 电路逻辑符号

考虑进位的 1 位加法器称为全加器，即与半加器不同的是，输入端除了加数以外还要考虑来自低位的进位，因此输入端由 2 个变为 3 个，设 CI 为来自低位的进位端，全加器的真值表如表 5 – 13 所示。

表 5 – 13　全加器的真值表

输　　　入			输　　　出	
A	B	CI	S	CO
0	0	0	0	0
0	0	1	1	0
0	1	0	1	0
0	1	1	0	1
1	0	0	1	0
1	0	1	0	1
1	1	0	0	1
1	1	1	1	1

由表 5 – 13 写出逻辑关系式为

$$\left.\begin{array}{l} S = A'B'CI + A'BCI' + AB'CI' + ABCI \\ CO = AB + BCI + ACI \end{array}\right\} \tag{5 – 26}$$

全加器的电路逻辑符号如图 5 – 18 所示。

2. 多位加法器

1 位全加器只能实现两个 1 位二进制数的相加，将多片 1 位全加器组合起来可以实现多位二进制数的相加，组合的关键是进位方法的连接，最简单的进位连接方法是串行进位。串行进位是将低位的进位输出信号作为高位的进位输入信号直接相连的进位连接方法。如图 5 – 19 所示为 4 位二进制数相加使用的串行进位全加器。

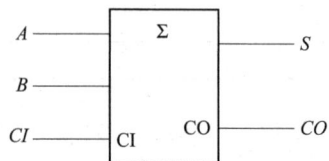

图 5 – 18　全加器的电路逻辑符号

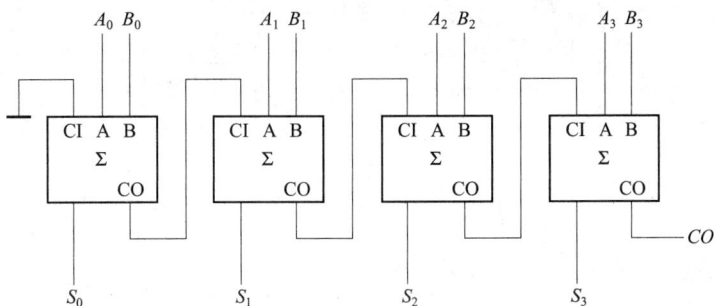

图 5 - 19　串行进位的 4 位全加器

其中，A_0、B_0 为最低位，由于没有来自低位的进位，故 $CI = 0$，以此类推，A_1、B_1 为次低位，A_2、B_2 为次高位，A_3、B_3 为最高位，则输出端的高低位顺序依次为 $S_3 S_2 S_1 S_0$。

3．利用加法器进行组合逻辑设计

将需要产生的逻辑函数转化为相加的形式，这样就可以利用加法器进行设计了。

例 5 - 10　设计一个代码转换电路，将十进制代码的 8421 码转换为余 3 码。

解：将 8421 码作为输入，余 3 码作为输出，列出真值表如表 5 - 14 所示。

表 5 - 14　逻辑真值表

输　　入				输　　出			
D	C	B	A	Y_3	Y_2	Y_1	Y_0
0	0	0	0	0	0	1	1
0	0	0	1	0	1	0	0
0	0	1	0	0	1	0	1
0	0	1	1	0	1	1	0
0	1	0	0	0	1	1	1
0	1	0	1	1	0	0	0
0	1	1	0	1	0	0	1
0	1	1	1	1	0	1	0
1	0	0	0	1	0	1	1
1	0	0	1	1	1	0	0

从真值表不难看出，Y_3、Y_2、Y_1、Y_0 代表的余 3 码和 D、C、B、A 代表的 8421 码之间的关系为

$$Y_3 Y_2 Y_1 Y_0 = DCBA + 0011 \tag{5 - 27}$$

用一片 4 位加法器 74LS283 即可实现电路功能，电路连接如图 5 - 20 所示。

同样，可用 4 位串行加法器实现，参考如图 5 - 19 所示电路，读者自行分析。

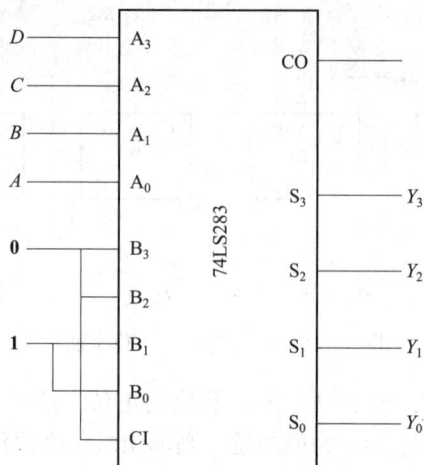

图 5 – 20　例 5 – 10 电路连接

5.4　组合逻辑中的竞争 – 冒险现象

5.4.1　竞争 – 冒险现象及其成因

　　前面针对组合逻辑电路的分析和设计的讨论，是在假定输入/输出处于稳定的逻辑值，并且设所有的逻辑门都具有理想的开关特性的前提下进行的。但实际上，信号在转换瞬间，所有的逻辑门电路本身都存在传输延时，使输出信号相对于输入信号的变化总会滞后一段时间；当存在多个输入信号发生变化时，也可能有先后快慢的差异。下面以一个简单的例子来进行具体说明。

　　图 5 – 21 所示的 2 输入与门电路中，无论是 $A = 1$，$B = 0$，或 $A = 0$，$B = 1$，在稳态时输出 Y 都等于 0。现在来讨论当 A 输入信号从高电平"1"向低电平"0"跳变，B 输入信号从低电平"0"向高电平"1"跳变的同时，输出信号 Y 瞬态的输出波形。

　　当电路对输入信号跳变情况的传输速度一致时，输出波形保持低电平。当电路对输入信号跳变情况的传输速度不同时，如 A 输入信号还没降到 $U_{IL(max)}$ 以下，B 输入信号已经跳到 $U_{IL(max)}$ 以上时，在这个瞬间两输入信号同时等于"1"，则在此瞬间 $Y = 1$，出现尖峰信号，违背了稳态条件下与门电路的逻辑关系，此信号称为干扰信号。

　　在数字电路中，将输入信号从高电平向低电平跳变的同时，另一个输入信号从低电平向高电平跳变的现象称为竞争现象，因竞争而产生的输出尖峰脉冲称为竞争 – 冒险。

　　在数字电路中，并非所有的竞争现象都会产生尖峰脉冲，即并非所有的竞争现象都会导致错误输出，即产生竞争 – 冒险现象。

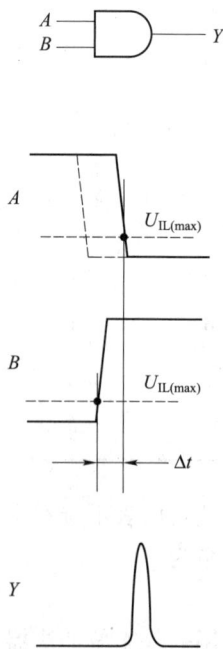

图 5 – 21　竞争 – 冒险波形

　　既然竞争－冒险现象会产生错误输出，那么具有这种现象的电路工作的可靠性就差，要提高这些电路工作的可靠性，必须寻找消除竞争－冒险现象的方法。

5.4.2　消除竞争－冒险现象的方法

　　1. 修改逻辑设计（增加多余项法）

　　修改逻辑设计（增加多余项法），可消除竞争－冒险现象。

　　例 5－11　$Y = AB + A'C$，当 $B = C = 1$ 时，A 改变状态时存在竞争－冒险现象，试重新消除这种现象。

　　解：
$$Y = AB + A'C \tag{5-28}$$

　　由题意，当 $B = C = 1$ 时代入式（5－28）
$$Y = A + A'$$

　　因为 A 与 A' 为相反变量，故当 A 从 0 到 1 或从 1 到 0 跳变，A' 从 1 到 0 或从 0 到 1 跳变，便会产生竞争－冒险现象

　　又由
$$Y = AB + A'C + BC = AB + A'C$$

　　若增加 BC 项后，当 $B = C = 1$ 时，$BC = 1$，故无论 A 如何改变，输出始终保持 $Y = 1$，如图 5－22 所示。因此，A 的状态变化不再会引起竞争－冒险现象。

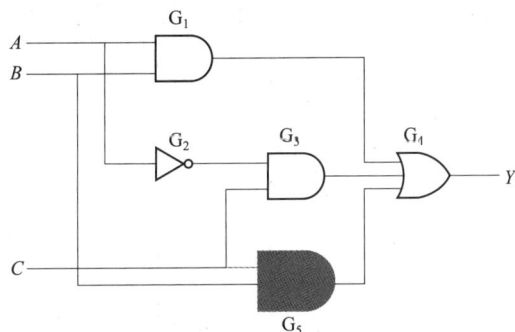

图 5－22　逻辑电路

　　2. 引入选通脉冲（加选通信号）

　　毛刺仅发生在输入信号变化的瞬间，因此让选通脉冲仅在输出处于稳定值期间到来，错开输入信号变化的瞬间，便可保证输出正确的结果。该方法简单易行，但选通信号的作用时间和极性等一定要适合。

　　3. 输出端加滤波电容

　　由冒险产生的尖峰脉冲一般很窄（在几十秒内），只要在输出端并联一个很小的滤波电容 C，就可消除影响（C 的值在几十到几百皮法范围内）。但 C 的引入会使输出波形边沿变斜，故参数要选择合适，一般通过实验来确定。这种方法可用于输出波形沿要求不高的场合。

　　上述 3 种方法各有特点，增加冗余项可以收到令人满意的效果，但使电路多了一些连线和逻辑门，而且多余项并非任何时候都存在，因此适用范围有限；接滤波电容简单易行，是

实验调试阶段的应急措施，但输出电压波形会变差。

实用实例

七段显示译码器

为了能以十进制数码直观地显示数字系统的运行数据，目前广泛使用了七段字符显示器，或称七段数码管。这种字符显示器由 7 段可发光的线段拼合而成。BCD - 七段显示译码器 7448 就是其中一种，BCD - 七段显示译码器 7448 的逻辑电路如图 5 - 23 所示。

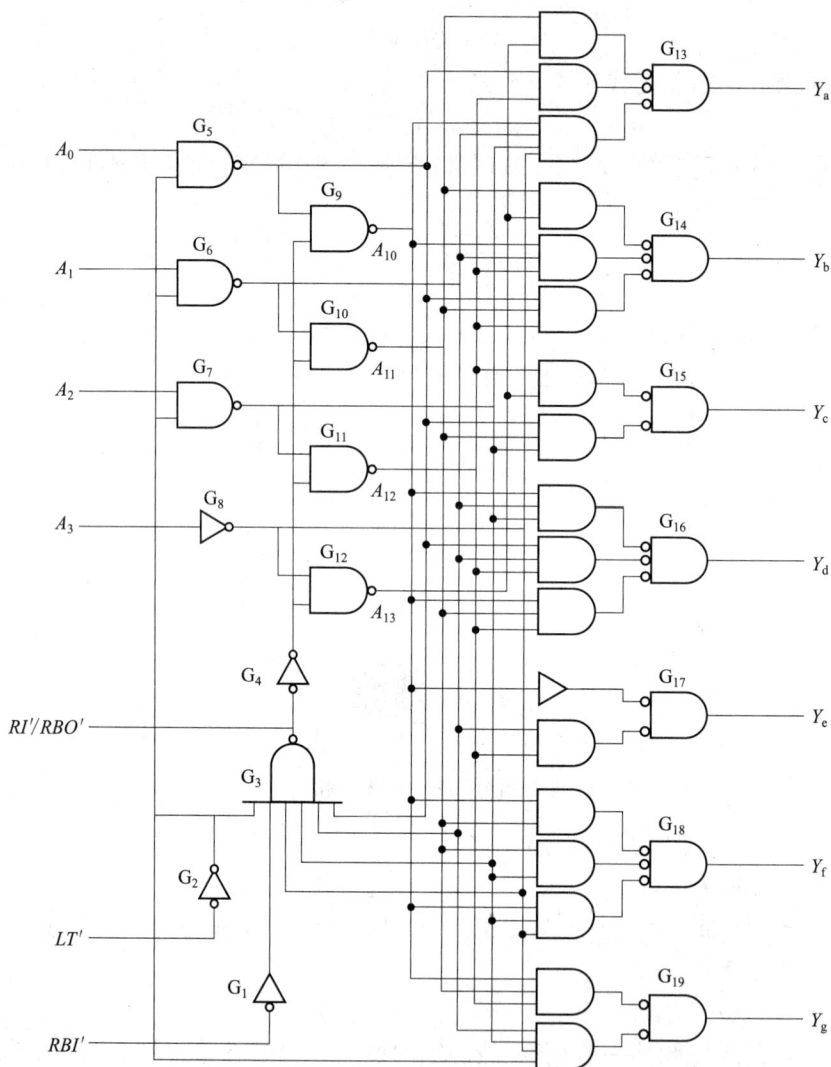

图 5 - 23　BCD - 七段显示译码器 7448 的逻辑电路

其中，7448 的附加控制信号有：

灯测试输入 LT'：当 $LT' = 0$ 时，$Y_a \sim Y_g$ 全部置为 1；

灭零输入 RBI'：当 $A_3 A_2 A_1 A_0 = 0000$，$RBI' = 0$ 时，灭灯；

灭灯输入 BI'／灭零输出 RBO'：

输入信号，称灭灯输入控制端：当 $BI'=0$ 时，无论输入状态是什么，数码管熄灭；

输出信号，称灭零输出端：只有当输入 $A_3A_2A_1A_0=0$，且灭零输入信号 $RBI'=0$ 时，RBO' 才给出低电平；因此 $RBO'=0$ 表示译码器将本来应该显示的零熄灭了。

利用 RBI' 和 RBO' 的配合，可实现多位显示系统的灭零控制。

整数部分：最高位是 0，而且灭掉以后，输出 RBO' 作为次高位的输入信号 RBI'；

小数部分：最低位是 0，而且灭掉以后，输出 RBO' 作为次低位的输入信号 RBI'

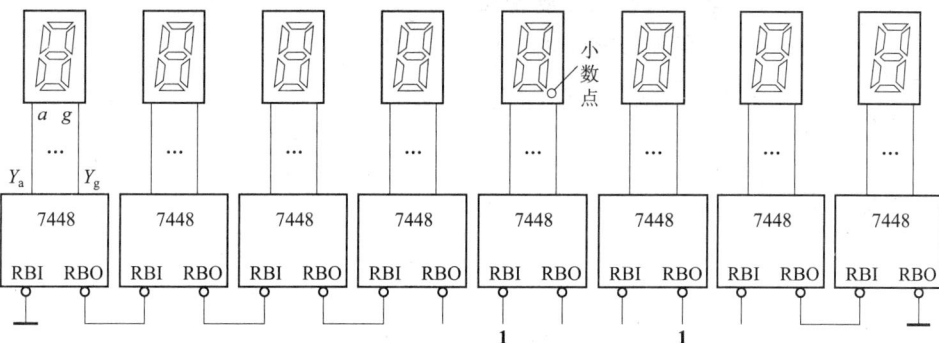

图 5-24　有灭零控制的 8 位数码显示系统

本章小结

（1）数字电路划分成两大类，一为组合逻辑电路，二为时序逻辑电路。

（2）在组合逻辑电路中，任意时刻的输出仅仅取决于该时刻的输入，与原来的电路状态无关。

（3）许多有用的组合电路，如译码器、编码器和加法器，可由集成电路实现。

（4）编码器的逻辑功能就是将输入的每一个高低电平信号编成一个对应的二进制代码。

（5）译码是编码的反操作；加法器是构成算术运算器的基本单元。

（6）在数字电路中，将输入信号从高电平向低电平跳变的同时，另一个输入信号从低电平向高电平跳变的现象称为竞争现象，因竞争而产生的输出尖峰脉冲称为竞争－冒险。

（7）在数字电路中，并非所有的竞争现象都会产生尖峰脉冲，即并非所有的竞争现象都会导致错误输出，即竞争－冒险现象。

习题

一、选择填空题

5-1　组合逻辑电路的特点是任意时刻的_____状态仅取决于该时刻的_____状态，而与信号作用前电路的状态_____。

5-2　组合逻辑电路在结构上不存在输出到输入的_____，因此_____状态不影响

_____状态。

5-3 若在编码器中有 50 个编码对象，则要求输出二进制代码位数为_____位。

5-4 一个 16 选 1 的数据选择器，其地址输入（选择控制输入）端有____个。

5-5 4 选 1 数据选择器的数据输出 Y 与数据输入 X_i 和地址码 A_i 之间的逻辑表达式为 $Y = $ _____。

A. $\overline{A_1}\,\overline{A_0}X_0 + \overline{A_1}A_0X_1 + A_1\,\overline{A_0}X_2 + A_1A_0X_3$ B. $\overline{A_1}\,\overline{A_0}X_0$

C. $\overline{A_1}A_0X_1$ D. $A_1A_0X_3$

5-6 一个 8 选 1 数据选择器的数据输入端有_____个。

5-7 8 数据分配器，其地址输入端有_____个。

5-8 组合逻辑电路消除竞争冒险的方法有_____。

A. 修改逻辑设计   B. 在输出端接入滤波电容

C. 后级加缓冲电路   D. 屏蔽输入信号的尖峰干扰

5-9 下列表达式中不存在竞争冒险的有_____。

A. $Y = \overline{B} + AB$ B. $Y = AB + \overline{B}C$

C. $Y = AB\overline{C} + AB$ D. $Y = (A + \overline{B})\,\overline{A}\overline{D}$

二、计算题

5-10 用红、黄、绿 3 个指示灯表示 3 台设备的工作情况：绿灯亮表示全部正常；红灯亮表示有 1 台不正常；黄灯亮表示有 2 台不正常；红、黄灯全亮表示 3 台都不正常。列出控制电路真值表，并选出合适的集成电路来实现。

5-11 用 8 选 1 数据选择器实现下列函数：

(1) $F(A, B, C, D) = \sum(0, 4, 5, 8, 12, 13, 14)$

(2) $F(A, B, C, D) = \sum(0, 3, 5, 8, 11, 14) + \sum d(1, 6, 12, 13)$

5-12 用两片双 4 选 1 数据选择器和与非门实现循环码至 8421BCD 码转换。

5-13 设计二进制码/格雷码转换器。输入为二进制码 $B_3B_2B_1B_0$，输出为格雷码，EN 为使能端，当 $EN = 0$ 时，执行二进制码→格雷码转换；当 $EN = 1$ 时，输出为高阻态。

5-14 设计一个血型配比指示器。输血时供血者和受血者的血型配对情况如图 5-25 所示。要求供血者血型和受血者血型符合要求时绿灯亮；反之，红灯亮。

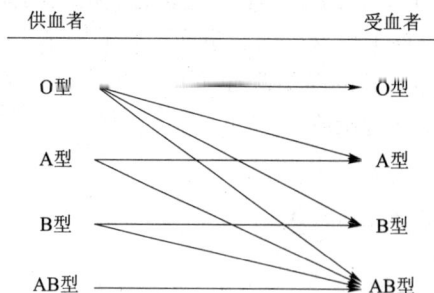

图 5-25 题 5-14 用图

第 6 章

时序逻辑电路

本章介绍

本章主要介绍时序逻辑电路中具有记忆功能的逻辑单元——触发器，按照功能和电路结构来进行划分，介绍了几种不同类型的触发器；然后着重介绍由普通触发器构成的时序逻辑电路的分析和设计方法；最后介绍了一些常用的时序逻辑电路单元寄存器和计数器的功能以及如何利用其进行简单时序逻辑电路的设计。

本章学习目标

(1) 了解时序逻辑电路的电路特性和分类；
(2) 了解不同触发器的功能及触发方式；
(3) 掌握时序逻辑电路的分析方法；
(4) 掌握时序逻辑电路的设计方法；
(5) 掌握集成计数器和寄存器功能，能熟练设计简单的时序逻辑电路。

6.1 时序逻辑电路概述

逻辑电路分为组合逻辑电路和时序逻辑电路两类。在组合逻辑电路中，当输入信号发生改变时，输出信号也立即随之改变，即任一时刻的输出只取决于当前时刻的输入。但在时序逻辑电路中，当前时刻的输出不仅取决于当前的输入，还取决于电路的历史状态，即与之前的输入也有关系。因此，在时序逻辑电路中，就必须包含具有记忆功能的逻辑部件记住历史状态。触发器是最常用的具有记忆和存储数字信息功能的基本电路单元，它的基本功能和电路结构将在下一个小节中详细介绍。

时序逻辑电路的结构如图 6-1 所示。从图中可以看出：

(1) 时序逻辑电路包含存储电路和组合电路，存储电路可以由触发器也可以由带有反馈的组合逻辑电路构成；

(2) 存储器状态和输入变量共同决定输出，在电路结构中肯定存在从输出到输入的反馈连接单元。

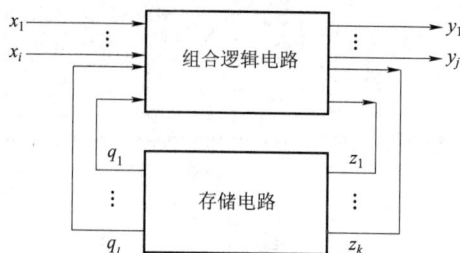

图 6-1 时序逻辑电路结构

图中，x_i 表示外部输入信号，y_i 是电路的外部输出信号，z_i 是存储电路的输入信号，q_i 是存储电路的输出信号也是组合逻辑电路的部分输入信号。这些信号之间的相互关系为

$$\left.\begin{array}{l} y_1 = f_1(x_1,x_2,\cdots,x_i,q_1,q_2,\cdots,q_l) \\ \cdots \\ y_j = f_j(x_1,x_2,\cdots,x_i,q_1,q_2,\cdots,q_l) \end{array}\right\} \Rightarrow \text{输出方程 } Y = F(X,Q) \qquad (6-1)$$

$$\left.\begin{array}{l} z_1 = g_1(x_1,x_2,\cdots,x_i,q_1,q_2,\cdots,q_l) \\ \cdots \\ z_k = g_k(x_1,x_2,\cdots,x_i,q_1,q_2,\cdots,q_l) \end{array}\right\} \Rightarrow \text{驱动方程 } Z = G(X,Q) \qquad (6-2)$$

$$\left.\begin{array}{l} q_1^* = h_1(z_1,z_2,\cdots,z_k,q_1,q_2,\cdots,q_l) \\ \cdots \\ q_l^* = h_l(z_1,z_2,\cdots,z_k,q_1,q_2,\cdots,q_l) \end{array}\right\} \Rightarrow \text{状态方程 } Q^* = H(Z,Q) \qquad (6-3)$$

式中，Q 为当前时刻的状态，也称现态，Q^* 称次态。当然初态也可以用 Q^n 表示，次态用 Q^{n+1} 表示。

根据存储电路中存储单元状态变化的特点，时序电路可分为同步时序电路和异步时序电路。在同步时序逻辑电路中，存储电路中所有触发器的时钟使用统一的 CLK，状态变化发生在同一时刻；而异步时序逻辑电路，存储电路没有统一的 CLK，触发器状态的变化有先有后。

时序电路根据输出信号的特点可分为米里（Mealy）型和摩尔（Moore）型两种。米里（Mealy）型，即电路的输出信号不仅取决于存储电路的状态，而且还取决于电路的输入信号。摩尔（Moore）型，即电路的输出信号仅仅取决于存储电路的状态。

6.2 触　发　器

前面提到时序逻辑电路中完成记忆功能的最常见的电路单元是触发器。1 个触发器可以记忆和存储 1 位二进制信息。触发器是一种最基本的记忆单元电路。它除了记忆和存储单元外，也可以构成各种计数器。

为了实现记忆 1 位二进制数值信号的功能，触发器需具备以下几个特点：

第一，具有两个稳定的工作状态，即端 $Q=1$，$\overline{Q}=0$ 是一种稳定的工作状态；$Q=0$，

$\overline{Q}=1$ 是触发器的另一种稳定状态。

第二，在触发信号的作用下，根据不同的输入或者输出，可以置 0 或者置 1；如果没有信号的触发，触发器将永远保持原来的状态不变（不能断电）。利用触发器的这一特点，可以用来存储和记忆信息。

根据电路结构的不同，可以把触发器分为基本触发器、同步触发器、主从触发器和边沿触发器几种。根据触发器激励方式不同，可以将触发器分为 RS 触发器、D 触发器、T 触发器和 JK 触发器几类。

6.2.1　基本 RS 触发器

基本 RS 触发器是各类触发器中电路结构最简单的一种，是其他各类触发器的基本组成部分，又称 RS 锁存器。

RS 触发器由两个与非门构成，如图 6-2 所示。图 6-2（b）中，输入端处的小圆圈表明低电平有效，这是一种约定，即小圆圈和输入信号上加的反号是强调输入信号低电平有效，而不是经过非门的意思。在正常情况下，触发器的输出 Q 和 $\overline{Q}$ 是一对互补的量，即一个为"1"，一个就为"0"，反之亦然。

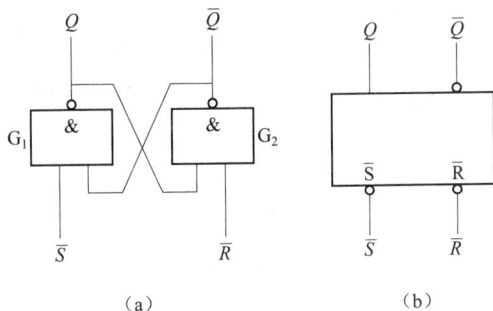

图 6-2　与非门构成的基本 RS 触发器

（a）逻辑电路；（b）电路逻辑符号

根据图 6-2 所示的电路，可以分析得出基本 RS 触发器的工作原理：

（1）当 $\overline{R}=0$，$\overline{S}=1$ 时，由 $\overline{R}=0$ 得 $\overline{Q}=1$。而 $\overline{S}=1$、$\overline{Q}=1$ 则 $Q=0$。即触发器处于 0 状态。因为 $\overline{R}=0$ 使得触发器置 0，所以称 R 为置 0 输入端，也称复位端。

（2）当 $\overline{R}=1$，$\overline{S}=0$ 时，由 $\overline{S}=0$ 得 $Q=1$。再由 $\overline{R}=1$、$Q=1$ 则 $\overline{Q}=0$。即触发器处于 1 状态。因为 $\overline{S}=0$ 使得触发器置 1，所以称 S 为置 1 端，也称置位端。

（3）当 $\overline{R}=1$，$\overline{S}=1$ 时，在与非门中 $\overline{S}=1$，则 $\overline{Q^*}=\overline{S}\cdot Q=1\cdot\overline{Q}=Q$，同理 $\overline{Q}$ 次态与初态也是一致的。所以当 $\overline{R}=1$，$\overline{S}=1$ 时触发器的状态不会改变，习惯上称保持。

（4）当 $\overline{R}=0$，$\overline{S}=0$ 时，由于与非门逢 0 出 1，所以 $Q=1$，$\overline{Q}=1$，破坏了触发器两个输出端应该是互补的规则。并且这之后如果当 $\overline{R}=1$，$\overline{S}=1$ 时，触发器的次态将无法确定，故称之为不定状态，这个状态应该被禁用。

根据工作原理，可以得到基本 RS 触发器的状态转移真值表如表 6-1 所示，表 6-2 是简化的状态特性表。

表 6-1　基本 RS 触发器状态转移真值表

$\bar{S}$	$\bar{R}$	Q	Q^*
1	0	0	0
1	0	1	0
0	1	0	1
0	1	1	1
1	1	0	0
1	1	1	1
0	0	0	不定
0	0	1	不定

表 6-2　基本 RS 触发器简化特性表

$\bar{S}$	$\bar{R}$	Q^*
1	0	0
0	1	1
1	1	Q^D
0	0	不定

根据真值表画出对应的卡诺图，可以得出由与非门组成的基本 RS 触发器的状态转移方程，也就是特性方程。为了避免不定状态的出现，需要在特性方程中加约束条件，即

$$\left. \begin{aligned} Q^* &= S + \bar{R} \cdot Q \\ \bar{S} + \bar{R} &= 1 \quad (约束条件) \end{aligned} \right\}$$

例 6-1　已知基本 RS 触发器 $\bar{R}$、$\bar{S}$ 的工作波形如图 6-3 所示，请画出 Q、$\bar{Q}$ 的波形。

根据基本 RS 触发器的工作原理，可以简单画出工作波形。在阴影部分，由于在不定状态之后，$\bar{R} = 1$，$\bar{S} = 1$ 导致触发器在此段时间的状态无法确定，既可能是高电平，也可能是低电平，因此用虚线表示。

例 6-2　利用基本 RS 触发器的记忆功能，消除机械开关振动引起的干扰脉冲。机械开关电路如图 6-4 所示。

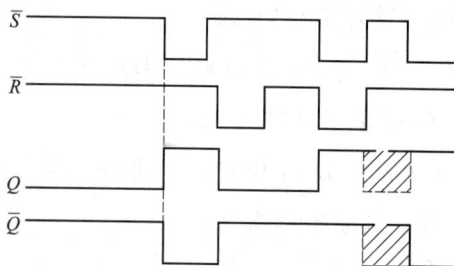

图 6-3　例 6-1 的工作波形

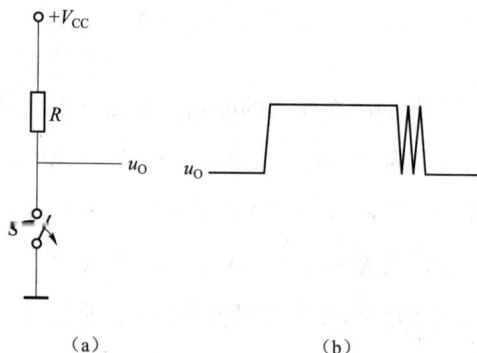

图 6-4　机械开关
(a) 电路；(b) 输出电压波形

解： 从图 6-4 (b) 所示的电压波形可以看出输出电压波形包括由于开关振动带来的干扰脉冲，但是在机械开关电路中加上一个基本 RS 触发器后，如图 6-5 (a) 所示，此时 AB 两端的干扰不会同时产生，并且两端至少有端为 1。

由于 A 控制置位端，当 A 有干扰产生，即 A 有 0 输入时，输出为 1；而干扰消失时，AB 同时为 1，处于保持的状态，所以输出稳定为 1 不变。

反之，开关扳向另一端时，B 端产生干扰，而它控制的是复位端，即干扰产生时，处于置零的状态，一旦干扰消失，又处于保持的状态，所以输出稳定为 0 不变。

从图 6-5（b）所示的电压波形可以看出，机械开关振动带来的干扰对输出不产生任何影响。

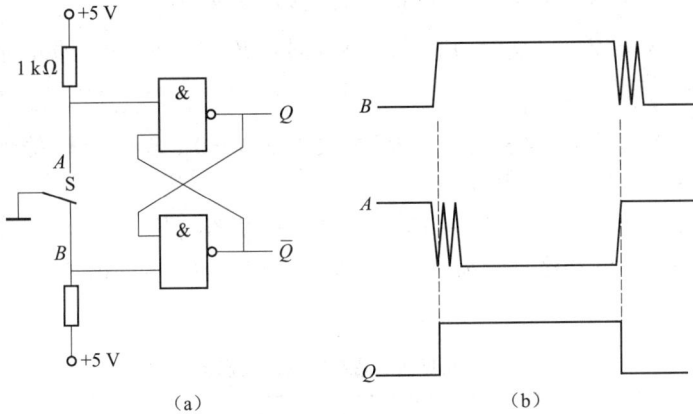

图 6-5　基本 RS 触发器消除机械开关振动的影响
（a）电路；（b）输出电压波形

基本 RS 触发器电路结构简单，但是由于输出受激励信号直接控制，其抗干扰能力会受到一定影响。其次，它存在着不定状态，使得其输入之间要受到约束状态的影响。

6.2.2　同步 RS 触发器

由于基本 RS 触发器的触发方式（动作特点）是由逻辑电平直接触发，因此输入信号直接控制触发状态。但在实际工作中，要求触发器按统一的节拍进行状态更新。同步触发器（也称时钟触发器或钟控触发器），是具有时钟脉冲 CP 控制的触发器，该触发器状态的改变与时钟脉冲同步，这恰好符合按照统一节拍进行更新这一要求。

如图 6-6 所示为同步 RS 触发器的电路结构，可以看出 RS 都是高电平有效。

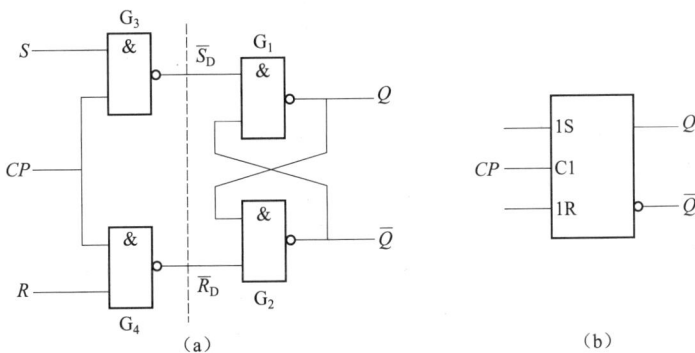

图 6-6　同步 RS 触发器
（a）逻辑电路；（b）逻辑符号

在 $CP=0$ 期间，G_3、G_4 被封锁，触发器状态不变。在 $CP=1$ 期间，由 R 和 S 端信号决定触发器的输出状态，并且此时电路结构和工作原理和基本 RS 触发器类似，即：

（1）当 $R=1$，$S=0$ 时，也就是基本 RS 触发器中 $\overline{R}=0$，$\overline{S}=1$，即触发器处于 0 状态。因为 $R=1$ 使得触发器置 0，所以称 R 为置 0 输入端，也称复位端。此时置 0 端是高电平有效。

（2）当 $R=0$，$S=1$ 时，也就是基本 RS 触发器中 $\overline{R}=1$，$\overline{S}=0$，即触发器处于 1 状态。因为 $S=1$ 使得触发器置 1，所以称 S 为置 1 端，也称置位端。

（3）当 $R=0$，$S=0$ 时，也就是基本 RS 触发器中 $\overline{R}=1$，$\overline{S}=1$，即此时触发器的状态不会改变。习惯上称保持。

（4）当 $R=1$，$S=1$ 时，也就是基本 RS 触发器中 $\overline{R}=0$，$\overline{S}=0$，触发器的次态将无法确定，故称不定状态，这个状态应该被禁用。

由上分析可知，同步 RS 触发器在 $CP=0$ 时，触发器的状态不变，此时不接收激励信号；而 $CP=1$ 期间，触发器接收激励信号，状态随着 RS 的改变而改变。$CP=1$ 期间，状态转移真值表如表 6-3 所示。

表 6-3　同步 RS 触发器状态转移真值表

$S\ \ R$	Q^{n+1}	$\overline{Q^{n+1}}$	状态（功能）
0　0	Q^n	$\overline{Q^n}$	保持
0　1	0	1	置 0
1　0	1	0	置 1
1　1	1	1	不定 ×

根据状态转移图，可以得到同步 RS 触发器的特性方程为

$$\left.\begin{array}{l} Q^* = S + \overline{R} \cdot Q \\ SR = 0 \quad （约束条件） \end{array}\right\}$$

在特性方程中没有考虑时钟 CP，即这个特性方程是在 $CP=1$ 时有效。

例 6-3　请根据图 6-7 所示的 CP 和 R、S 的工作波形，画出同步 RS 触发器的输出 Q 的工作波形。

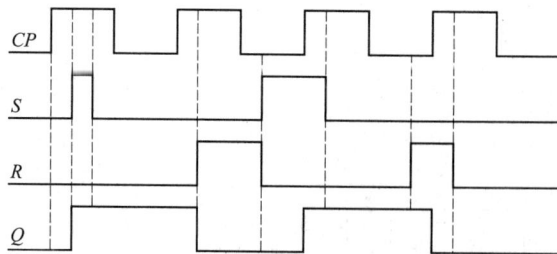

图 6-7　例 6-3 用图

由于同步触发器的状态是在时钟信号持续为 1 的这段时间内，随着激励信号的改变而改变，因此将这种触发器称为电平触发的触发器。同步 RS 触发器属于高电平触发的触发器。

在 $CP = 1$ 的这段时间内，如果输入信号 RS 发生多次改变就会导致输出端也发生多次改变。若一个时钟周期内触发器的状态发生两次或两次以上的变化，就称触发器发生了空翻的现象，如图 6-8 所示。

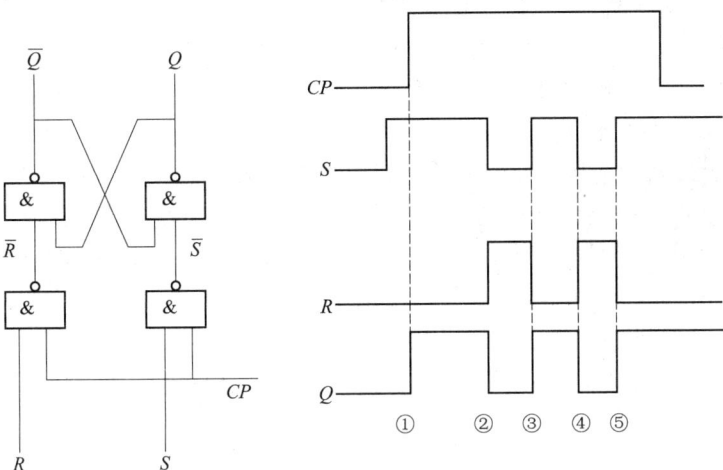

图 6-8 同步 RS 触发器中空翻现象

由于空翻产生，会导致触发器的抗干扰能力受到影响。因此，要提高触发器的抗干扰能力，就要避免空翻的产生，还需对电路结构进行进一步的改进。

6.2.3 主从触发器

1. 主从 RS 触发器

主从 RS 触发器是由两个同步 RS 触发器构成的，如图 6-9 所示。

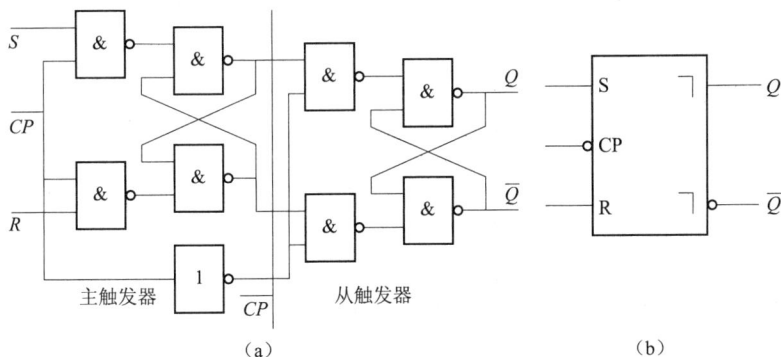

图 6-9 主从 RS 触发器
(a) 逻辑电路 (b) 电路逻辑符号

主从 RS 触发器分成主触发器和从触发器两部分，这两部分都是同步 RS 触发器，主、从两个触发器是由一对互补的时钟信号 CP 控制的，即当 $CP = 0$ 时，主触发器的状态不变，从触发器状态改变；反之，当 $CP = 1$ 时，主触发器的状态改变，从触发器的状态不变。主、从两个触发器的状态都是在时钟作用的这段时间随着各自的激励信号而改变的。

主触发器的激励信号是 RS，即当 $CP=1$ 时，主触发器随着 RS 的改变而改变，此时从触发器保持前一时刻的初态不变；而从触发器的激励信号是主触发器的输出，即当 $CP=0$ 时，从触发器的状态随着此时主触发器状态的改变而改变，而这段时间范围内，主触发器的状态是不变的，也就是说当 $CP=0$ 的这段时间内，从触发器由于激励信号不变而导致状态不变，所以从触发器只在时钟刚变成 0 的瞬间开始发生改变。

思考：结合同步 RS 触发器的工作原理，详细分析主从 RS 触发器的工作构成；考虑 RS 对于主从触发器的状态的影响。

在主从 RS 触发器中，从触发器的输出是整个触发器的输出，因此主从 RS 触发器有效地避免了同步触发器的空翻现象，提高了抗干扰能力。由于主触发器依然是同步 RS 触发器，所以主触发器中不定状态仍然存在，在主触发器的影响下，可能导致整个主从 RS 触发器状态的不定，所以电路结构还可以作进一步的改进。

2. 主从 JK 触发器

主从 JK 触发器的电路结构如图 6 – 10 所示。实际就是将主从 RS 触发器中从触发器的输出作为一对附加的控制信号反馈到主触发器的输入端。

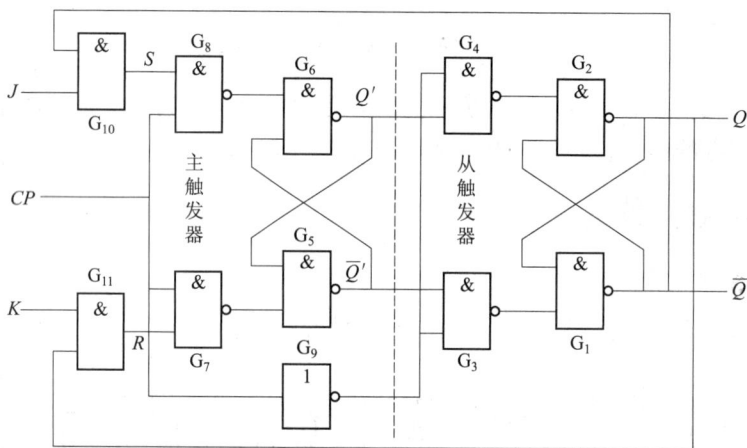

图 6 – 10   主从 JK 触发器逻辑电路

跟主从 RS 触发器类似，主触发器的状态在 $CP=1$ 的时段内改变，从触发器在 $CP=0$ 的时段内改变，下面讨论该触发器的工作情况：

（1）当 $CP=1$ 时，若 $J=1$、$K=0$，则主触发器置 1，此时从触发器的状态不变，待 CP 从 1 变为 0 后，从触发器的状态也置 1，即 $Q^*=1$。

（2）当 $CP=1$ 时，若 $J=0$、$K=1$，则主触发器置 0。此时从触发器的状态不变，待 CP 从 1 变为 0 后，从触发器的状态也置 0，即 $Q^*=0$。

（3）当 $CP=1$ 时，若 $J=K=0$，由于 G_7 和 G_8 被封锁，所以主触发器的状态保持不变。此时从触发器在时钟的作用下不变，在 CP 从 1 变到 0 后，从触发器在主触发器的作用下也不变，即 $Q^*=Q$。

（4）当 $J=K=1$ 时，第 1 种情况是当 $Q=0$ 时，在 $CP=1$ 时，主触发器置 1，此时从触发器的状态不变，待 CP 从 1 变为 0 后，从触发器的状态也置 1，即 $Q^*=1$；第 2 种情况是

当 $Q = 1$ 时，在 $CP = 1$ 时，主触发器置 0。此时从触发器的状态不变，待 CP 从 1 变为 0 后，从触发器的状态也置 0，即 $Q^* = 0$。即此时触发器的状态 $Q^* = \overline{Q}$。即 $J = K = 1$ 时，在时钟下降沿到达时，触发器的状态翻转为与初态相反的状态。

由此可见，主从 JK 触发器已消除了不定状态，激励信号的约束条件可以取消，是一种使用起来比较灵活的触发器。但是在其主触发器中仍存在"一次翻转"的问题，即在 $CP = 1$ 期间，主触发器的状态只能改变一次。当然这次变化可以是在 $CP = 1$ 期间的任意一个时刻，这主要是因为从触发器的输出信号会通过 G_9 和 G_{10} 反过来影响主触发器。

将主触发器的输出用 $Q_{\pm}$ 表示，则从图 6 – 10 所示电路中可知：

（1）在 $CP = 0$ 时，从触发器的状态和主触发器的状态一致。若 $Q_{\pm} = Q = 0$，则当 CP 从 0 变到 1 时，因为 $Q = 0$ 封锁了门 G_7，即类似 K 输入变为 0，只能通过 J 对主触发器的输出产生影响。在 J 的作用下主触发器的状态变成 1 后，J 输入 0，则处于保持的状态；输入 1，则处于置 1 的状态，即主触发器就保持 1 的状态不变了。

（2）在 $CP = 0$ 时，从触发器的状态和主触发器的状态一致。若 $Q_{\pm} = Q = 1$，则当 CP 从 0 变到 1 时，因为 $Q' = 0$ 封锁了门 G_8，即类似 J 输入变为 0，只能通过 K 对主触发器的输出产生影响。在 K 的作用下主触发器的状态变成 0 后，K 输入 0，则处于保持的状态；输入 1，则处于置 0 的状态，即主触发器就保持 0 的状态不变了。

综上所述，在 $CP = 1$ 期间，不管主触发器的初态是 0 还是 1，它的状态都仅仅在 JK 的作用下改变一次，一旦发生翻转后，在该周期内 JK 的变化对它就不产生任何作用了。也就是说在主从 JK 触发器中，主触发器和从触发器都避免了空翻的现象。

从上述的主从触发器可以看出，触发器的状态在一个时钟周期内只变化一次，并且只在时钟脉冲的上升沿或者下降沿到达的瞬间发生改变，所以抗干扰能力显著提高。但是在触发沿到达时触发器是随着主触发器状态的改变而改变的，所以要确定整个触发器的状态得先确定主触发器的状态。

6.2.4　边沿触发器

在边沿触发器中，触发器的状态也是在时钟脉冲的上升沿或者下降沿到达的瞬间发生改变的，并且是随着外部激励信号的改变而改变，解决了主从触发器需要确定主触发器状态的问题。边沿触发器的结构有多种，下面以维持 – 阻塞 D 触发器为例介绍其中一种，如图 6 – 11 所示。

若触发器的状态是在时钟上升沿发生变化，则称为上升沿触发的触发器；反之，在时钟的下降沿发生改变，则称为下降沿触发的触发器。图 6 – 11 （b）所示的就是上升沿触发的触发器。

（1）当 $CP = 0$ 时，G_3、G_4 被封锁，触发器的输出状态保持不变。

（2）当 CP 从 0 变为 1 时，G_3、G_4 打开，它们的输出由 G_5、G_6 决定。此瞬间，若 $D = 0$，则触发器被置为 0 状态；若 $D = 1$，则触发器被置为 1 状态。

（3）当 CP 从 0 变为 1 之后，虽然 $CP = 1$，门 G_3、G_4 是打开的，但由于电路中几条反馈线①～④的维持 – 阻塞作用，输入信号 D 的变化不会影响触发器的置 1 和置 0，使触发器能够可靠地置 1 和置 0。因此，该触发器称为维持 – 阻塞触发器。

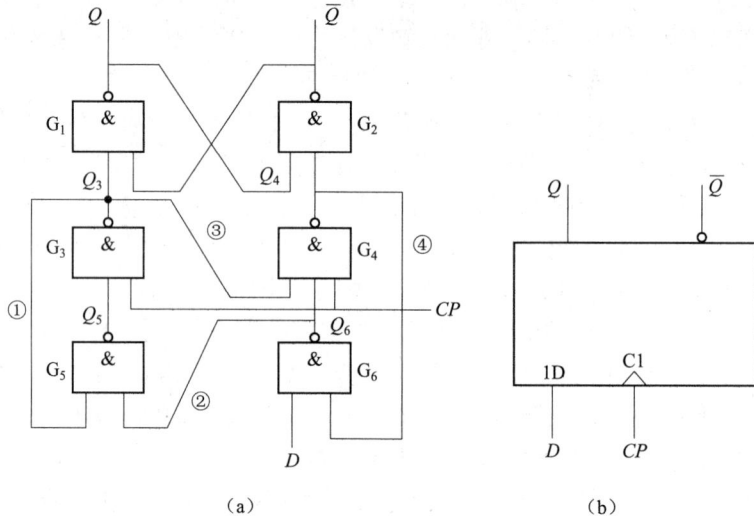

图 6 – 11　边沿 D 触发器

（a）逻辑电路；（b）电路逻辑符号

　　可见，该触发器的触发方式为：在 CP 脉冲上升沿到来之前接受 D 输入信号，当 CP 从 0 变为 1 时，触发器的输出状态将由 CP 上升沿到来之前一瞬间 D 的状态决定。因此将该触发器称为上升沿触发的 D 触发器。

　　可以从图 6 – 12 所示的时序图直观地观察激励信号 D 对输出的影响。

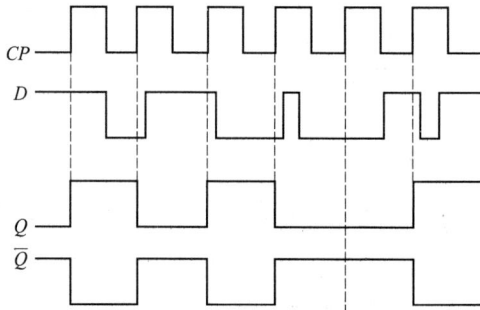

图 6 – 12　时序图

　　边沿触发器可提高触发器工作的可靠性，增强抗干扰能力。而且输出的状态直接受控于激励信号，至于在触发沿到达时，输出随着激励信号如何改变，在此不做探讨。接下来从功能方面介绍 RS 触发器、D 触发器、JK 触发器和 T 触发器。

6.2.5　触发器的功能及其描述

　　要描述触发器的功能，可以用状态转移真值表、特性方程（也称状态转移方程）、状态转移图和时序图几种方法。

　　1. RS 触发器

　　若在时钟的作用下，某触发器满足如表 6 – 4 所示的状态转移真值表所规定的逻辑功能，则不管其触发方式是什么，均称为 RS 触发器。

根据状态转移真值表，列出其卡诺图，可以得到特性方程为

$$\left.\begin{array}{l} Q^* = S + \bar{R} \cdot Q \\ SR = 0 \quad (\text{约束条件}) \end{array}\right\}$$

表 6 – 4　RS 触发器状态转移真值表

S　R	Q^{n+1}	$\overline{Q^{n+1}}$	状态（功能）
0　0	Q^n	$\overline{Q^n}$	保持
0　1	0	1	置0
1　0	1	0	置1
1　1	1	1	不定 ×

RS 触发器的逻辑功能还可用图 6 – 13 所示的状态转移图表示，在状态转移图中，圆圈里表示触发器的两个状态，箭头表示状态转移的方向，同时在箭头旁边注明转换的条件。

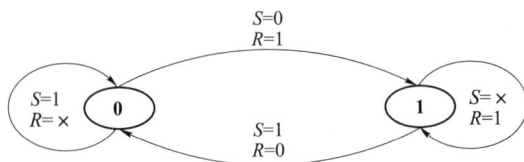

图 6 – 13　RS 触发器的状态转移图

2．JK 触发器

若在时钟的作用下，某触发器满足如表 6 – 5 所示的状态转移真值表所规定的逻辑功能，则不管其触发方式是什么，均称为 JK 触发器。

表 6 – 5　JK 触发器状态转移真值表

J　K	Q^n	Q^{n+1}	说明
0　0	0	0	$Q^{n+1} = Q^n$
0　0	1	1	
0　1	0	0	$Q^{n+1} = 0$
0　1	1	0	
1　0	0	1	$Q^{n+1} = 1$
1　0	1	1	
1　1	0	1	$Q^{n+1} = \overline{Q^n}$
1　1	1	0	

根据状态转移真值表，列出其卡诺图，可以得到特性方程为

$$Q^{n+1} = J\overline{Q^n} + \bar{K}Q^n$$

JK 触发器的逻辑功能还可用图 6 – 14 所示的状态转移图表示。

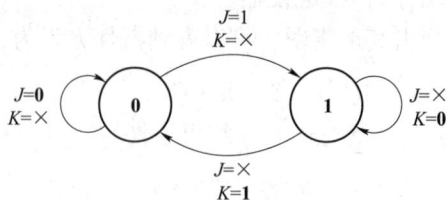

图 6 - 14 JK 触发器状态转移图

3. D 触发器

若在时钟的作用下，某触发器满足如表 6 - 6 所示的状态转移真值表所规定的逻辑功能，则不管其触发方式是什么，均称为 D 触发器。

根据状态转移真值表，列出其卡诺图，可以得到特性方程为

$$Q^{n+1} = D$$

D 触发器的逻辑功能还能用图 6 - 15 所示的状态转移图表示。

表 6 - 6 D 触发器状态转移真值表

D	Q^n	Q^{n+1}	说明
0	0	0	$Q^{n+1} = 0$
0	1	0	
1	0	1	$Q^{n+1} = 1$
1	1	1	

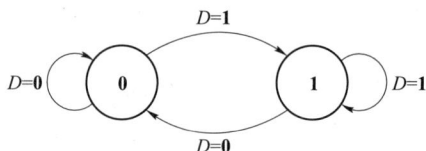

图 6 - 15 D 触发器状态转移图

4. T 触发器

若在时钟的作用下，某触发器满足如表 6 - 7 所示的状态转移真值表所规定的逻辑功能，则不管其触发方式是什么，均称为 T 触发器。

根据状态转移真值表，列出其卡诺图，可以得到特性方程为

$$Q^{n+1} = T\overline{Q^n} + \overline{T}Q^n$$

T 触发器的逻辑功能还能用如图 6 - 16 所示的状态转移图表示。

表 6 - 7 T 触发器状态转移真值表

T	Q^n	Q^{n+1}	说明
0	0	0	$Q^{n+1} = Q^n$
0	1	1	
1	0	1	$Q^{n+1} = \overline{Q^n}$
1	1	0	

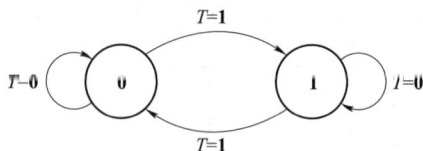

图 6 - 16 T 触发器状态转移图

思考： 如何实现触发器的相互转换？例如怎么利用 RS 触发器实现 D 触发器的功能？

触发器除了可以用在开关电路中消除机械颤动，还可以用于构成分频电路等，具体构成方法将在后面小节中介绍。

6.3　时序逻辑电路的分析

分析时序逻辑电路，即是确定该电路的逻辑功能，也就是在输入和时钟作用下，初态和次态之间的关系。在本节中只介绍同步时序逻辑电路的分析。由于同步时序逻辑电路中所有触发器都是受控于同一个触发器，所以分析方法比较简单。

在第一小节中提到时序逻辑电路可以由 3 组方程来描述，这实际就是确定时序逻辑电路的关键所在。具体步骤如下：

（1）从给定电路中写出存储电路中每个触发器的驱动方程（输入的逻辑式），得到整个电路的驱动方程。

（2）将驱动方程代入触发器的特性方程，得到状态转移方程。

（3）从给定电路中写出输出方程。摩尔型（Moore）输出只与状态相关，与输入无关；米里型（Mealy）输出不仅与状态相关，也与输入相关。

（4）根据状态转移方程和输出方程，得到状态转移真值表或状态转移图。画状态转移图时先假设一初始状态，画出其在输入信号作用下的次态；按照这样的方式把每个状态作为初态，确定其次态，并且在箭头上标明输入和输出信号。在画状态转移图时要确定电路是否具有自启动功能。至于如何判别是否具备自启动功能，将在后面结合实例进行介绍。

（5）画出时序图。

（6）用文字描述，确定电路功能。

注意：若没有特殊说明，状态转移真值表、状态转移图、时序图只画出一个即可，他们是时序逻辑电路功能的图表表示法，实质都是一样，只是表现形式的不同。不过状态转移图能更直观地表示出各个状态之间的转换关系，所以通常选择画出状态转移图。

例 6 – 4　试分析图 6 – 17 所示的时序逻辑电路的电路功能，列出它的驱动方程、状态转移方程和输出方程，并列出状态转移真值表、状态转移图和时序图，判别是否具备自启动功能。在图中用到的是 3 个下降沿触发的触发器。

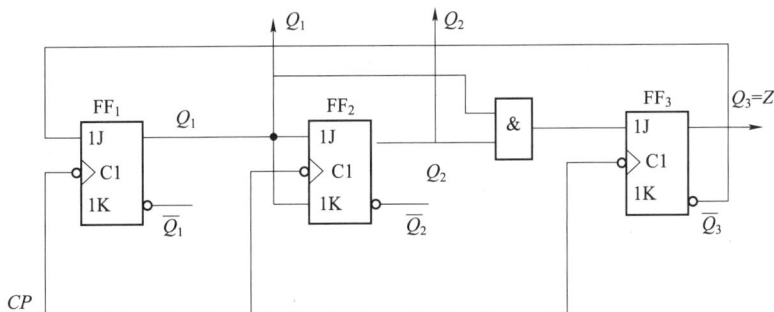

图 6 – 17　例 6 – 4 用图

解：（1）写出各触发器的驱动方程为

$$J_1 = \overline{Q}_3^n, \quad K_1 = 1$$
$$J_2 = Q_1^n, \quad K_2 = Q_1^n$$
$$J_3 = Q_2^n Q_1^n, \quad K_3 = 1$$

注意：若某个激励信号悬空没有控制，则意味着该端输入了常量1。

（2）将各驱动方程代入触发器的特性方程可得各触发器状态方程，因为 JK 触发器的特性方程为

$$Q^{n+1} = J\bar{Q}^n + \bar{K}Q^n$$

所以各级触发器的状态转移方程为

$$Q_1^{n+1} = J_1\bar{Q}_1^n + \bar{K}_1Q_1^n = \bar{Q}_3^n\bar{Q}_1^n$$

$$Q_2^{n+1} = J_2\bar{Q}_2^n + \bar{K}_2Q_2^n = \bar{Q}_2^nQ_1^n + Q_2^n\bar{Q}_1^n$$

$$Q_3^{n+1} = J_3\bar{Q}_3^n + \bar{K}_3Q_3^n = \bar{Q}_3^nQ_2^nQ_1^n$$

（3）输出方程为

$$Z = Q_3$$

（4）画出状态转移图。假设初态为000，由上述的几组方程可知这是个摩尔型的时序逻辑电路，所以无须在箭头旁标注转换条件，只需在初态分别代入状态转移方程，确定3个触发器的次态，不断重复，直至每一个状态的次态都被确定为止，就获得了该时序逻辑电路的状态转移图，如图6-18所示。

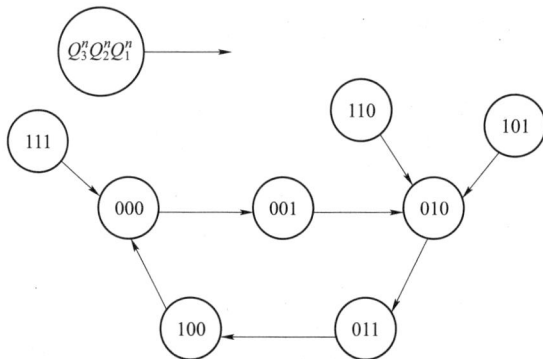

图6-18　状态转移图

注意：在画状态转移图时必须在旁边用图例标注清楚3个触发器之间排列的先后顺序，如图6-18左上角所示。

在状态转移图中可以看出，000到100这5个状态之间构成了一个闭合循环，即若电路初始状态是5个状态之1时，就只会在这5个状态之间循环，称这5个状态是该电路的有效状态，而其他的状态称为该电路的偏移状态。但是在画状态转移图时，不能仅画出这几个有效状态之间的转移方向，因为电路的初始状态可能是偏移状态之中的一个，所以必须还要确定偏移状态的次态。若每个偏移状态的次态都是某一个有效状态，就称该电路具备自启动功能；否则，就不具备自启动功能。

（5）列出状态转移真值表如表6-8所示。

为了直观起见，表中只列出了有效状态之间的转换关系。

（6）画出时序图。时序图可以更加形象地反应各个触发器状态如何在时钟节拍的控制下变换，如图6-19所示。

表 6 – 8　状态转移真值表

态序	各触发器初态			各触发器次态			输出 Z	脉冲数（十进制数）
	Q_3	Q_2	Q_1	Q_3^{n+1}	Q_2^{n+1}	Q_1^{n+1}		
0	0	0	0	0	0	1	0	0
1	0	0	1	0	1	0	0	1
2	0	1	0	0	1	1	0	2
3	0	1	1	1	0	0	0	3
4	1	0	0	0	0	0	1	4
5	0	0	0	0	0	1	0	5

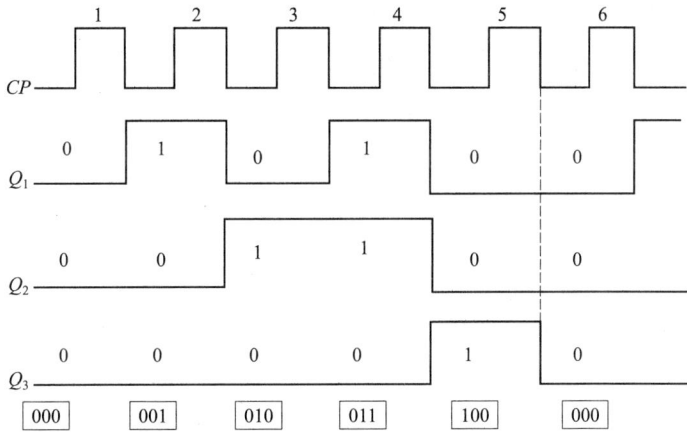

图 6 – 19　时序图

（7）结合上述的各个图表可知，该电路是个五进制的计数器。

例 6 – 5　试分析如图 6 – 20 所示的时序逻辑电路功能。该电路中使用的是上升沿触发的 D 触发器。

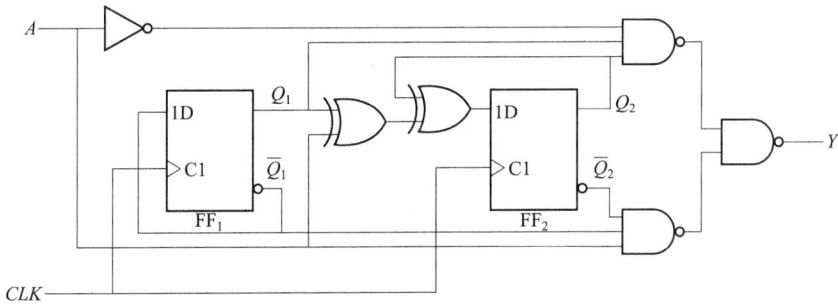

图 6 – 20　例 6 – 5 用图

解：

（1）驱动方程为

$$\left.\begin{array}{l} D_1 = \overline{Q_1} \\ D_2 = A \oplus Q_1 \oplus Q_2 \end{array}\right\}$$

（2）状态方程为

$$Q_1^{n+1} = D_1 = \overline{Q_1^n}$$
$$Q_2^{n+1} = D_2 = A \oplus Q_1^n \oplus Q_2^n$$

（3）输出方程为

$$Y = \overline{\overline{AQ_1Q_2} \cdot \overline{A\,\overline{Q_1}\,\overline{Q_2}}} = \overline{A}Q_1Q_2 + A\,\overline{Q_1}\,\overline{Q_2}$$

（4）状态转移图如图 6 – 21 所示。

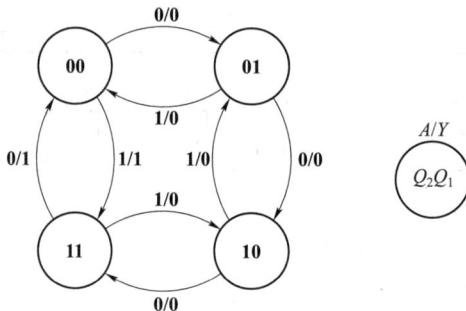

图 6 – 21 状态转移图

（5）所以该时序逻辑电路的电路功能是一个 2 位的二进制加减计数器。当 $A = 0$ 时，为加计数器；而当 $A = 1$ 时，为减计数器。

上述两个实例简单介绍了时序逻辑电路分析的基本方法和步骤，结合实例可以看出状态转移真值表和时序图在没有强制要求时可以省略，只画状态转移图即可。

复习思考：时序逻辑电路功能一共有几种不同的描述方法，如何实现他们之间的相互转换？

6.4 时序逻辑电路设计

同样，在介绍时序逻辑电路的设计方法时，仍然只介绍相对简单的同步时序逻辑电路的设计方法，它和上一节介绍的分析方法互为可逆过程。简单讲，就是根据逻辑功能，列出图表，再根据图表写出各组方程，最终画出电路结构。但它每一个步骤具体实现起来相对于要复杂一些，这里涉及逻辑状态、逻辑变量的定义、编码、状态的简化合并等，详细的方法步骤如下：

（1）定义所需的逻辑变量和逻辑状态（注意此时的状态先用符号表示，比如 S_0、S_i 等）。

（2）列出原始状态转移表。根据逻辑功能，建立起满足逻辑功能的状态转移表，由于其中可能包含多余的逻辑状态，所以称为原始状态转移真值表。

（3）状态简化。将原始状态转移表中多余的状态合并，得到最简状态转移表。

（4）编码、确定触发器的数目。根据最简状态转移表中状态的数目，给每个状态编码，编码位数 n 和状态数目 N 之间要满足 $2^n \geq N$ 的关系。当然，每个状态的编码的分配不同，最终设计出来的逻辑电路肯定也不同，所以在编码分配时，要考虑如何使得电路更简化。如果有 n 位编码，则电路中需要有 n 个触发器。

（5）根据编码列出状态转移图，从状态转移图转换出输出方程和状态转移方程。利用状态转移图，画出各级触发器以及电路输出变量对应的卡诺图，利用卡诺图化简得到状态转移方程和输出方程。注意，和分析电路不同的是，这里是先得到这两组方程才转换出驱动方程。

（6）自启动功能检验。如果状态转移图中没有完整包含 2^n 个状态，则需要把偏移状态代入到状态转移方程和输出方程中，判断是否具备自启动功能。若不能自启动，得需要修改偏移状态的转移方向，直至电路具备自启动为止。

（7）选定触发器的类型，确定驱动方程。触发器的类型不同，对应的驱动方程也是不同的。最终电路就是根据驱动方程得出的，所以驱动方程越简单，电路结构就越简洁。因此要根据不同形式的状态转移方程，选择恰当的触发器。

（8）画出电路图。根据选定的触发器的类型和数目，以及各级触发器的驱动方程，画出逻辑电路。

从上述的方法步骤可以看出，根据编码方案和选择的触发器类型不同，设计出来的逻辑电路不是唯一的。在设计的过程中要尽量考虑让电路简化。

由于同步时序逻辑电路的设计步骤比较繁多，结合下面几个实例来详细介绍设计过程。

应用 1：试设计一个串行数据检测器。

该电路具有一个端 X 和一个端 Z。输入 X 为一连串随机信号，当出现"110"序列时，检测器能识别，并使输出信号 $Z=1$。对于其他任何输入序列，输出皆为 0。

如　输入出现如下序列：0101101110

则　输出形成相应序列：0000010001

解：由上例可知，输出不仅决定于现态，而且与现输入有关，因此要设计的是一个 Mealy 型时序电路，可按下列步骤进行设计：

1）根据设计要求进行状态设定

S_0——初态；

S_1——电路已输入一个 1 以后的状态；

S_2——电路已连续输入两个或两个以上 1 以后的状态；

S_3——电路已输入 110 以后的状态；

X——外部输入；

Z——串行检测器输出端，当 $Z=0$ 时，表明输出的不是预期的序列；当 $Z=1$ 时，即检测到了 110 这个序列。

2）初始状态转移真值表

如果开始时电路处于初态 S_0，当输入 1 个"1"时，则电路转向 S_1 态，输出 Z 为"0"；相反，若输入为"0"，则电路仍为 S_0 态，输出为"0"。

如果电路已处于 S_1 态，则表示已输入了 1 个"1"，这时若再输入 1 个"1"，则电路转向 S_2 态，输出为"0"；若输入 1 个"0"，则前面输入的 1 个"1"就不起作用，应返回 S_0 态，输出为"0"。

如果电路已处于 S_2 态，则表示已连续输入了 2 个"1"，若再输入 1 个"1"，则仍维持 S_2 态，输出为"0"；若输入一个"0"，则转向 S_3 态，输出为"1"。

如果电路处于 S_3 态，表示已输入过"110"，则前面输入的"1"已不起作用，若此时输入1个"1"，则转向 S_1 态，输出为"0"；若输入1个"0"，则转向 S_0 态，输出为"0"。

根据上述分析过程，可得如表6-9所示的初始状态转移真值表。

表6-9　初始状态转移真值表

次态/输出　初态	输入 0	输入 1
S_0	$S_0/0$	$S_1/0$
S_1	$S_0/0$	$S_2/0$
S_2	$S_3/1$	$S_2/0$
S_3	$S_0/0$	$S_1/0$

3）等价状态合并

如果两个状态，在相同的输入控制下，次态是相同的，输出也是相同的，则称这两个状态是等价状态。在初始状态转移真值表中，将所有的等价状态合并，就可以得到最简状态转移真值表。

从表6-9中可以看出，S_0 和 S_3 是等价状态，可以将他们合并成一个状态，得到最简的状态转移表，如表6-10所示。合并状态最终可以让电路结构更为简化。

表6-10　最简状态转移真值表

次态/输出　初态	输入 0	输入 1
S_0	$S_0/0$	$S_1/0$
S_1	$S_0/0$	$S_2/0$
S_2	$S_0/1$	$S_2/0$

根据状态转移真值表，可以得到最简状态转移图，如图6-22所示。

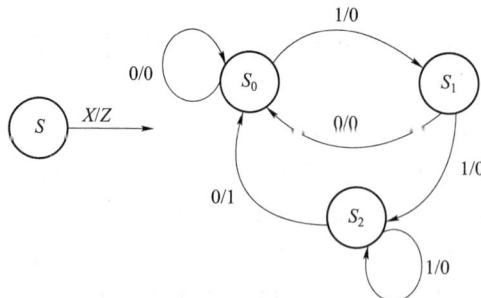

图6-22　最简状态转移图

4）编码

由于状态转移真值表中有3个状态，所以选择编码位数为2位，也就是设计电路需要用到2个触发器，即取两个触发器 Q_2 和 Q_1。

两个触发器有 4 个状态；即 00、01、10、11，因此对 S_0、S_1、S_2 的编码有许多种，编码的方式不同，设计的结果也不同，逻辑电路也不同。一般以逻辑电路最简为佳。

这里我们取 $S_0 = 00$、$S_1 = 01$、$S_2 = 11$。而"10"状态为任意态。可得编码形式如图 6 - 23 所示的状态转换图和如表 6 - 11 所示的状态转换表。

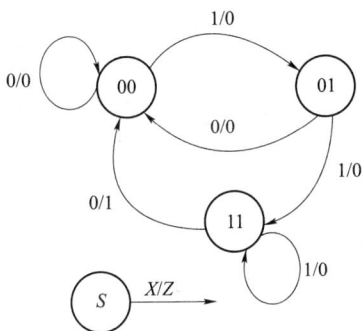

图 6 - 23　状态转移图

表 6 - 11　状态转移真值表

| Q_2^n | Q_1^n | Q_2^{n+1} | Q_1^{n+1} |
		$X = 0$	$X = 1$
0	0	00/0	01/0
0	1	00/0	11/0
1	0	×	×
1	1	00/1	11/0

5）输出方程和状态转移方程

根据状态转移图中初态和次态之间的关系，可以建立起各级触发器输出 Q_i 和总输出的卡诺图，如图 6 - 24 所示。

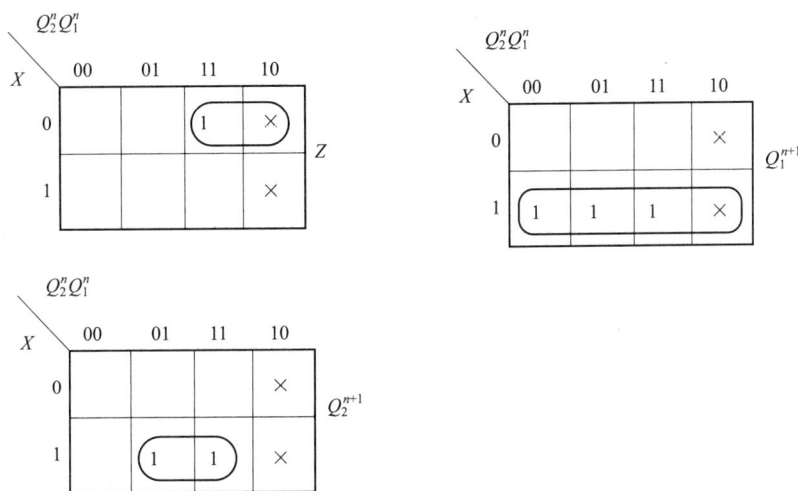

图 6 - 24　卡诺图

根据卡诺图化简，可以得出输出方程为

$$Z = \bar{X} Q_2^n$$

状态转移方程为

$$Q_1^{n+1} = X, \quad Q_2^{n+1} = X Q_1^n$$

6）自启动功能检验

在本例中以"10"状态为偏移状态，当 $X = 0$ 时，输出 $Z = \bar{X} Q_2^n = Q_2^n = 1$；触发器 FF_2 的

次态 $Q_2^{n+1} = XQ_1^n = 0$；触发器 FF_1 的次态 $Q_1^{n+1} = X = 0$，因此引入一个时钟脉冲 CP，可转入有效的次态 "00"（S_0 状态）。

当 $X = 1$ 时，输出 $Z = \bar{X}Q_2^n = 0$；触发器 FF_2 的次态 $Q_2^{n+1} = XQ_1^n = 0$；触发器 FF_1 的次态 $Q_1^{n+1} = X = 1$，因此引入一个时钟脉冲 CP，可转入有效的次态 "01"（S_1 状态）。

即该电路具备自启动功能。可以按照上述要求设计。

7）选择触发器类型并确定驱动方程

根据状态转移方程和触发器的特性方程对比，可以选择使用 JK 触发器或者 D 触发器，以 JK 触发器为例展开讨论。

由于 JK 触发器特性方程为

$$Q^{n+1} = J\bar{Q}^n + \bar{K}Q^n$$

按照特性方程的基本形式，对状态转移方程作简单变换，为

$$Q_2^{n+1} = XQ_1^n(\bar{Q}_2^n + Q_2^n) = XQ_1^n\bar{Q}_2^n + XQ_1^nQ_2^n$$

$$Q_1^{n+1} = X(\bar{Q}_1^n + Q_1^n) = X\bar{Q}_1^n + XQ_1^n$$

可推出各级触发器驱动方程为

$$J_2 = XQ_1^n, \quad \bar{K}_2 = XQ_1^n, \quad K_2 = \overline{XQ_1^n}$$

$$J_1 = X, \quad \bar{K}_1 = X, \quad K_1 = \bar{X}$$

8）画出电路图

由于设计的是同步时序逻辑电路，从题目中可知需要使用两个 JK 触发器，所以两个 JK 触发器的时钟用同一时钟信号控制，激励输入端按照驱动方程对应控制，即可得逻辑电路如图 6-25 所示。

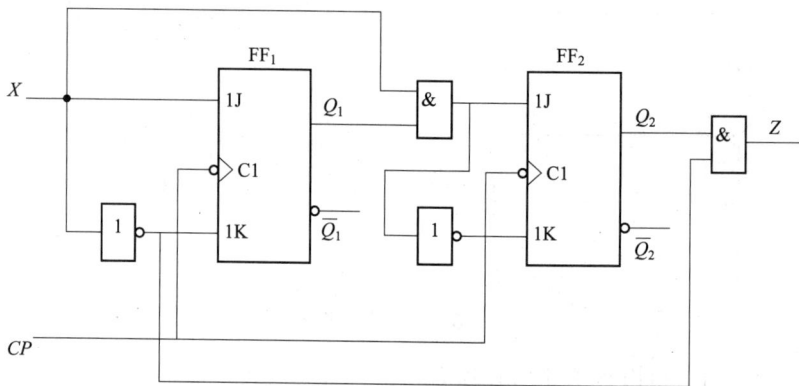

图 6-25　逻辑电路

注意：在自启动功能检验过程中，当电路不具备自启动功能时，如果不希望重新修改状态转移真值表，可以有另外一种简单方法，即直接选择带清零端的触发器，让电路直接从有效状态开始工作。根据状态转移图可知，只要电路进入到有效状态，就永远在有效状态循环，而不会进入到偏移状态，这样即便电路不具备自启动功能也不影响设计。

思考：请设计一个串行检测器，能检测到"111"这个序列，并且检测到序列时输出 1，否则输出 0。

从上述实例可以看出，在设计时序逻辑电路时，只要将编码的状态转移图或状态转移真值表获取，后续的问题就可以转换成已经熟悉的内容。下面结合以下几个常见应用，了解前面几个相对比较抽象的步骤。

应用 2：试设计一个同步八进制加计数器。

八进制加计数器，也就是状态转移图中包含 8 个有效状态，所以直接获取电路编码后的状态转移图如图 6 - 26 所示。

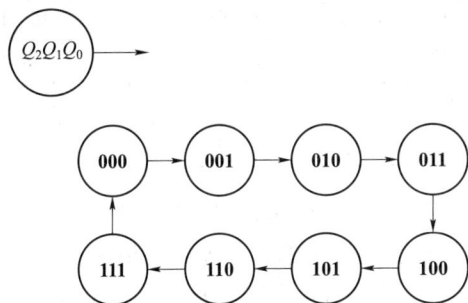

图 6 - 26　状态转移图

由此例可知，当可以从设计要求中直接判定电路逻辑状态数目时，在电路设计过程中可以略过前面几步，直接列出转移图，然后按照后续的方法步骤展开设计。

思考：请结合上例的方法，完成后续步骤。

应用 3：请设计一个自动售货机投币控制电路。

设计要求：自动售货机投币口 1 次只能投 1 枚硬币，可以投入 5 角或是 1 元的硬币。如果投满 1 元 5 角，则给出 1 瓶饮料；如果投满 2 元，则除了给一瓶饮料外还要找回 5 角零钱，试列出状态转移表。

解：（1）由于可以从投币口投入 5 角和 1 元硬币，因此该电路有两个外部输入，分别用 A、B 表示；由于从售货机中可以输出饮料或是找回零钱，因此有两个外部输出，用 Y、Z 表示。令：

$A = 1$ 表示投入 1 枚 1 元硬币；

$A = 0$ 表示没有投入 1 元硬币；

$B = 1$ 表示投入 1 枚 5 角硬币；

$B = 0$ 表示没有投入 5 角硬币；

$X = 0$ 表示没有找零；

$X = 1$ 表示找回 5 角零钱；

$Y = 0$ 表示没有饮料输出；

$Y = 1$ 表示输出饮料。

根据电路功能进行初始状态设定：

S_0——初态，此时没有任何输入；

S_1——投入5角硬币后进入此态，此时没有输出；

S_2——投入1元（包括一次性投入1元或是先后投入2枚5角），此时电路依旧没有输出。

在电路设计过程中只需要3个状态即可，可能有人会提出异议，那先后投一元5角或投2元的情况没有被考虑到。实际上只要投入1元5角，自动售货机就会输出饮料并回到S_0初态；只要投入2元，自动售货机就会输出饮料和零钱并回到S_0初态。

（2）根据题意，列出初始状态转移真值表如表6-12所示。

表6-12 初始状态转移真值表

初态	次态/输出 XY	次态/输出	次态/输出	次态/输出
	$AB = 00$	$AB = 01$	$AB = 10$	$AB = 11$
S_0	S_0/00	S_1/00	S_2/00	×/××
S_1	S_1/00	S_2/00	S_0/01	×/××
S_2	S_2/00	S_0/01	S_0/11	×/××

从真值表中可以看出没有等价状态存在，因此这就是最简状态转移真值表。

（3）编码，确定触发器数目。从最简状态转移真值表中可以看出控制电路需要设计3个状态，故编码位数只需2位，选择00、01、10、11中的3个编码值即可。当然编码方案的选择和分配方案不同，最终设计出来的电路结构肯定也是有差异的，在选择的过程中，要考虑能使电路尽量简化的方案。

假设S_0为00，S_1为01，S_2为10，则S_2为11是偏移状态，在画卡诺图时当作无关项处理，用×表示。根据编码可以得到对应的状态转移图或状态转移真值表，此处只列出后者，如表6-13所示。

表6-13 状态转移真值表

初态	次态/输出 XY	次态/输出	次态/输出	次态/输出
	$AB = 00$	$AB = 01$	$AB = 10$	$AB = 11$
00	00/00	01/00	10/00	×/××
01	01/00	10/00	00/01	×/××
10	10/00	00/01	00/11	×/××

练习：请根据状态转移真值表，列出对应卡诺图，并得到状态转移方程和输出方程，最终确定驱动方程，并画出电路结构图。

思考：如果现在饮料变成了3元1瓶，请列出初始状态转移真值表。

在上述时序逻辑电路设计过程中可以发现，用触发器来设计电路时，步骤过于烦琐且电路相对复杂。有时可以选择一些功能器件，让电路的设计更为简单。

6.5 常用时序逻辑电路

数字系统中常用的时序逻辑电路主要有寄存器和计数器。

寄存器，顾名思义就是用于寄存一组二值代码，N位寄存器由N个触发器组成，可存

放一组 N 位二值代码。对于寄存器中的触发器，只要求其中每个触发器可置 1、置 0 即可，因此可以使用任何类型的触发器来实现。寄存器通常分为两类，即数码寄存器和移位寄存器。数码寄存器是存储二进制数码、运算结果或指令等信息的电路。移位寄存器不但可存放数码，而且在移位脉冲作用下，寄存器中的数码可根据需要向左或向右移位。

利用寄存器不仅可以实现数码存储的功能，还能实现移位完成乘除运算，以及实现输入输出的串并转换及延迟输出等功能。根据这些特性，寄存器的常见应用有：

（1）运算中存储数码及运算结果。

（2）计算机的 CPU 由运算器、控制器、译码器、寄存器组成，其中就有数据寄存器、指令寄存器和一般寄存器。

具有存储功能的设备，一般很容易想到计算机的存储器。那么为何在计算机系统内部两者必须共存？主要原因是寄存器内存放的数码经常变更，且要求存取速度快，因此一般无法存放大量数据（类似于宾馆的贵重物品寄存、超级市场的存包处）。故而引用存储器以存放大量的数据，存储器最重要的要求是存储容量（类似于仓库）。

6.5.1　寄存器

（一）数码寄存器

数码寄存器具有接收、存放、输出和清除数码的功能。

如图 6 - 27 所示的电路能实现寄存 1 位数码的寄存单元，在时钟脉冲上升沿的作用下把输入信息存入到触发器中。将多片 1 位数码寄存器组合可以实现多位数码寄存器的功能。

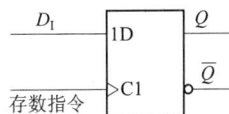

如图 6 - 28 所示电路中，使用了 4 个上升沿触发的 D 触发器，当时钟信号的上升沿这个接收指令（在计算机中称为写指令）到来时，D 触发器的输入被锁存，寄存器的输出就是输入数据 D（$D_3 D_2 D_1 D_0$）。此移位寄存器采用的是单拍工作方式，寄存器不需清除原有的数据，只要新的时钟信号到达，新的数据就会自动存入，覆盖原有的数据。

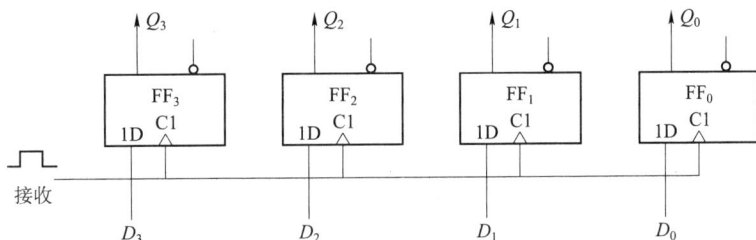

图 6 - 27　1 位数码寄存器

图 6 - 28　4 位数码寄存器

电路中，输入数据是由 CP 控制同时被锁存到触发器中，输出也基本上是同时给出的，触发器的这种工作方式叫作并行输入 - 并行输出方式。

从数码寄存器的工作过程中，可以看到数码寄存器除了完成数码存储的功能，同时还实现了输入输出的并 - 并转换。至于寄存器实现输入输出的串 - 串、串 - 并及并 - 串转换，将在后续的内容中进行阐述。数码寄存器常用 4D 型触发器 74LS175、6D 型触发器 74LS174、

8D 型触发器 74LS374 或 MSI 器件等实现。

（二）移位寄存器

移位寄存器除了具有寄存器的功能外，还具有移位功能。即所存储的代码在时钟信号的作用下可实现左移或右移。在数字电路系统中，由于运算（如二进制的乘除法）的需要，常常要求实现移位功能。移位寄存器还可以实现数据的串 - 并转换功能等。

移位寄存器又可以分为单向移位寄存器和双向移位寄存器。单向移位寄存器，是指仅具有左移功能或右移功能的移位寄存器。所以单向移位寄存器又分为左移移位寄存器和右移移位寄存器。

1. 右移移位寄存器

如图 6 - 29 所示的 4 位右移移位寄存器，从电路结构中可以看出只有一个外部输入端。将数码 1101 右移串行输入给寄存器（串行输入是指逐位依次输入），且在接收数码前，从输入端输入一个负脉冲把各触发器置为 0 状态（称为清零），可以得到如表 6 - 14 所示的状态转移真值表。

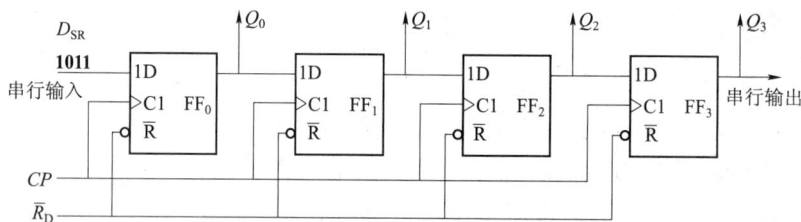

图 6 - 29 右移移位寄存器

表 6 - 14 移位寄存器状态转移真值表

CP 顺序	输入	输出			
0	1	0	0	0	0
1	1	1	0	0	0
2	0	1	1	0	0
3	1	0	1	1	0
4	0	1	0	1	1
5	0	0	1	0	1
6	0	0	0	1	0
7	0	0	0	0	1
8	0	0	0	0	0

从状态转移真值表中可以看出从右移串行输入端输入的 1011 的序列经过 4 个时钟周期才逐步锁存到 4 个触发器中，并且最先输入的 1 先存储在最左边的触发器 Q_0 中，隔一个时钟周期移入 Q_1 中，最终逐步移入 Q_2、Q_3 中。从移动方向看是逐步往右移动，因此被称为右移移位寄存器。

在右移移位寄存器中只有一个外部输入端 D_{SR}，若只使用一个外部输出端 Q_3，则在右移移位寄存器中实现了数据串 – 串转换，即串行输入 – 串行输出。这 4 位数据是经过 4 个周期先后从电路中输入，详见表 6 – 14 中 CP 顺序编号为 4~7 的输出。

并且从真值表中可以看到第一个周期输入的 1，经过 4 个周期才从电路中输出，故移位寄存器实现了脉冲节拍的延迟，即输入信号经过 4 个周期的延迟才输出。若是 n 位移位寄存器，则延迟 n 个周期，为了更好地理解延迟这一特性，可以从如图 6 – 30 所示的时序图中观察。

从图 6 – 30 的时序图中，可以看出串行输入端输入的每一位数据都经历了 4 个时钟才从 Q_3 输出。

思考：如何设计一个 n 位右移移位寄存器？为何右移移位寄存器可以完成除法功能？

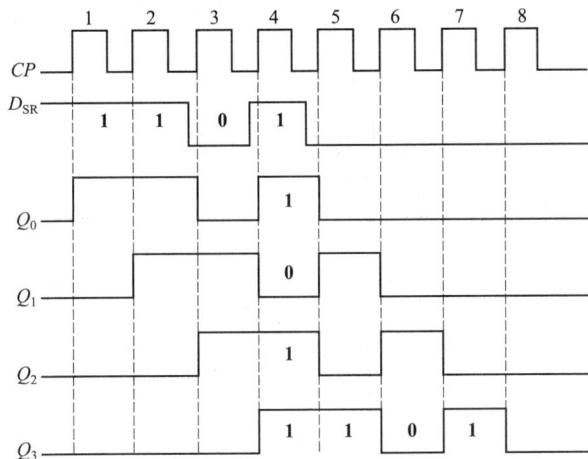

图 6 – 30　移位寄存器时序图

2. 左移移位寄存器

左移移位寄存器跟右移移位寄存器工作原理类似，最根本的差异就是移动的方向不同。

4 位左移移位寄存器的电路结构图如图 6 – 31 所示，从电路结构可以看出，依旧使用了 4 个上升沿触发的 D 触发器，只是串行输入端是从最右端低位输入，串行输出端是从最左端高位输出，因此移动方向为左，是左移移位寄存器。

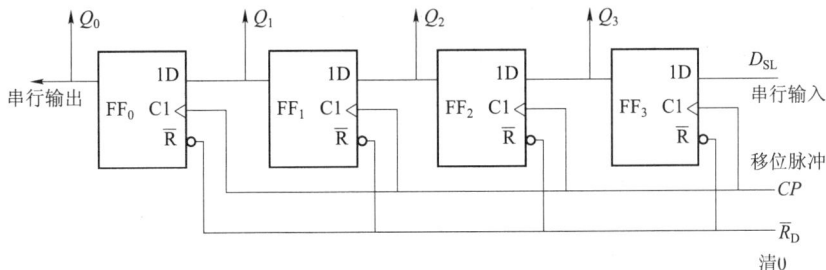

图 6 – 31　左移移位寄存器

假设从串行输入端依次输入的是 1011，寄存器在接收数码前已提前通过异步清零端对各个触发器清零，则该电路的状态转移真值表和时序图分别如表 6 – 15 和图 6 – 32 所示，请注意观察数据的移动方向，再次理解输入输出的节拍延迟特性。

表 6–15　左移移位寄存器状态转移真值表

CP 顺序	输入	输出			
0	1	0	0	0	0
1	0	0	0	0	1
2	1	0	0	1	0
3	1	0	1	0	1
4	0	1	0	1	1
5	0	0	1	1	0
6	0	1	1	0	0
7	0	1	0	0	0
8	0	0	0	0	0

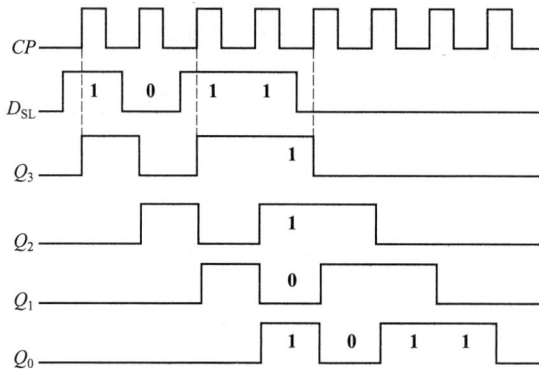

图 6–32　左移移位寄存器时序图

由上面的电路结构中可看出移位寄存器可应用于数码存储、左移右移实现运算、数据的延迟输出以及数据的串–串和并–并转换。

应用 1：采用移位寄存器实现串–并转换功能。

实现串–并转换，即同时有多个输出端，但一次只能输入一位数据，所以必须控制输入输出的速度，以保证电路输出端有足够数据输出。可考虑降低输出的速度，以匹配输入，因此需要加一个并行输出指令来控制输出端。只有当并行输出指令为有效信号时，移位寄存器的多个触发器才同时输出数码。该电路如图 6–33 所示。

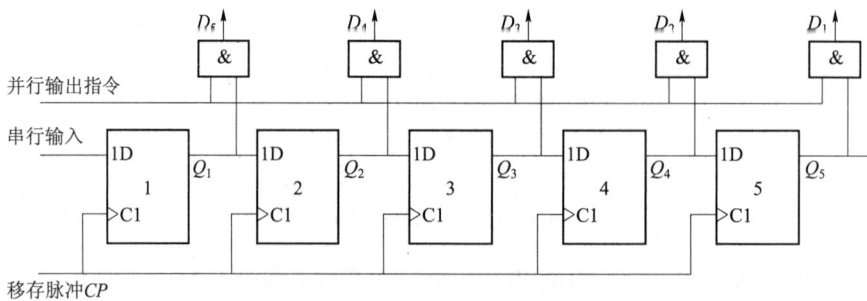

图 6–33　串–并转换电路

　　假设 5 个触发器从高位到低位的排列是 $Q_1Q_2Q_3Q_4Q_5$，则此电路的基本结构同右移移位寄存器的电路结构，只是在每个触发器输出端通过一个与门得到了 5 个不同的输出，所以该电路为串行输入 – 并行输出。

　　在 5 个触发器输出端处的各个与门的其中一个输入端，都是用并行输出指令信号 M 控制的。因此当 $M = 0$ 时，与门全部被锁定，各个输出端全输出 0；当串行输入端经过 5 个周期先后输入 5 位数据后，由于先后输入的 5 个数据分别被存储在 5 个触发器中，最先输入的数据被存储在最右边的触发器 Q_5 中，相应最后输入的数据被存储在触发器 Q_1 中，此时给一个输出指令，即令 $M = 1$，与门同时被打开，5 个数据同时从 5 个输出端输出，输出的是 $D_5D_4D_3D_2D_1$。

　　为了更直观地理解这个过程，通过如图 6 – 34 所示的时序图来观察。假设先后输入的是 10011，从时序图中可以看出经过 5 个周期后，在输出指令的控制下，电路中同时输出了 5 位数码。由于移位寄存器输入输出之间有延迟，最先输入的数据是从最低位 Q_5 输出，最后输入的数据反而从最高位 Q_1 输出。也就是从 $Q_1Q_2Q_3Q_4Q_5$ 中输出的是 11001 这组序列。

　　从上述分析过程可知，只要每隔 n 个周期，周期性地给出输出指令，该电路就可以完成 n 位数据的串 – 并转换。

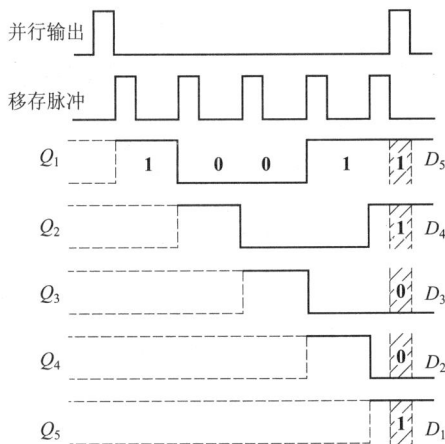

图 6 – 34　串并转换电路时序图

　　应用 2：采用移位寄存器实现并 – 串转换功能。

　　实现并 – 串转换，即同时有多个输入端，但一次只能输出一位数据，所以必须控制输入输出的速度，以保证电路输出端有足够时间将输入信号依次输出。即要考虑降低输入的速度，来匹配输出，因此需要加入并行取样信号来控制输入端。只有当并行输入指令为有效信号时，移位寄存器的多个触发器才同时接收外部数码。该电路如图 6 – 35 所示。

　　假设 5 个触发器从高位到低位的排列是 $Q_1Q_2Q_3Q_4Q_5$，则此电路的基本结构同右移移位寄存器的电路结构，只是在每个触发器输入端通过两个与非门控制，可以同时从外部接收 5 位数据，而电路中只有 1 个输出，所以该电路为并行输入 – 串行输出。

　　在 5 个触发器的输入端处的各个与门的其中一个输入端，都是用并行输入指令信号 M 控制。为了更好地对该电路的工作原理进行理解，结合如图 6 – 36 所示的时序图进行介绍。

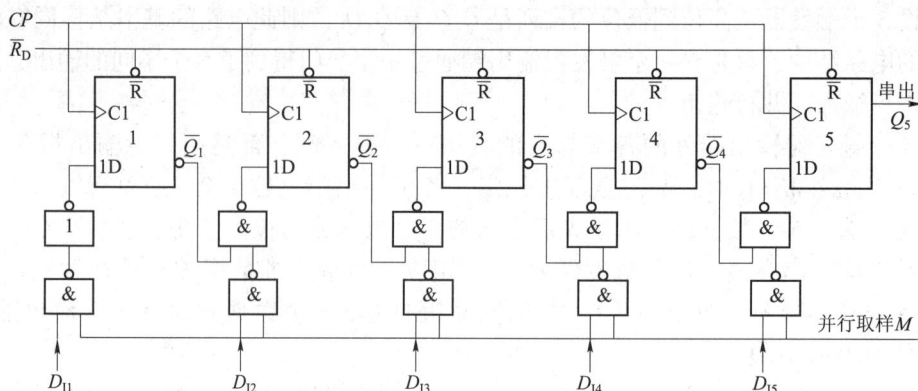

图 6 - 35　并 - 串转换电路

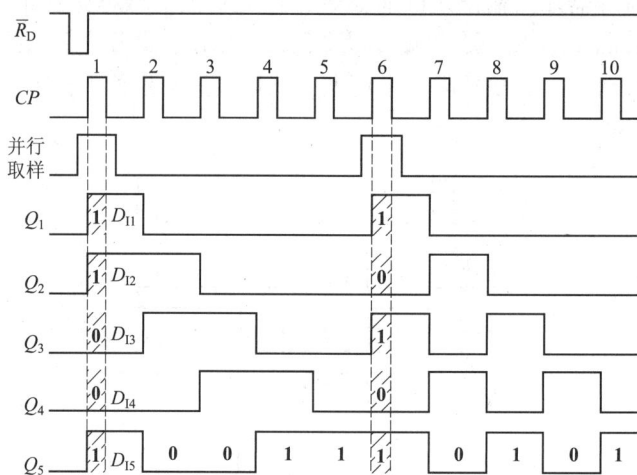

图 6 - 36　并 - 串转换电路时序图

在电路工作前，先通过异步清零信号让各个触发器清零，即 $Q_1 Q_2 Q_3 Q_4 Q_5$ 全输出 0，即 $\overline{Q} = 1$。

在清零后，加载并行取样信号，即当 $M = 1$ 时，靠下的与非门全输出 $\overline{D_{1i}}$，而 5 个触发器输入信号是在第 2 级，即靠上的与非门控制下产生的，由于 $\overline{Q_i} = 1$，即上面的 5 个与非门的输出也就是各个触发器的激励信号恰好就是 $D_{11} D_{12} D_{13} D_{14} D_{15}$。所以当 $M = 1$ 时电路完成了并行输入。

由于　次性输入了 5 个数据，电路 1 次只能从 Q_5 输出 1 位数据，因此取样信号只能 5 个周期加载 1 次，即随后的 4 个周期内，并行取样信号 $M = 0$。

当 $M = 0$ 时，靠下的与非门被锁定，输出全为 1，与并行输入端外部信号没有关系，经过第 2 级与非门的作用，各级触发器的驱动方程为 $D_1 = 0$，$D_2 = Q_1 = D_{11}$，$D_3 = Q_2 = D_{12}$，$D_4 = Q_3 = D_{13}$，$D_5 = Q_4 = D_{14}$，也就是各级触发器将刚才锁存的数据分别向右移位，最高位 Q_1 输出 0。经过 4 个周期的移位后，这 5 位数据先后从 Q_5 中输出，且按照 $D_{11} D_{12} D_{13} D_{14} D_{15}$ 的逆序输出，即 D_{15} 最先输出，D_{11} 最后输出。并且在移位过程中最高位 Q_1 始终输出 0，4 个周期后，前 4 个触发器都存储了 0 这个数码，以方便在第 2 次取样信号到达时再次实现并行输入。

从上述分析过程可知，只要每隔 n 个周期，周期性地给出并行取样指令，该电路就可以

完成 n 位数据的并 – 串转换。

3. 双向移位寄存器

在单向移位寄存器的基础上，增加由门电路组成的控制电路可以实现双向移位寄存器。74LS194 为常见的集成 4 位双向移位寄存器。与 74LS194 的逻辑功能和外引脚排列都兼容的芯片有 CC40194、CC4022 和 74198 等。74LS194 详细逻辑电路如图 6 – 37 所示，电路逻辑符号如图 6 – 38 所示。

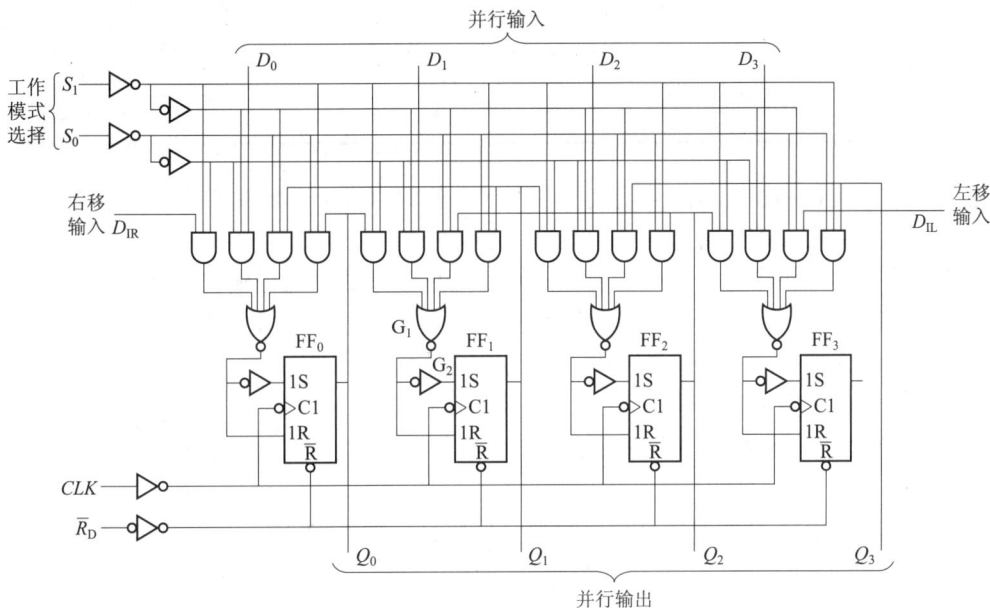

图 6 – 37　双向移位寄存器 74LS194 逻辑电路

74LS194 可以实现左移、右移，并行输入、保持和异步清零（复位）等功能。由于电路中 4 个触发器都是带清零端的触发器，因此当 $\overline{R}_D = 0$ 时，4 个触发器都清零，即移位寄存器工作在清零的模式。该清零端是低电平有效，并且清零端不受控于时钟信号，称异步清零端。

在清零信号无效时，在电路工作模式控制信号 S_1、S_2 的作用下，当 $S_1 S_2 = 00$ 时，在门电路的控制下，4 个触发器的驱动信号为各自的初态。因此在时钟脉冲上升沿到达时，状态不变。

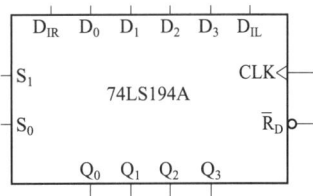

图 6 – 38　74LS194 电路逻辑符号

当 $S_1 S_2 = 01$ 时，在门电路的控制下，4 个触发器的驱动信号为左边触发器的初态，即 $S_i = Q_{i-1}$，而最左边的触发器 $S_0 = D_{IR}$。因此在时钟脉冲上升沿到达时，移位寄存器处于右移的状态。

当 $S_1 S_2 = 10$ 时，在门电路的控制下，4 个触发器的驱动信号为右边触发器的初态，即 $S_i = Q_{i+1}$，而最右边的触发器 $S_3 = D_{IL}$。因此在时钟脉冲上升沿到达时，移位寄存器处于左移的状态。

当 $S_1 S_2 = 11$ 时，在门电路的控制下，4 个触发器的驱动信号为 D_i，即 $S_i = D_i$，因此在时钟脉冲上升沿到达时，各触发器的输出就为 D_i，即移位寄存器处于保持的状态。

根据上面的分析，可以列出 74LS194 的功能表，如表 6 – 16 所示。1 片 74LS194 只能实现 4 位的双向移位寄存器，如果想要扩展成 8 位的双向移位寄存器，只需用 2 片 74LS194 即可。

表 6 - 16　74LS194 的功能表

$\overline{R}_D$	S_1	S_0	工作状态
0	×	×	置零
1	0	0	保持
1	0	1	右移
1	1	0	左移
1	1	1	并行输入

思考：结合表 6 - 16 所示的功能表，在处于右移的时候 4 个触发器的输出是什么？左移时呢？左移、右移输入端何时有效？并行输入端呢？

要完成 8 位移位寄存器的功能扩展，只需要把高位片的最低位输出端 Q_3 用来控制低位片的右移输入端 D_{IR}，将低位片的最高位输出端 Q_0 用来控制高位片的左移输入端 D_{IL}，同时把各片的并行输入端分别用 8 位外部输入控制，同时把 2 片 74LS194 上剩下的时钟源、工作模式控制信号和清零端分别并联即可。其逻辑电路如图 6 - 39 所示。

思考 1：请结合电路结构图和功能表给出详细分析过程，解释此电路为何具备 8 位移位双向寄存器的功能？

思考 2：如果是 12 位的双向移位寄存器，电路又该如何设计？

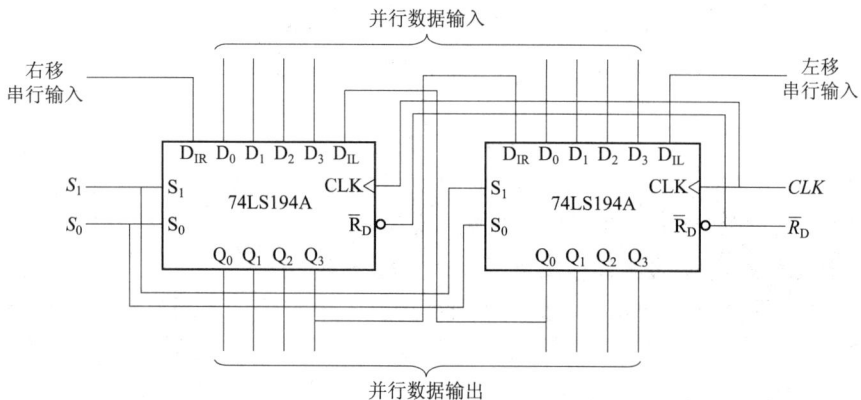

图 6 - 39　8 位双向移位寄存器逻辑电路

应用：产生序列发生器。

序列脉冲信号是在同步脉冲的作用下，按一定周期循环产生的一组二进制信号。它广泛用于数字设备测试、通信和遥控中的识别信号或基准信号等。

如图 6 - 40 所示为利用 74LS194 产生序列 0000111100001111…，即每隔 8 位重复 1 次 00001111，称为 8 位序列脉冲信号。序列从 Q_3 输出。如图 6 - 41 所示为该电路的输入信号时序图。

在刚通电时，电路在清零信号的作用下处于清零的状态，并且之后处于右移的工作状态。右移输入端是由 Q_3 经过非门控制的，即最初 D_{IR} 为 1，则右移输入端的 1 先移入 Q_0，经过 4 个周期移入 Q_3，导致 D_{IR} 变为 0。因为也是经过 4 个周期移入，所以 Q_3 周期性输出00001111，如图 6 – 41 所示。

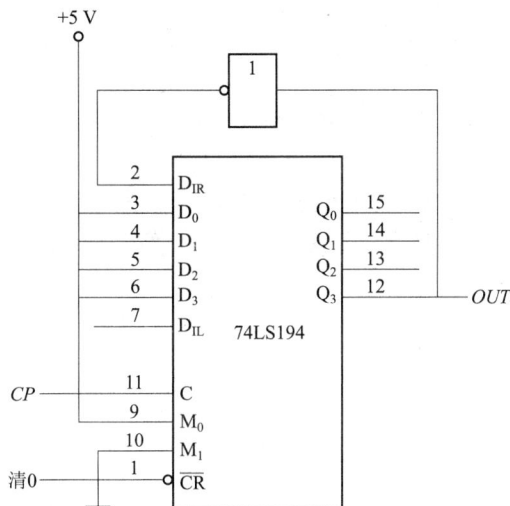

图 6 – 40 8 位序列发生器

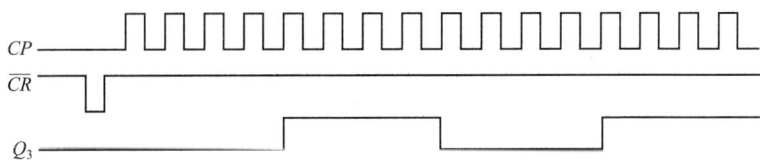

图 6 – 41 8 位序列发生器输入信号

6.5.2 计数器

在数字系统和电子计算机中，计数器被频繁使用于脉冲个数计数，以实现对数字测量、运算及控制。因此，计数器广泛应用于定时、分频、控制和信号产生等各种数字逻辑应用场合。

计数器种类非常繁多，根据不同的分类方式有不同的分类结果。

1. 按计数器中触发器的时钟是否同步分类

若计数器中各级触发器是由同一时钟信号控制，则称为同步计数器；若是由不同的时钟控制，则称异步计数器。

2. 按照计数器计数体制分类

若由 n 个触发器组成的计数器，在计数过程中按照二进制自然态序循环遍历了 2^n 个状态，则称为二进制计数器；否则称非二进制计数器，如七进制计数器、十进制计数器。由于 n 位二进制计数器可以计 2^n 个数，所以又可称为 2^n 进制计数器。

3. 按计数状态变化规律分类

若计数时，是按照递增的规律来计数，则称为加计数器；若按照递减的规律来计数，则称为减计数器。

（一）异步二进制计数器

异步计数器电路中，触发器不使用统一的时钟脉冲源，每个触发器状态的翻转不一定与时钟脉冲同步进行。

1. 加计数器

在设计异步二进制计数器时必须满足二进制加法原则，即逢二进一（$1+1=10$，Q 由 $1\rightarrow0$ 时有进位。）

组成二进制加法计数器时，各触发器应当满足：

（1）每输入一个计数脉冲，触发器应当翻转一次（即用 T' 触发器）；

（2）当低位触发器由 1 变为 0 时，应输出一个进位信号加到相邻高位触发器的计数输入端。

现以 3 位二进制加计数器为例介绍异步计数器的工作特点，其逻辑电路如图 6-42 所示。

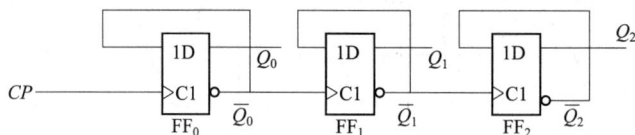

图 6-42　3 位异步二进制加计数器逻辑电路

该电路使用了 3 个上升沿触发的 D 触发器，并且每个触发器的时钟信号都是不一样的，因此这是一个异步的时序逻辑电路。

（1）根据电路图，可列出各触发器驱动方程为

$$D_2 = \overline{Q}_2^n, \quad D_1 = \overline{Q}_1^n, \quad D_0 = \overline{Q}_0^n$$

（2）列出状态方程。因为 D 触发器的特性方程为 $Q^{n+1} = D$，因此可得各触发器的状态方程逻辑表达式为

$$Q_2^{n+1} = D_2 = \overline{Q}_2^n, CP_2 = \overline{Q}_1^n$$

$$Q_1^{n+1} = D_1 = \overline{Q}_1^n, CP_1 = \overline{Q}_0^n$$

$$Q_0^{n+1} = D_0 = \overline{Q}_0^n, CP_0 = CP$$

注意：$CP_1 = \overline{Q}_0^n \uparrow$ 相当于 $Q_0^n \downarrow$，CP_2 同理。

（3）状态转移图如图 6-43 所示。

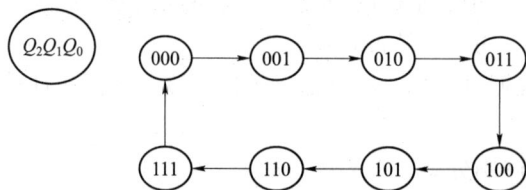

图 6-43　状态转移图

（4）时序图如图 6-44 所示。

结合状态转移图和时序图，可以看出如果计数器从 000 状态开始计数，在第 8 个计数脉冲输入后，计数器又重新回到 000 状态，完成了一次计数循环。所以该计数器又称八进制加法计数器或称为模 8 加法计数器。

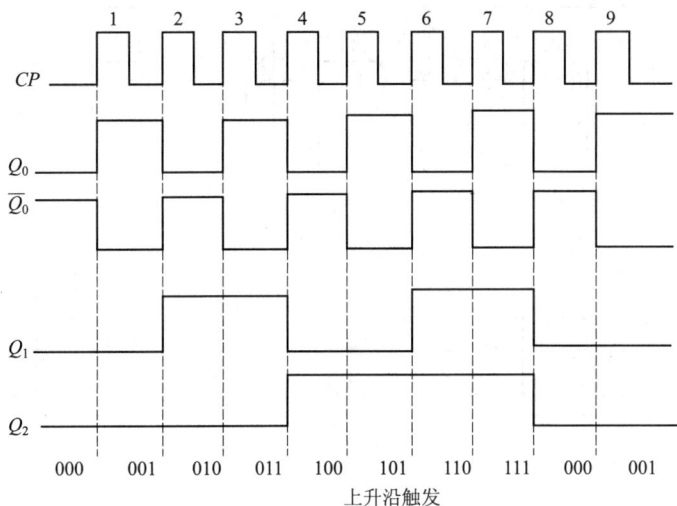

图 6 – 44　时序图

如果计数脉冲 CP 的频率为 f_0，那么 Q_0 输出波形的频率为 $f_0/2$，Q_1 输出波形的频率为 $f_0/4$，Q_2 输出波形的频率为 $f_0/8$。说明计数器除具有计数功能外，还具有分频的功能。

思考：如果用下降沿触发的 JK 触发器来实现相同的功能，该电路如何设计？

2. 减计数器

减计数器必须满足二进制数的减法运算规则：$0-1$ 不够减，应向相邻高位借位，即 $10-1=01$。

组成二进制减法计数器时，各触发器应当满足：

（1）每输入一个计数脉冲，触发器应当翻转一次（即用 T' 触发器）；

（2）当低位触发器由 0 变为 1 时，应输出一个借位信号加到相邻高位触发器的计数输入端。

如图 6 – 45 所示的两个电路结构都是 3 位二进制减计数器，只是图 6 – 45（a）所示的电路是用上升沿触发的 D 触发器构成的，图 6 – 45（b）所示的电路是用下降沿触发的 JK 触发器构成的，二者功能都是一致的。下面以由上升沿触发的 D 触发器构成的电路为例进行分析。

（1）列写驱动方程，为

$$D_0 = \overline{Q}_0^n, \quad CP_0 = CP\uparrow$$
$$D_1 = \overline{Q}_1^n, \quad CP_1 = Q_0^n\uparrow$$
$$D_2 = \overline{Q}_2^n, \quad CP_2 = Q_1^n\uparrow$$

（2）列写状态方程，为

$$Q_0^{n+1} = D_0 = \overline{Q}_0^n$$
$$Q_1^{n+1} = D_1 = \overline{Q}_1^n$$
$$Q_2^{n+1} = D_2 = \overline{Q}_2^n$$

上升沿触发

（a）

下降沿触发

（b）

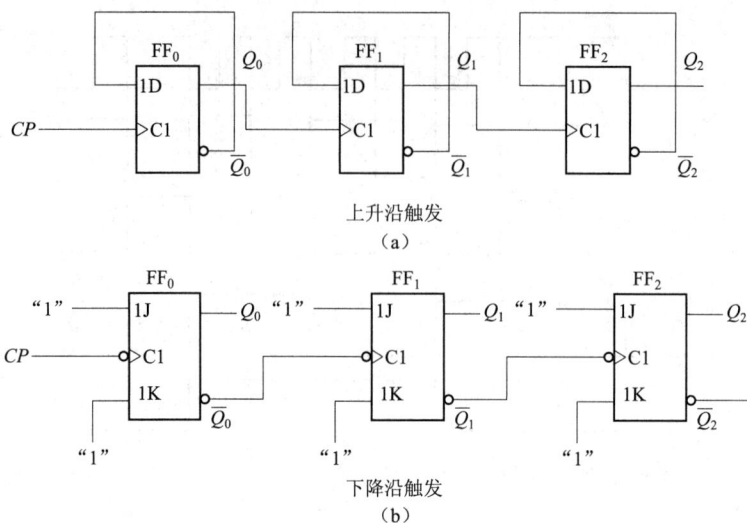

图 6 - 45　3 位异步二进制减计数器

（3）画出状态转移图，如图 6 - 46 所示。

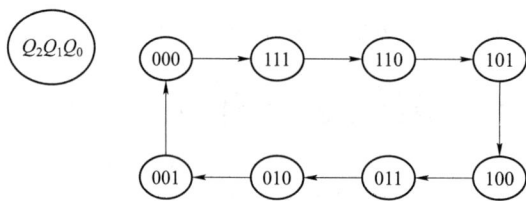

图 6 - 46　状态转移图

（4）画出时序图，如图 6 - 47 所示。

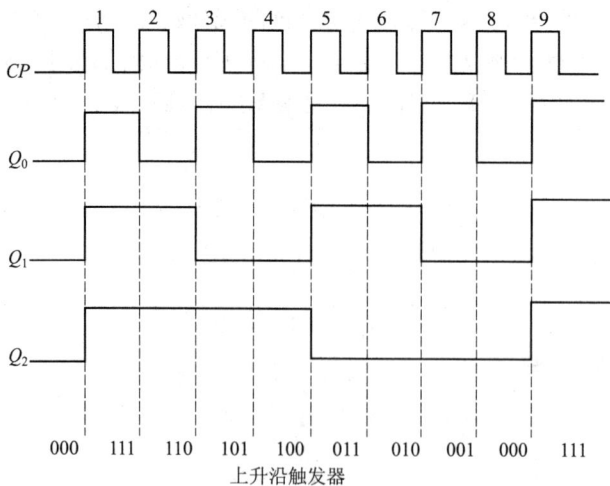

000　111　110　101　100　011　010　001　000　111

上升沿触发器

图 6 - 47　时序图

结合状态转移图和时序图，可以看出如果计数器从 000 状态开始计数，在第 8 个计数脉冲输入后，计数器又重新回到 000 状态，完成了一次计数循环并且各个状态之间是按照递减的规律在变化。所以该计数器又称八进制减法计数器或称为模 8 减法计数器。

结合上面逻辑电路可以归纳出异步二进制计数器的构成方法：

（1）N 位异步二进制计数器由 N 个计数型（T'）触发器组成；

（2）若采用下降沿触发的触发器；则加法计数器的进位信号从 Q 端引出，减法计数器的借位信号从 $\overline{Q}$ 端引出；

（3）若采用上升沿触发的触发器，则加法计数器的进位信号从 $\overline{Q}$ 端引出，减法计数器的借位信号从 Q 端引出。

异步二进制计数器电路结构相对比较简单，但由于进位（借位）信号是逐级产生的，因此工作频率不能太高。

（二）同步二进制计数器

同步计数器中，各触发器使用的是同一个时钟信号，因此他们的翻转与时钟脉冲同步。相对于异步计数器速度慢的缺陷，同步计数器的工作速度较快，工作频率也较高。

1. 同步二进制加法计数器

1）设计思想

（1）所有触发器的时钟控制端均由计数脉冲 CP 控制，CP 的每一个触发沿都会使所有的触发器状态更新。

（2）应控制触发器的输入端，可将触发器接成 T 触发器。当低位不向高位进位时，令高位触发器的 $T = 0$，触发器状态保持不变；当低位向高位进位时，令高位触发器的 $T = 1$，触发器翻转，计数器加 1。

2）具体设计

当低位全 1 时再加 1，则低位向高位进位。

$$1 + 1 = 10$$
$$11 + 1 = 100$$
$$111 + 1 = 1000$$
$$1111 + 1 = 10000$$

可得到 T 的表达式为

$$T_0 = J_0 = K_0 = 1$$
$$T_1 = J_1 = K_1 = Q_0$$
$$T_2 = J_2 = K_2 = Q_1 Q_0$$
$$T_3 = J_3 = K_3 = Q_2 Q_1 Q_0$$

根据上述设计思路，可以得出 4 位同步二进制加计数器的逻辑电路如图 6 - 48 所示，电路使用了 4 个 JK 触发器，由于驱动信号 JK 是由同一个信号控制，因此该 JK 触发器是当成 T 触发器使用的。在触发器中引入了清零控制端，可以让计数器实现复位功能，即从 0 开始计数。电路中的 Z 是进位输出端。

按照时序逻辑电路的分析方法，可以得到如图 6 - 49 所示的时序图，中间步骤省略。

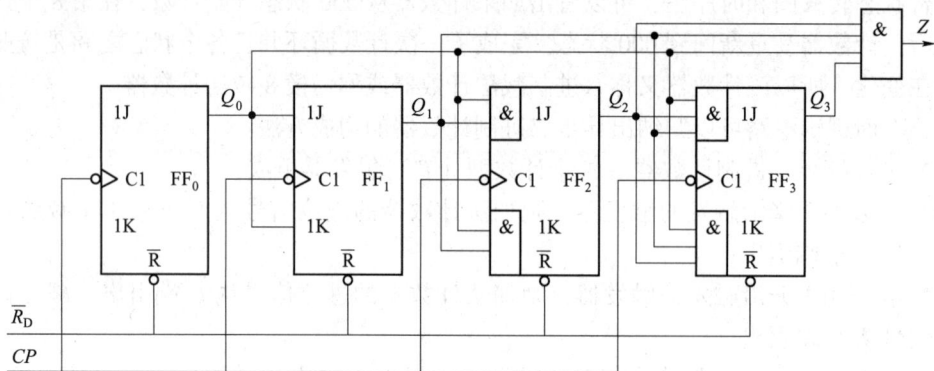

图 6-48 4 位同步二进制计数器逻辑电路

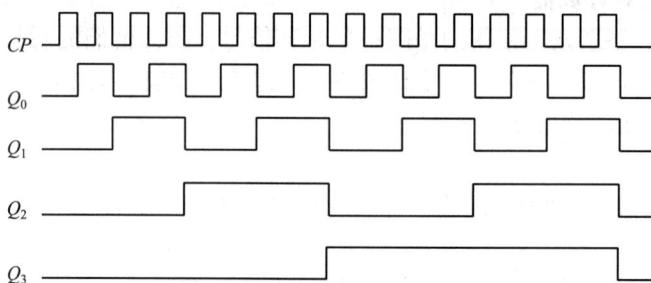

图 6-49 时序图

结合时序图，可以看出如果计数器从 0000 状态开始计数，则在第 16 个计数脉冲输入后，计数器又重新回到 0000 状态，完成一次计数循环并且各个状态之间按照递加的规律在变化。所以该计数器又称为十六进制加法计数器或称为模 16 加法计数器。

2. 同步二进制减法计数器

结合加计数器的设计思想，可以对应得出减计数器的设计思路。

1）设计思想

（1）所有触发器的时钟控制端均由计数脉冲 CP 控制，CP 的每一个触发沿都会使所有的触发器状态更新。

（2）应控制触发器的输入端，可将触发器接成 T 触发器。当低位不向高位借位时，令高位触发器的 $T-0$，触发器状态保持不变；当低位向高位借位时，令高位触发器的 $T-1$，触发器翻转，计数器减 1。

2）具体设计

触发器的翻转条件是：当低位触发器的 Q 端全 1 时再减 1，则低位向高位借位。

$$10-1=1$$
$$100-1=11$$
$$1000-1=111$$
$$10000-1=1111$$

可得到 T 的表达式为

$$T_0 = J_0 = K_0 = 1$$
$$T_1 = J_1 = K_1 = \overline{Q_0}$$
$$T_2 = J_2 = K_2 = \overline{Q_1}\,\overline{Q_0}$$
$$T_3 = J_3 = K_3 = \overline{Q_2}\,\overline{Q_1}\,\overline{Q_0}$$

思考： 根据上述的设计思路，请画出 4 位同步二进制减计数器的逻辑电路。

对于非二进制计数器，之前的时序逻辑电路分析过程中已列举了很多，在此不予重复叙述。

（三）集成二进制计数器

常见的集成二进制计数器的集成芯片有很多，比如 74LS161、74LS160、74LS163、74LS190、74LS191、74LS290 等，本教材只介绍 74LS161 和 74LS160 这两个芯片，这两者的功能完全一致，只是在计数工作状态时，前者是十六进制的计数器，而后者是十进制的计数器。74LS190 和 74LS191 是双向的加减计数器，两者也只是计数体制的不同，前者是十进制，后者是十六进制。

如图 6 – 50 所示为中规模集成的 4 位同步二进制计数器（即 74LS161）的逻辑电路。除了计数，在控制端口的作用下，它还有清零，置数保持的功能。在电路中 $\overline{R_D}$ 为清零端，$\overline{LD}$ 为置数端，ET、EP 为计数控制端，$D_0 \sim D_3$ 为并行输入端。

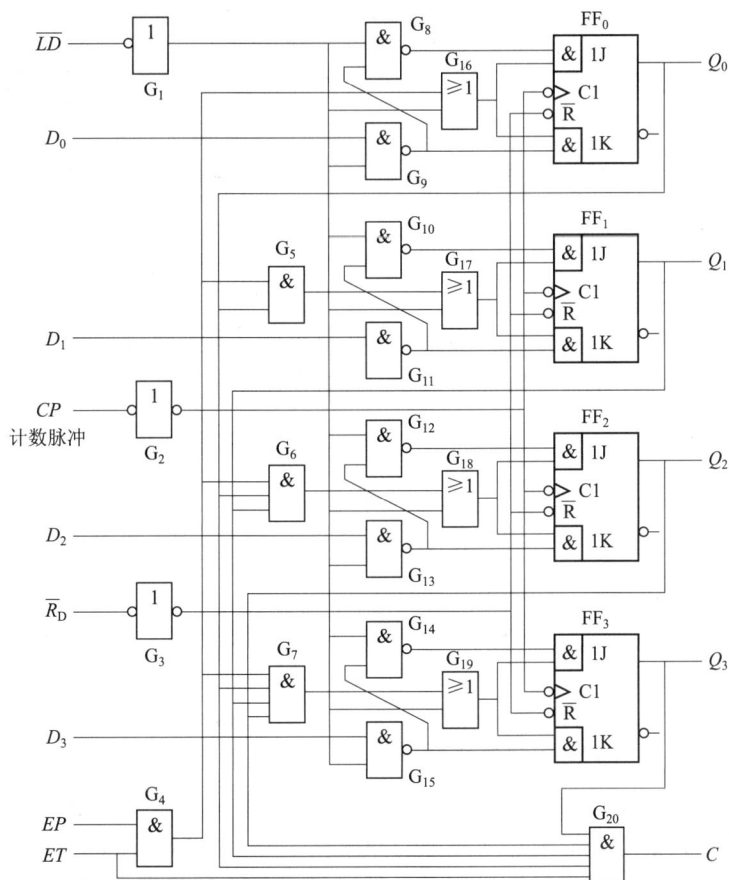

图 6 – 50　中规模集成的 4 位同步二进制计数器逻辑电路

由于 $\overline{R}_\mathrm{D}$ 直接控制 4 个触发器的清零端，不受控于时钟信号，所以当 $\overline{R}_\mathrm{D}=0$ 时，电路处于清零的工作状态，称这个清零端是异步清零并且是低电平有效。

当 $\overline{R}_\mathrm{D}=1$，并且 $\overline{LD}=0$ 时，电路在时钟信号的作用下处于置数的工作状态，在时钟脉冲上升沿到达时置数一次，$Q_3Q_2Q_1Q_0=D_3D_2D_1D_0$。因为置数端要受控于时钟信号，并且是低电平有效，所以把置数端称为同步置数端。

当 $\overline{R}_\mathrm{D}=1$，$\overline{LD}=1$，$ET=1$，$EP=0$ 时，电路处于保持的状态，即该电路的所有输出都保持不变，包括进位输出端 C。

当 $\overline{R}_\mathrm{D}=1$，$\overline{LD}=1$，$ET=0$ 时，电路仍然处于保持的状态，但是 $C=0$，也就是只有 4 个触发器的输出保持不变。

当 $\overline{R}_\mathrm{D}=1$，$\overline{LD}=1$，$ET=1$，$EP=1$ 时，在时钟脉冲上升沿的作用下，电路处于 4 位二进制加计数的工作状态，也就是触发器的输出在 0000～1111 这 16 个状态中循环递加变化，当然计数的初始状态可能是这 16 个状态中的任意一个状态。

根据上述分析过程可以归纳出 74LS161 的功能，如表 6-17 所示。

表 6-17 74LS161 功能表

CP	$\overline{R}_\mathrm{D}$	$\overline{LD}$	ET	EP	工作状态
×	0	×	×	×	异步清零
⎍	1	0	×	×	同步置数
×	1	1	1	0	保持（C 同）
×	1	1	0	×	保持（$C=0$）
⎍	1	1	1	1	计数

由于 74LS161 可以工作在这 4 种不同的工作状态下，只要通过控制其计数初始状态，即利用清零端或者置数端来跳过它的计数状态，就可以用它来实现任意进制的计数器。

74LS160 的功能与 74LS161 完全一样，唯一的区别是在计数状态时，74LS160 是十进制的。

74LS161/160 的应用——实现任意进制的计数器。

如果只用 1 片 74LS161 则只能实现十六进制的计数器。若要实现小于十六进制的计数器，就得利用清零端或者置数端跳过其计数状态。

若使用的是清零端则称为反馈复位法，由于清零端是异步清零，即清零端输入有效电平时是立即清零，因此用于产生清零信号的状态是 N 进制计数器最后一个计数状态的下一个状态。即如果实现十进制计数器，则正常计数状态是 0000～1001，产生清零信号的状态是 1010。这个控制方式适用于所有的异步控制端。

若使用的是置数端则称为反馈预置法，由于置数端是同步置数，即置数端输入有效电平时还要等到时钟脉冲的上升沿到达才置数，因此用于产生置数信号的状态是 N 进制计数器最后一个计数状态。即如果实现十进制计数器，则正常计数状态是 0000～1001，产生置数信号的状态是 1001。并且置数时接收的并行输入端的信号即为计数的初始状态。这个控制方式适用于所有的同步控制端。

例 6 - 6　请用 74LS161 实现十进制的计数器。

解 1　反馈复位法。

先列出状态转移图如图 6 - 51 所示。

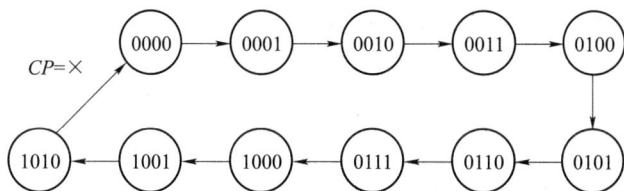

图 6 - 51　状态转移图

在状态转移图中出现了 11 个状态,不是出了差错,而是由于清零端是异步清零,所以 1010 这个状态只存在一瞬间。并产生清零信号使电路立即回到 0000 状态。这一瞬间人的感官基本感受不到。

由于 74LS161 在正常情况下是十六进制的计数器,因此要实现十进制计数器,它应该在计数到 10 后清零一次,又重新开始计数,也就是该电路工作在清零和计数的两种工作状态。通过查阅功能表可知,$\overline{LD}$、ET、EP 等都可以直接用常量 1 控制,而清零时 $\overline{R}_D = 0$,计数时 $\overline{R}_D = 1$,因此清零端得用 1010 这个状态产生的控制信号来控制满足其工作要求,即 $\overline{R}_D = \overline{Q_3 Q_1}$。因为不管在清零还是计数的状态,并行输入端都没有用,所以 $D_3 D_2 D_1 D_0$ 可以悬空,或者用任意信号控制。根据上述分析过程可以得到逻辑电路如图 6 - 52 所示。

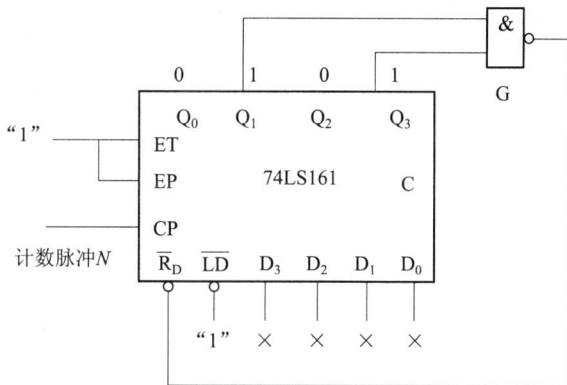

图 6 - 52　十进制计数器

解 2　反馈预置法。

因为电路要实现的是十进制的计数器,所以状态转移图如图 6 - 53 所示。

由于置数端是同步置数,因此产生置数的是 1001 状态,并且 74LS161 处于计数和置数两种工作状态。根据功能表可以得出 $\overline{R}_D = 1$,$ET = EP = 1$,置数端应该在置数时为 0,计数时为 1,即置数端应该用一个变量来控制,也就是电路在 1001 状态时产生这个置数信号,即 $\overline{LD} = \overline{Q_3 Q_0}$。并行输入端在置数时有效,计数时无效,则按照置数时工作状态来控制即可,

即 $D_3D_2D_1D_0 = 0000$，也就是用计数的初始状态来控制。根据上述分析过程可以得到如图 6-54 所示的逻辑电路。

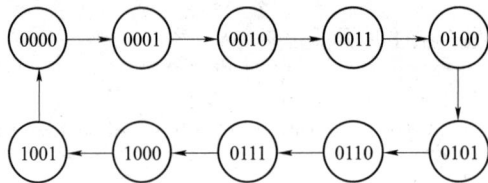

图 6-53　状态转移图

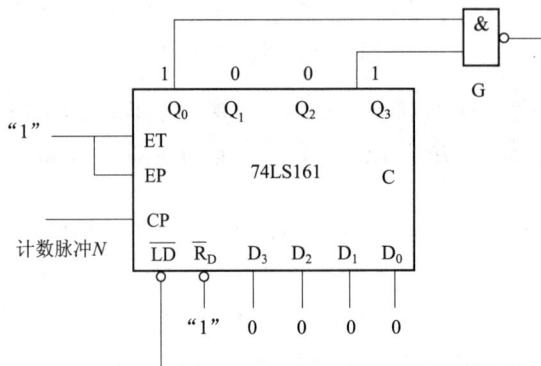

图 6-54　十进制计数器

从上述的设计过程，可以归纳出 1 片的计数器实现 N 进制计数器的方法，该方法步骤适用于所有的芯片，即：

（1）列出状态转移图。

（2）选择跳过计数状态的控制端口，若该控制端口是异步控制端，则用最后一个计数状态的下一个状态产生控制信号；若该控制端口是同步控制端，则用最后一个计数状态产生控制信号。

（3）若该控制端口是高电平有效，则把产生控制信号的状态中为 1 的那些输出端接入与门；若该控制端口是低电平有效，则把产生控制信号的状态中为 1 的那些输出端接入与非门。

（4）将计数控制端接入有效电平。

（5）将剩下的控制端口接入无效电平。

（6）至于并行输入端 D_i，则根据第（2）步选择的控制端来决定。若选的清零端，则悬空；若选的是置数端，则用计数初始状态控制。

如果要实现 17~256 进制的计数器只能用 2 片 74LS161 实现功能扩展。若是 2 片 74LS160 则可以扩展成 11~100 进制的计数器。下面以 74LS160 为例介绍 100 进制计数器实现过程，其逻辑电路如图 6-55 所示。

从左边的低位片即编号为（1）的 74LS160 可以看出它在时钟信号的作用下一直处于十进制计数的工作状态；而高位片即编号为（2）的 74LS160 由于计数控制端 ET 和 EP 是用低

位片的进位输出端控制的，也就是它们交替工作在保持和计数的工作状态，即低位片计数到 1001 时，$ET = EP = 1$，等到时钟信号上升沿到达时，低位片从 1001 变成 0000，高位片计数 1 次。也就是低位片每计数 10 次高位片计数 1 次，即在高位片完成 10 次计数后，该电路实际计数 100 次，因此该电路是 100 进制的计数器。

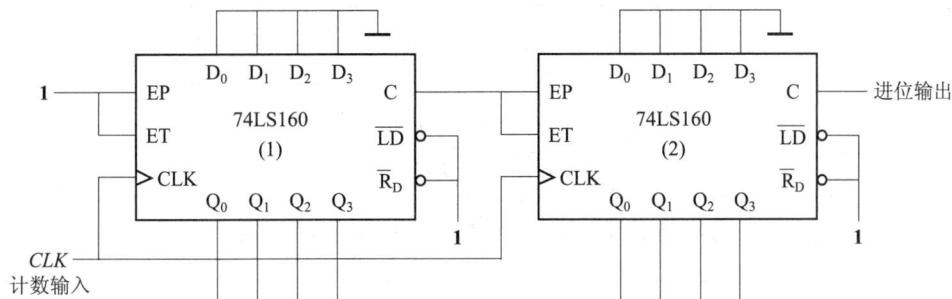

图 6 – 55　并行进位法实现的 100 进制计数器逻辑电路

在图 6 – 55 中两片 74LS160 用同一时钟信号控制，因此称为并行进位法。100 进制的计数器还可以采用串行计数法来实现。逻辑电路如图 6 – 56 所示。

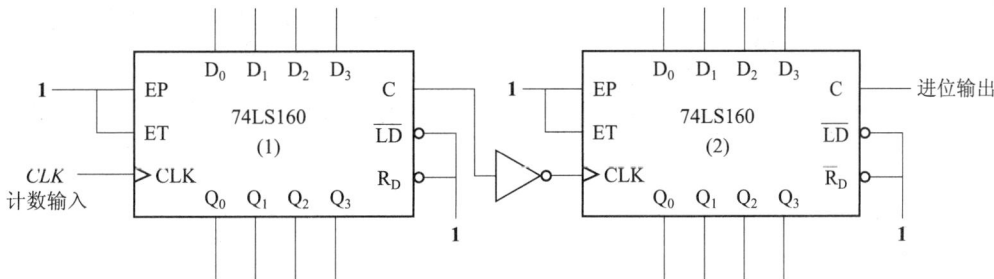

图 6 – 56　串行进位法的 100 进制计数器逻辑电路

从图 6 – 56 可以看出低位片即编号为（1）的 74LS160 和高位片即编号为（2）的 74LS160 在时钟信号的作用下一直处于十进制计数的工作状态，只是两者的时钟源不同。低位片是用外部时钟信号控制的，高位片是用低位片的进位输出经过非门作为它的时钟源，即进位输出的下降沿到达时才计数 1 次，也就是低位片从 1001 变为 0000 的瞬间高位片计数 1 次。因为高位片仍在低位片每计数 10 次才计数 1 次，即在高位片完成 10 次计数后，该电路实际计数 100 次，因此该电路是 100 进制的计数器。

思考：如何用两片 74LS161 实现 256 进制的计数器？

在 100 进制或者 256 进制逻辑电路的基础上，实现小于 100 或是小于 256 进制的计数器方法与用一片 74LS161 实现十六进制的计数器方法雷同。

应用：请用 74LS160 实现 29 进制的计数器。

分析过程略，直接给出如图 6 – 57 和图 6 – 58 所示的逻辑电路，请结合电路结构和功能表来分析为什么这个电路完成的是 29 进制的计数功能。

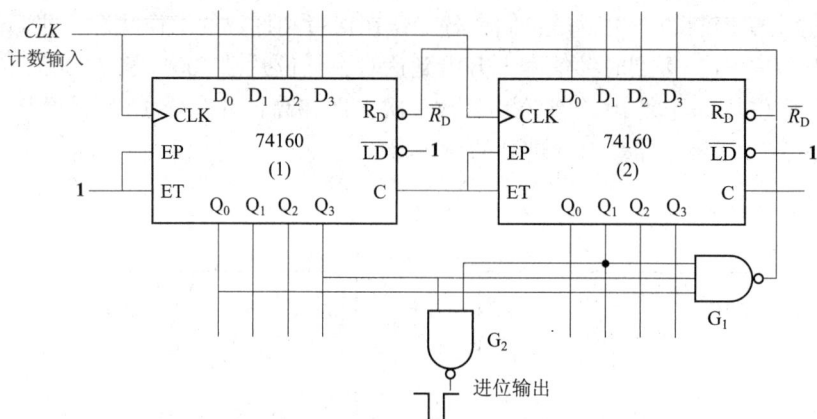

图 6 - 57　整体清零实现 29 进制计数器电路结构

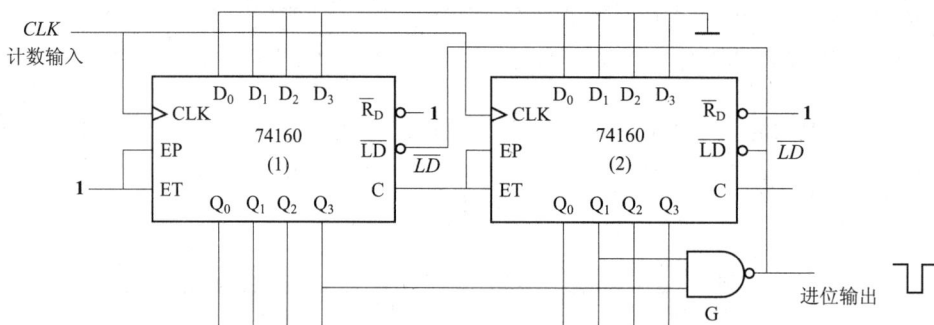

图 6 - 58　整体置数实现 29 进制计数器电路结构

● 本章小结

触发器是时序逻辑电路中的基本存储单元。其基本特点是可以记忆一位二进制信息。

由于激励信号的不同，各类触发器在功能上有些差异，将触发器分为 *RS*、*D*、*JK*、*T* 触发器 4 类。掌握各类触发器的功能描述方法如特性方程、状态转移真值表、状态转移图、时序图等。

由于触发方式的不同，触发器可以分为基本触发器、同步触发器、主从触发器和边沿触发器。掌握各类触发器的触发方式，其状态在什么时候才能改变。从使用的方便性以及性能上来考虑边沿触发器是最优的，因此在设计电路时最好选择使用边沿触发器。

了解时序逻辑电路的电路结构、时序逻辑电路的分类、同步和异步时序逻辑电路的差异及米里型和摩尔型时序逻辑电路的差别。

本章介绍了对于一个给定的时序逻辑电路的分析方法步骤；本章也介绍了对于给定的电路功能，如何设计一个逻辑电路的方法步骤，这是本章的重点内容。

在设计电路时，有时利用中规模的集成电路进行设计比直接用触发器进行设计要更加方便容易，本章只介绍了最常用的寄存器和计数器，这两类电路的具体应用以及常用芯片的应用都是重点掌握的内容。

习 题

6-1 画出如图 6-59 所示的锁存器输出端 Q 和 $\overline{Q}$ 的工作波形。

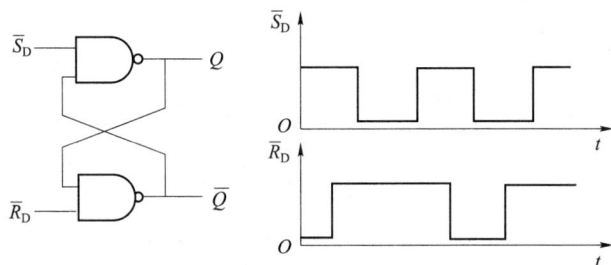

图 6-59 题 6-1 用图

6-2 画出如图 6-60 所示的主从 RS 触发器输出端 Q 和 $\overline{Q}$ 的工作波形。

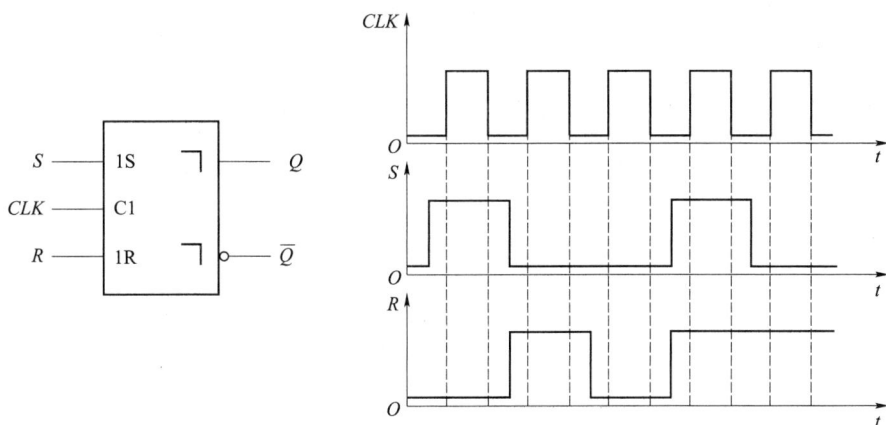

图 6-60 题 6-2 用图

6-3 画出如图 6-61 所示的主从 JK 触发器输出端 Q 和 $\overline{Q}$ 的工作波形。

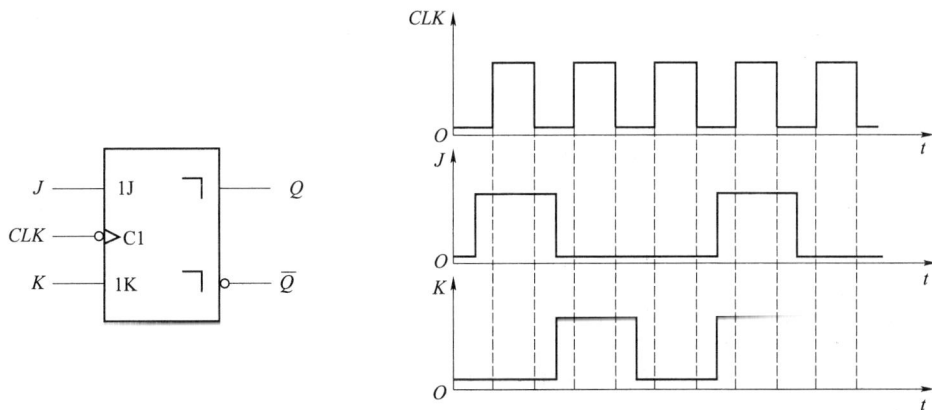

图 6-61 题 6-3 用图

6-4 画出如图6-62所示的边沿 D 触发器输出端 Q 和 $\overline{Q}$ 的工作波形。

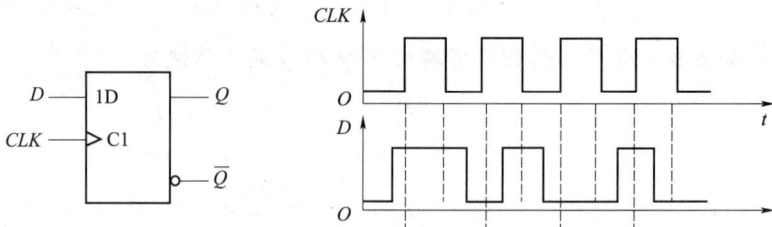

图6-62 题6-4用图

6-5 画出如图6-63所示的边沿 JK 触发器输出端 Q 和 $\overline{Q}$ 的工作波形。

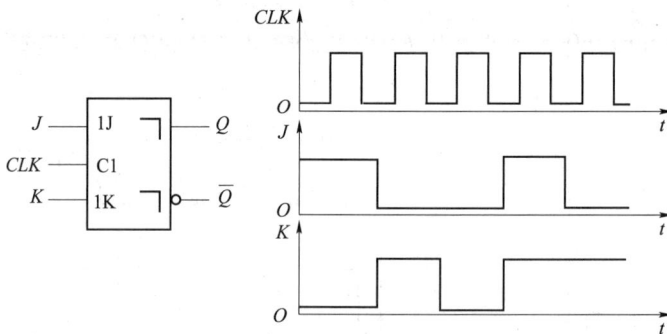

图6-63 题6-5用图

6-6 画出如图6-64所示的边沿 T 触发器输出端 Q 和 $\overline{Q}$ 的工作波形。

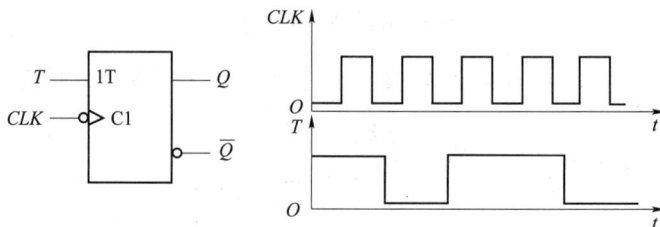

图6-64 题6-6用图

6-7 分析如图6-65所示的时序逻辑电路的功能，并列出驱动方程、状态转移方程、状态转移图和时序图。

6-8 分析如图6-66所示的时序逻辑电路的功能，并列出驱动方程、状态转移方程、状态转移图和时序图。

6-9 分析如图6-67所示的时序逻辑电路的功能，并列出驱动方程、状态转移方程、状态转移图和时序图。

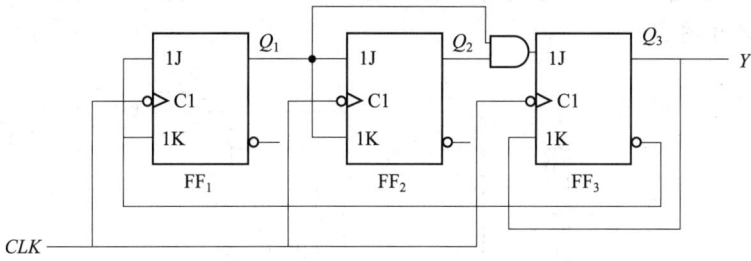

图 6 – 65　题 6 – 7 用图

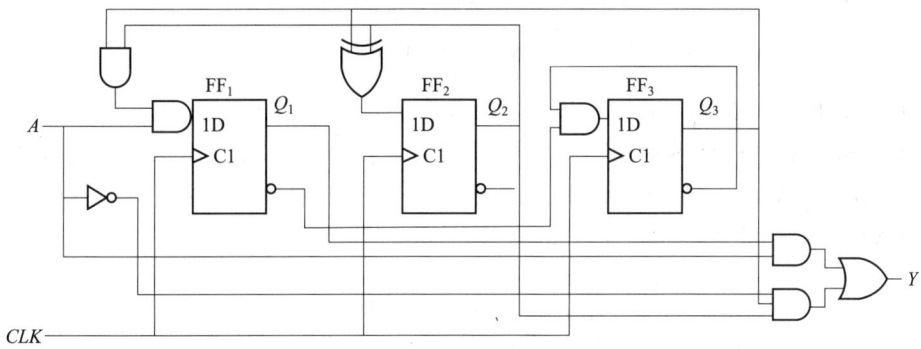

图 6 – 66　题 6 – 8 用图

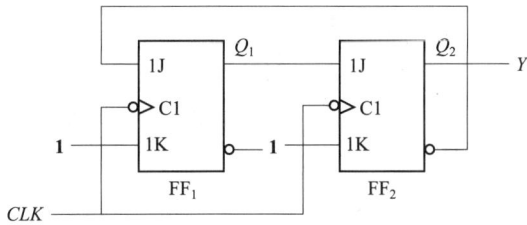

图 6 – 67　题 6 – 9 用图

6 – 10　分析如图 6 – 68 所示的时序逻辑电路的功能，并列出驱动方程、状态转移方程、状态转移图和时序图。

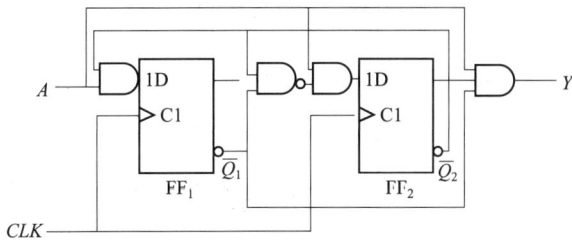

图 6 – 68　题 6 – 10 用图

6-11 分析如图6-69所示的时序逻辑电路的功能，并列出驱动方程、状态转移方程、状态转移图和时序图。

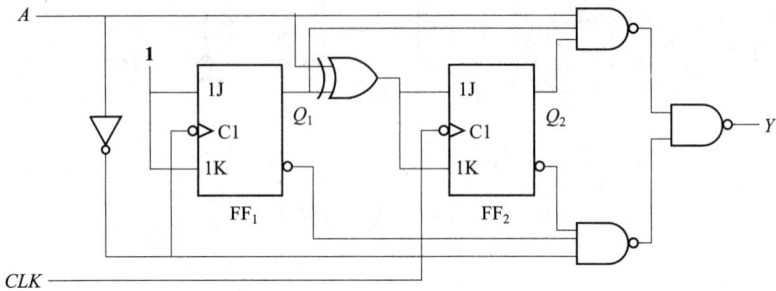

图6-69 题6-11用图

6-12 试用74LS194A构成16位的双向移位寄存器。

6-13 如图6-70所示的电路中，假设两个移位寄存器的初始值分别是 $A_3A_2A_1A_0 = 1001$，$B_3B_2B_1B_0 = 0011$，$CI = 0$，请问：经过4个 CLK 信号后，两个寄存器中的数据是多少？该电路的功能是什么？

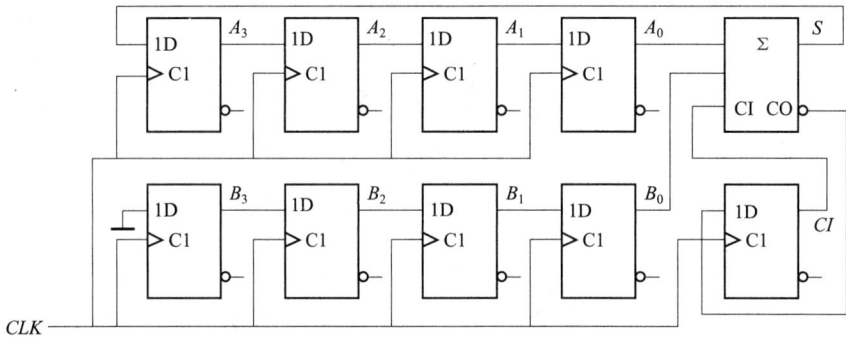

图6-70 题6-13用图

6-14 分析如图6-71所示的电路是几进制的计数器？并画出其状态转移图。

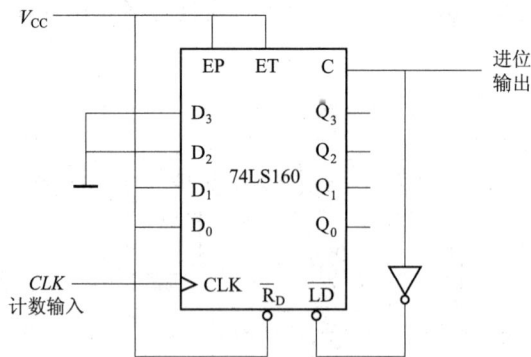

图6-71 题6-14用图

6-15　分析如图 6-72 所示的电路是几进制的计数器？并画出状态转移图。

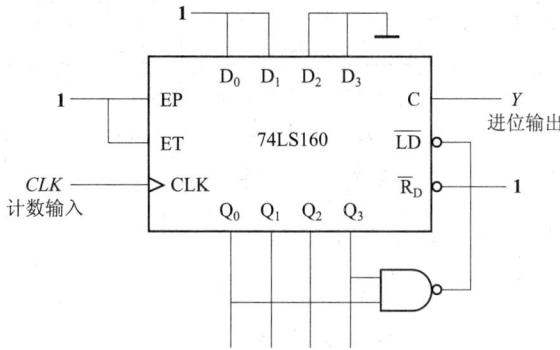

图 6-72　题 6-15 用图

6-16　试用 74LS161 构成 13 进制计数器。

6-17　试用 74LS160 构成六进制计数器。

6-18　试分别用 74LS160 和 74LS161 构成八进制计数器。

6-19　分析如图 6-73 所示的电路，当 A 的取值不同时，分别是几进制的计数器？并画出状态转移图。

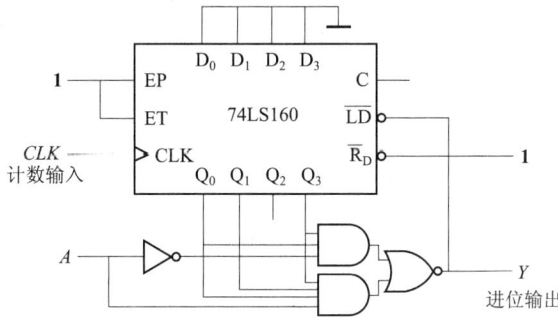

图 6-73　题 6-19 用图

6-20　分析如图 6-74 所示的电路是几进制的计数器？该电路的分频比是多少？

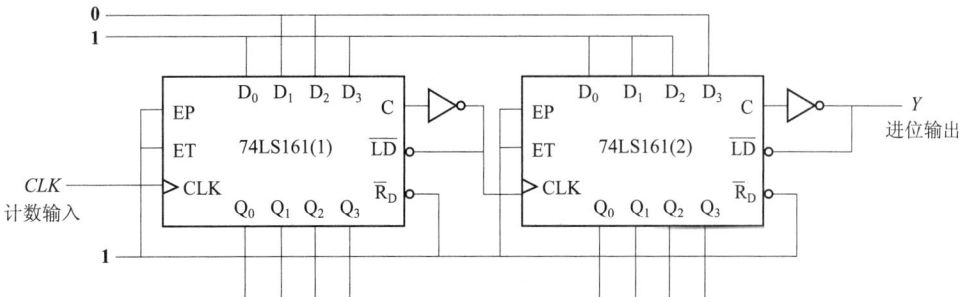

图 6-74　题 6-20 用图

6-21 分析如图6-75所示的电路是几进制的计数器？该电路的分频比是多少？

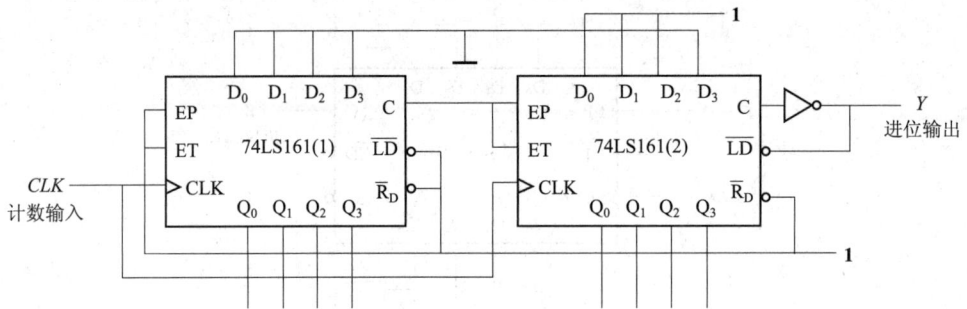

图6-75 题6-21用图

6-22 试用74LS160构成29进制计数器。

6-23 设计一个能周期性地产生序列"1100010110"的序列发生器（提示数据选择器和计数器的综合应用）。

6-24 试用JK触发器设计一个十进制计数器。

6-25 试用D触发器设计一个12进制计数器。

6-26 设计一个串行检测器，当电路中出现1110的序列时，电路输出1；否则输出0。

第7章

数模混合电路

本章介绍

本章主要介绍矩形脉冲波形的产生和整形电路——施密特触发器、单稳态触发器以及多谐振荡器，主要介绍这几个电路的基本特性，以及如何用 555 定时器来实现这些器件；数模转换器的基本原理及常见结构，A/D 转换器和 D/A 转换器的主要技术参数。

本章学习目标

（1）了解施密特触发器的特点。
（2）了解单稳态触发器的特点。
（3）了解多谐振荡器的特点。
（4）掌握如何用 555 定时器来实现施密特触发器、单稳态触发器以及多谐振荡器。
（5）理解 A/D 和 D/A 转换原理。

7.1 555 定时器

7.1.1 555 定时器概述

555 定时器为数字 – 模拟混合集成电路。可产生精确的时间延迟和振荡，内部有 3 个 5 kΩ 的电阻分压器，故称 555 定时器。

555 定时器使用灵活方便，因此在波形的产生与变换、测量与控制乃至家用电器、电子玩具等许多领域中都得到了广泛应用。正因为如此，很多公司都生产 555 定时器的产品，各公司生产的 555 定时器的逻辑功能与外引线排列都完全相同，如表 7 – 1 所示为常见的 555 定时器在性能上的差异。如图 7 – 1 所示为 555 定时器的逻辑电路和电路逻辑符号。

可以看出 555 定时器由以下几个部分组成：

（1）电阻分压器。

由 3 个 5 kΩ 的电阻 R 组成，为电压比较器 C_1 和 C_2 提供基准电压。

（2）电压比较器 C_1 和 C_2。当 $u_+ > u_-$ 时，u_C 输出高电平，反之则输出低电平。

表 7 - 1　不同的 555 定时器的对比

项目	双极型产品	CMOS 产品
单 555 型号的最后几位数码	555	7555
双 555 型号的最后几位数码优点	556 驱动能力较大	7556 低功耗、高输入阻抗
电源电压工作范围	5 ~ 16 V	3 ~ 18 V
负载电流	可达 200 mA	可达 4 mA

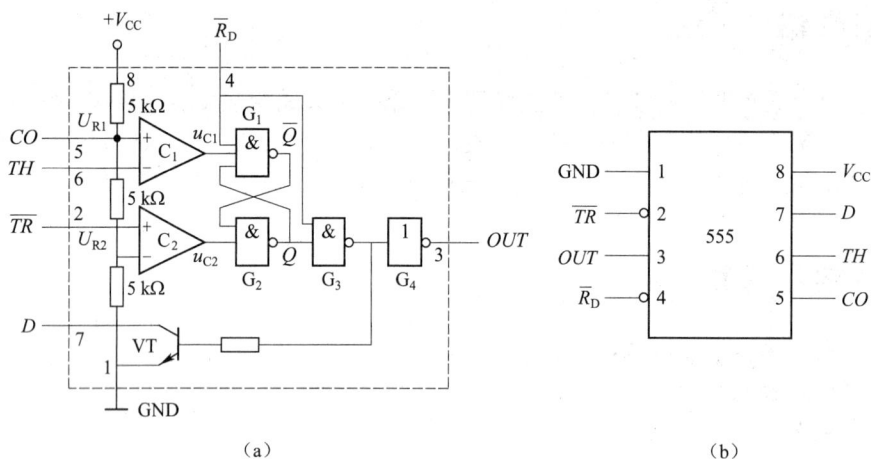

图 7 - 1　555 定时器
（a）逻辑电路；（b）电路逻辑符号

（3）控制电压输入端 CO。

当 CO 悬空时，$U_{R1} = \dfrac{2}{3}V_{CC}$，$U_{R2} = \dfrac{1}{3}V_{CC}$。

当 $CO = U_{CO}$ 时，$U_{R1} = U_{CO}$，$U_{R2} = \dfrac{1}{2}U_{CO}$。

（4）基本 RS 触发器。

其置 0 和置 1 端为低电平有效。$\overline{R}_D$ 是低电平有效的复位输入端。正常工作时，必须使 $\overline{R}_D$ 处于高电平。

（5）放电管 VT。

VT 是集电极开路的三极管，相当于一个受控电子开关。

输出为 0 时，VT 导通，输出为 1 时，VT 截止。

（6）缓冲器。

缓冲器由 G_3 和 G_4 构成，用于提高电路的负载能力。

根据其逻辑电路可以归纳出电路功能如表 7 - 2 所示。

表 7 – 2 555 定时器功能

输入			输出	
清零端	u_{I1}（6 号引脚）	u_{I2}（2 号引脚）	u_O	VT 状态
0	×	×	0	导通
1	$> \frac{2}{3}V_{CC}$	$> \frac{1}{3}V_{CC}$	0	导通
1	$< \frac{2}{3}V_{CC}$	$> \frac{1}{3}V_{CC}$	不变	不变
1	$< \frac{2}{3}V_{CC}$	$< \frac{1}{3}V_{CC}$	1	截止
1	$> \frac{2}{3}V_{CC}$	$< \frac{1}{3}V_{CC}$	1	截止

7.1.2 555 定时器的应用

（一）555 定时器实现施密特触发器功能

1. 施密特触发器的电路特性

施密特触发器（Schmitt Trigger）是一种经常使用的脉冲波形变换电路。它具有两个重要的特性：

（1）施密特触发器是一种电平触发器，它能将变化缓慢的信号（如正弦波、三角波及各种周期性的不规则波形）变换为边沿陡峭的矩形波。

（2）输入信号在从低电平上升的过程中，电路状态转换时所对应的触发转换电平（阈值电平），与输入信号从高电平下降的过程中所对应的触发转换电平是不同的，即电路具有回差特性。

把当输入电压升高时使得输出发生改变的阈值电平称为正向阈值电平，用 U_{T+} 表示；当把输入电压降低时使得输出发生改变的阈值电平称为负向阈值电平，用 U_{T-} 表示；两者的差称为回差电压，用 ΔU_T 表示。

2. 施密特触发器的实现

将 *TH* 和 *$\overline{TR}$* 两个输入端即 6 号和 2 号引脚连接在一起作为信号输入端，即可构成施密特触发器，如图 7 – 2 所示。

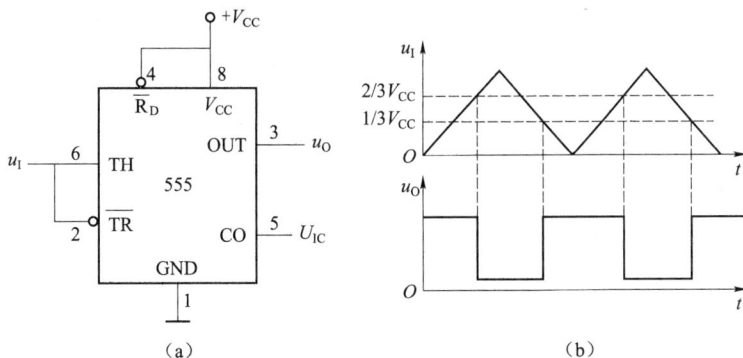

图 7 – 2 施密特触发器

（a）逻辑电路；（b）工作波形

首先分析 u_I 从 0 逐步升高的过程。

当 $u_I < \dfrac{1}{3}V_{CC}$ 时，根据功能表有 $u_O = 1$；

当 $\dfrac{1}{3}V_{CC} < u_I < \dfrac{2}{3}V_{CC}$ 时，电路处于不变的状态，故 $u_O = 1$；

当 $u_I > \dfrac{2}{3}V_{CC}$ 时，$u_O = 0$。因此 $U_{T+} = \dfrac{2}{3}V_{CC}$。

其次，分析 u_I 从高于 $\dfrac{2}{3}V_{CC}$ 开始逐步下降过程：

当 $\dfrac{1}{3}V_{CC} < u_I < \dfrac{2}{3}V_{CC}$ 时，电路处于不变的状态，故 $u_O = 0$；

当 $u_I < \dfrac{1}{3}V_{CC}$ 时，根据功能表有 $u_O = 1$；因此 $U_{T-} = \dfrac{1}{3}V_{CC}$。

所以该施密特触发器的回差电压是 $\Delta U_T = U_{T+} - U_{T-} = \dfrac{1}{3}V_{CC}$。

根据上述工作原理，可以得出该施密特触发器的电压传输特性如图 7-3 所示，它是一个典型的反向施密特触发器。

从图 7-2 的工作波形可以看出，施密特触发器可以将输入的三角波转换成矩形脉冲波输出，因此施密特触发器具有整形的功能。

如果将电路的参考电压从 CO 输入端给入，则不难看出 $U_{T+} = U_{CO}$，$U_{T-} = \dfrac{1}{2}U_{CO}$，可以通过调节 CO 端输入的电压值改变回差电压的大小。

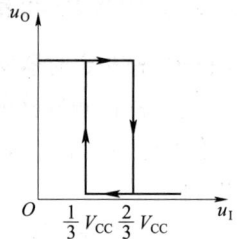

图 7-3 电压传输特性

（二）555 定时器实现单稳态触发器功能

1. 单稳态触发器的电路特性

单稳态触发器的工作特性如下：

（1）电路有一个稳定状态和一个暂稳状态（以下简称暂稳态）。

（2）在外加触发信号的作用下，电路才能从稳定状态翻转到暂稳态。

（3）暂稳态维持一段时间后，电路将自动返回到稳定状态。暂稳态的持续时间与外加触发信号无关，仅取决于电路本身的参数。

2. 单稳态触发器的实现

在电路中将 2 号引脚即 $\overline{TR}$ 由外部输入信号控制，将 VT 和 R 组成的反相器接到 TH 端，并通过一个电容接地，构成的电路就是单稳态触发器，如图 7-4 所示。

稳态时，无触发信号，即 $u_I = 1\left(> \dfrac{1}{3}V_{CC}\text{即可，}V_{C2} = 1 \right)$

若通电后 $Q = 0$，则有 T_D 导通 $\rightarrow u_C = 0 \begin{cases} u_{C1} = 1 \\ u_{C2} = 1 \end{cases} \rightarrow Q = 0$ 保持

若通电后 $Q = 1$，则有 T_D 截止 $\rightarrow C$ 充电至 $u_C = \dfrac{2}{3}V_{CC}$

$\rightarrow u_{C1} = 0 \rightarrow Q = 0 \rightarrow T_D$ 导通 $\rightarrow C$ 放电 $\rightarrow \begin{cases} u_{C1} = 1 \\ u_{C}2 = 1 \end{cases} \rightarrow Q = 0$ 保持

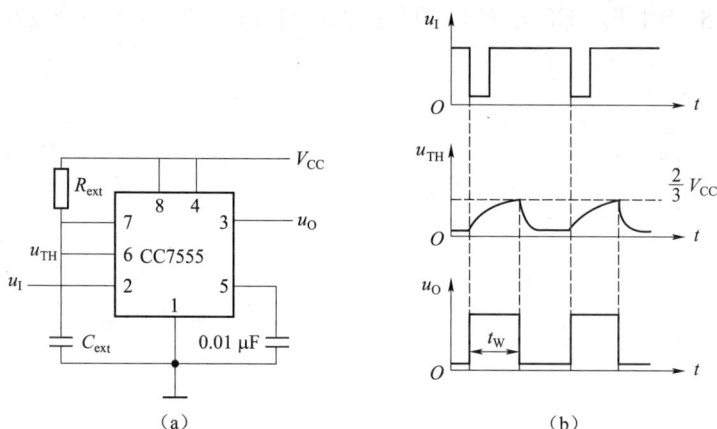

图 7-4 单稳态触发器

(a) 电路；(b) 工作波形

综上所述，稳态即当 $u_I = 1$ 时，电路一直处于保持状态，即没有外部触发信号，电路输出不变。触发时，即 u_I 从 1 变成 0。只要 u_I 降至 $\frac{1}{3}V_{CC}$，则有 $\begin{cases} u_{C1} = 1 \\ u_{C2} = 0 \end{cases} \rightarrow Q = 1$，则有 VT 截止 → C 开始充电。当充电至 $\frac{2}{3}V_{CC}$ 时，这时电路输出 0 并且 VT 导通，充电过程结束，经过三极管开始放电。即电路在触发信号的作用下进入到暂稳态，在充电回路的作用下，此时电路一直输出高电平。当充电到达 $\frac{2}{3}V_{CC}$ 时，电路的输出自动从 1 变成 0，也就是暂稳态持续一段时间后自动回到稳定状态。

至于单稳态触发器稳态持续时间，则取决于充放电回路中的充电时间。当电容电阻值改变后，充电时间也就随着改变了。充电时间 t_W 与 RC 的关系如下，即

$$t_W = RC\ln\frac{V_{CC} - 0}{V_{CC} - \frac{2}{3}V_{CC}} = RC\ln 3$$

从工作波形可以看出，单稳态触发器可以实现整形、定时、延时及噪声消除等功能。

（三）555 定时器实现多谐振荡器功能

1. 多谐振荡器的电路特性

多谐振荡器是一种自激振荡器，在接通电源以后，不需要外加触发信号便能自动地产生矩形脉冲。由于矩形波中含有丰富的高次谐波分量，所以习惯上又称为多谐振荡器。

由于多谐振荡器能自动地产生矩形脉冲，即输出在 0 和 1 中自动变换，所以多谐振荡器中没有稳态，两个状态都是暂稳态，至于两个暂稳态各自持续时间则取决于电路内部结构。

2. 多谐振荡器的实现

只要先把 555 定时器构成施密特触发器，再将其反向输出端经 RC 积分电路接回它的输入端，就构成了多谐振荡器。即将 2 号、6 号引脚接在一起，再将反向输出端 1 号引脚经过 RC 积分回路接回输入端即可。

为了减轻 555 定时器内部门电路 G_4 的负担，可将 VT 和 R_1 接成一个反相器，如图 7-5 所示。

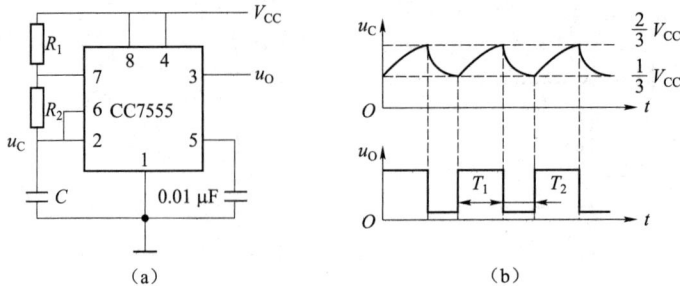

图 7-5 多谐振荡器

(a) 电路；(b) 工作波形

首先分析 u_C 从 0 逐步升高的过程。

当 $u_C < \frac{1}{3}V_{CC}$ 时，根据功能表有 $u_O = 1$，VT 截止，电路经过 R_1 和 R_2 向电容充电，u_C 的电压继续升高；

当 $\frac{1}{3}V_{CC} < u_I < \frac{2}{3}V_{CC}$ 时，电路处于不变的状态，故 $u_O = 1$，充电继续；

当 $u_I > \frac{2}{3}V_{CC}$ 时，$u_O = 0$，VT 导通，即 7 号引脚接地，充电回路被破坏，u_C 经过 R_2 开始放电，u_C 电压不断降低。

当 $\frac{1}{3}V_{CC} < u_I < \frac{2}{3}V_{CC}$ 时，电路处于不变的状态，故 $u_O = 0$，放电继续；

当 $u_C < \frac{1}{3}V_{CC}$ 时，根据功能表有 $u_O = 1$，VT 截止，电路经过 R_1 和 R_2 向电容充电，u_C 的电压继续升高。

上述过程会不断循环，导致在电路的输出端周期性地产生高低电平，从而生成矩形波。其电路的性能参数：包括周期和占空比。周期为

$$T = T_1 + T_2$$
$$= (R_2 + R_1)C\ln\frac{V_{CC} - U_{T-}}{V_{CC} - U_{T+}} + R_2C\ln\frac{0 - U_{T+}}{0 - U_{T-}}$$
$$= (R_2 + R_1)C\ln2 + R_2C\ln2$$

式中，充电时间 $T_1 = (R_2 + R_1)C\ln2$；

放电时间 $T_2 = R_2C\ln2$。

占空比为

$$q = \frac{R_1 + R_2}{R_1 + 2R_2} > 50\%$$

从工作过程可以看出，多谐振荡器可以为时序逻辑电路提供周期性的时钟信号。时钟信号的各个参数可以根据上述公式作调整。

7.2　模/数与数/模转换

随着数字技术，特别是信息技术的飞速发展与普及，在现代控制、通信及检测等领域，为了提高系统的性能指标，在信号处理过程中广泛采用数字计算机技术。由于系统的实际对象往往都是一些模拟量（如温度、压力、位移、图像等），因此要使计算机或数字仪表能识别、处理这些信号，则首先必须将这些模拟信号转换成数字信号。之后这些经计算机分析、处理后输出的数字量也往往需要将其转换为相应模拟信号才能为执行机构所接受。因此，在实际工程中就需要一种能在模拟信号与数字信号之间起到桥梁作用的电路——模/数和数/模转换器，其中，能够把模拟量转换为数字量的器件叫作模拟 – 数字转换器（简称 A/D 转换器）；能够把数字量转换为模拟量的器件叫作数字 – 模拟转换器（简称 D/A 转换器）。

7.2.1　模/数转换器

（一）模/数转换的概念

把模拟信号转换为相应的数字信号称为模/数转换，简称 A/D（Analog to Digital）转换。实现 A/D 转换的电路称为 A/D 转换器，或写为 ADC（Analog – Digital Converter）。实际应用中用到大量的连续变化的物理量，如温度、流量、压力、图像、文字等信号，都需要经过传感器变成电信号才能被使用，但这些电信号是模拟量，因而必须再将其变成数字量才能在数字系统中进行加工和处理。因此，模/数转换是数字电子技术中非常重要的组成部分，模/数转换器在自动控制和自动检测等系统中应用非常广泛。

A/D 转换器是模拟系统和数字系统之间的接口电路。A/D 转换器在进行转换期间，要求输入的模拟电压保持不变。但在 A/D 转换器中，因为输入的模拟信号在时间上是连续的，而输出的数字信号是离散的，所以进行转换时只能在一系列选定的瞬间对输入的模拟信号进行采样，再把这些采样值转化为输出的数字量。一般来说转换过程包括取样、保持、量化和编码 4 个步骤。

1. 采样和保持

采样（也称取样）是将时间上连续变化的信号转换为时间上离散的信号，即将时间上连续变化的模拟量转换为一系列等间隔的脉冲，脉冲的幅度取决于输入模拟量，其过程如图 7 – 6 所示。图中 $u_1(t)$ 为输入模拟信号，$S'(t)$ 为采样脉冲，$u_0'(t)$ 为取样输出信号。

2. 量化和编码

（1）输入的模拟信号经采样 – 保持电路后，得到的是阶梯形模拟信号，它们是连续模拟信号在给定时刻上的瞬时值，但仍然不是数字信号。必须进一步将阶梯形模拟信号的幅度等分成 n 级，并给每级规定一个基准电平值，然后将阶梯电平分别归并到最邻近的基准电平上。这个过程称为量化。

（2）量化后，需用二进制数码来表示各个量化电平，这个过程称为编码。

量化与编码电路是 A/D 转换器的核心组成部分。

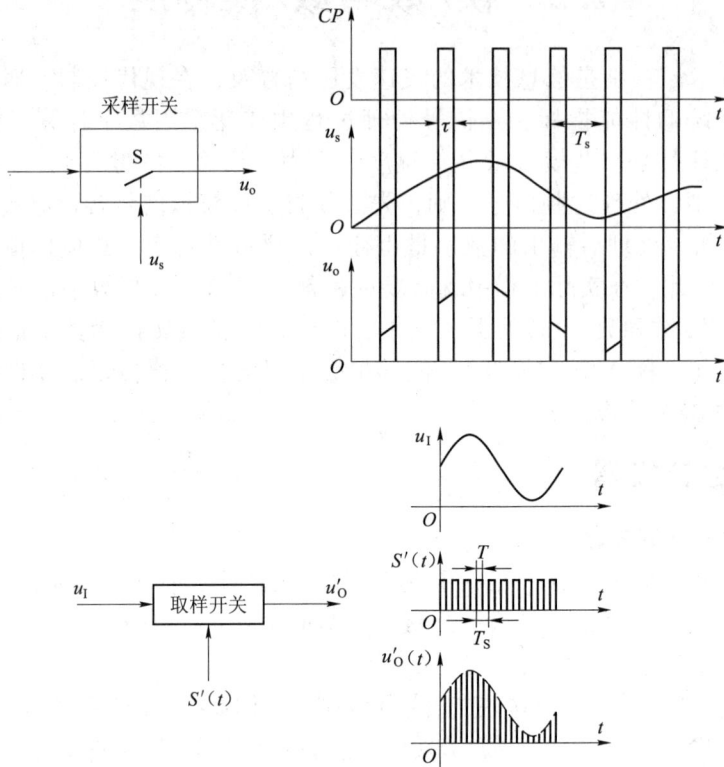

图 7-6　A/D 转换的采样过程

（二）并行比较型 A/D 转换器

并行 A/D 转换器是一种直接型 A/D 转换器，如图 7-7 所示为 3 位的并行比较型 A/D 转换器。

它由电压比较器、寄存器和编码器 3 部分构成。图中电阻分压器将参考电压 U_R 进行分压，得到 7 个量化电平 $\left(\dfrac{1}{16}U_R \sim \dfrac{13}{16}U_R\right)$，这 7 个量化电平分别作为 7 个电压比较器 $C_9 \sim C_1$ 的比较基准。模拟量输入 u_I 同时接到 7 个电压比较器的同相输入端，与这 7 个量化电平同时进行比较。若 u_I 大于比较器的比较基准，则比较器的输出 $CO_i = 1$，否则 $CO_i = 0$。比较器的输出结果由 7 个 D 触发器暂时寄存（在时钟脉冲 CP 的作用下）以供编码器使用，最后由编码器输出数字量。模拟量输入与比较器的状态及输出数字量的关系如表 7-3 所示。

在上述 A/D 转换中，输入模拟量同时加到所有比较器的同相输入端，从模拟量输入到数字量稳定输出的过程时间为比较器、D 触发器和编码器的延迟时间之和。在不考虑各器件延迟时间误差的情况下，可认为 3 位数字量输出是同时获得的，因此称上述 A/D 转换器为并行 A/D 转换器。并行 A/D 转换器的转换时间仅取决于各器件的延迟时间和时钟脉冲宽度。

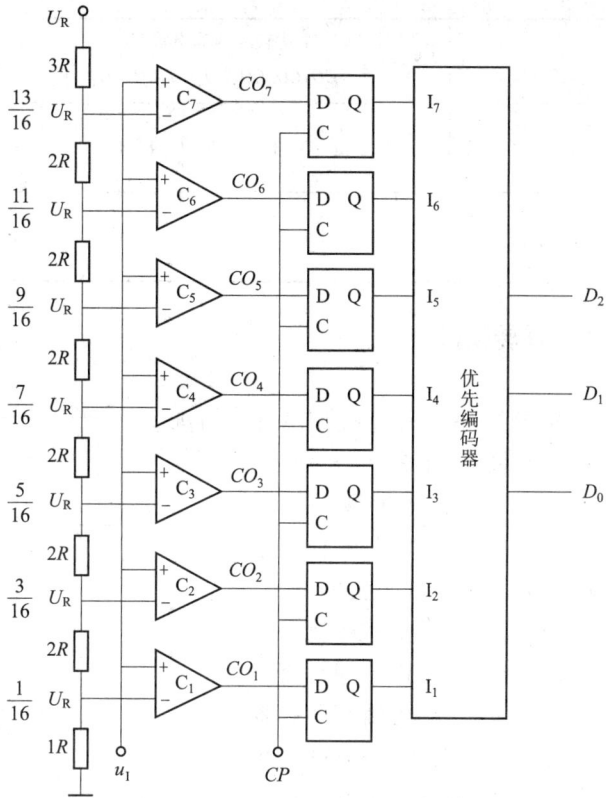

图 7-7　3 位并行比较型 A/D 转换器

表 7-3　并行比较型 A/D 转换器的输入与输出关系

模拟量输入	比较器的输出状态 $CO_7\,CO_6\,CO_5\,CO_4\,CO_3\,CO_2\,CO_1$	数字量输出 $D_2\,D_1\,D_0$
$0 \leqslant u_1 \leqslant \dfrac{1}{16}U_R$	0　0　0　0　0　0　0	0　0　0
$\dfrac{1}{16}U_R \leqslant u_1 \leqslant \dfrac{3}{16}U_R$	0　0　0　0　0　0　1	0　0　1
$\dfrac{3}{16}U_R \leqslant u_1 \leqslant \dfrac{5}{16}U_R$	0　0　0　0　0　1　1	0　1　0
$\dfrac{5}{16}U_R \leqslant u_1 \leqslant \dfrac{7}{16}U_R$	0　0　0　0　1　1　1	0　1　1
$\dfrac{7}{16}U_R \leqslant u_1 \leqslant \dfrac{9}{16}U_R$	0　0　0　1　1　1　1	1　0　0
$\dfrac{9}{16}U_R \leqslant u_1 \leqslant \dfrac{11}{16}U_R$	0　0　1　1　1　1　1	1　0　1

模拟量输入	比较器的输出状态 $CO_7CO_6CO_5CO_4CO_3CO_2CO_1$	数字量输出 $D_2D_1D_0$
$\dfrac{11}{16}U_R \leq u_I \leq \dfrac{13}{16}U_R$	0 1 1 1 1 1 1	1 1 0
$\dfrac{13}{16}U_R \leq u_I \leq U_R$	1 1 1 1 1 1 1	1 1 1

（三）逐位逼近型 A/D 转换器

1. 转换原理

逐位逼近型 A/D 转换器也是一种直接型 A/D 转换器，这种转换器的工作原理如图 7-8 所示，其内部包含一个 D/A 转换器。逐位逼近型 A/D 转换器是将模拟量输入 u_I 与一系列由 D/A 转换器输出的基准电压进行比较，从而获得数字量的输出。比较是从高位到低位逐位进行的，并依次确定各位数码是 1 还是 0。转换开始前，先将逐位逼近寄存器（SAR）清 0，开始转换后，控制逻辑将寄存器（SAR）的最高位置 1，使其输出为 100…000 的形式，这个数码被 D/A 转换器转换成相应的模拟电压 u_0 送至电压比较器作为比较基准与模拟量输入 u_I 进行比较。若 $u_0 > u_I$，说明寄存器输出的数码大了，应将最高位改为 0（去码），同时将次高位置

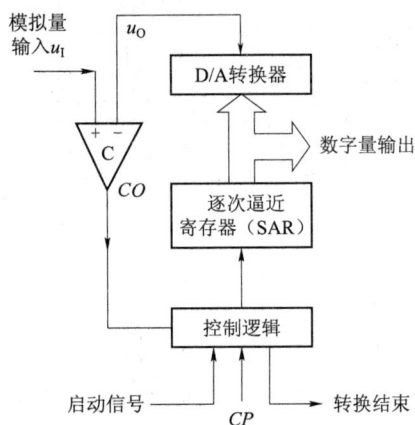

图 7-8 逐次逼近型 A/D 转换器的工作原理

1，使其输出为 010…000 的形式；若 $u_0 \leq u_I$，说明寄存器输出的数码还不够大，因此除了将最高位设置的 1 保留（加码）外，还需将次高位也设置为 1，使其输出为 110…000 的形式。之后，再按上面同样的方法继续进行比较，确定次高位的 1 是去码还是加码。这样逐位比较下去直到最低位为止，比较完毕后寄存器中的状态就是转化后的数字量输出。

2. 转换电路

如图 7-9 所示就是一个 4 位逐次逼近型 A/D 转换器。图中 4 个触发器 $FF_3 \sim FF_0$ 组成逐次逼近型寄存器（SAR），兼作输出寄存器；5 位移位寄存器既可进行并入/并出操作，也可进行串入/串出操作。移位寄存器的并入/并出操作是在其使能端 G 由 0 变 1 时进行的（使 $Q_A Q_B Q_C Q_D Q_C Q_E = ABCDE$），串入/串出操作是在其时钟脉冲 CP 上升沿作用下按 $S_{IN} Q_A Q_B Q_C Q_D Q_C Q_E$ 顺序右移进行的。注意，图中 S_{IN} 接高电平，始终为 1。

开始转换时启动信号一路经门 G_1 反相后，首先使触发器 FF_2、FF_1、FF_0、FF_{-1} 均复位为 0，同时另一路直接加到移位寄存器的使能端 G 使 G 由 0 变 1，$Q_A Q_B Q_C Q_D Q_C Q_E = 01111$，$Q_A = 0$ 又使触发器 FF_3 置位为 1，这样在启动信号到来时输出寄存器被设成 $Q_3 Q_2 Q_1 Q_0 = 1000$。紧接着，一方面 D/A 转换器把数字量 1000 转换成模拟电压量 u_0，比较器把该电压与输入模拟量 u_I 进行比较。若 $u_I > u_0$，则比较器输出 $CO = 1$，否则 $CO = 0$，比较结果 CO 被

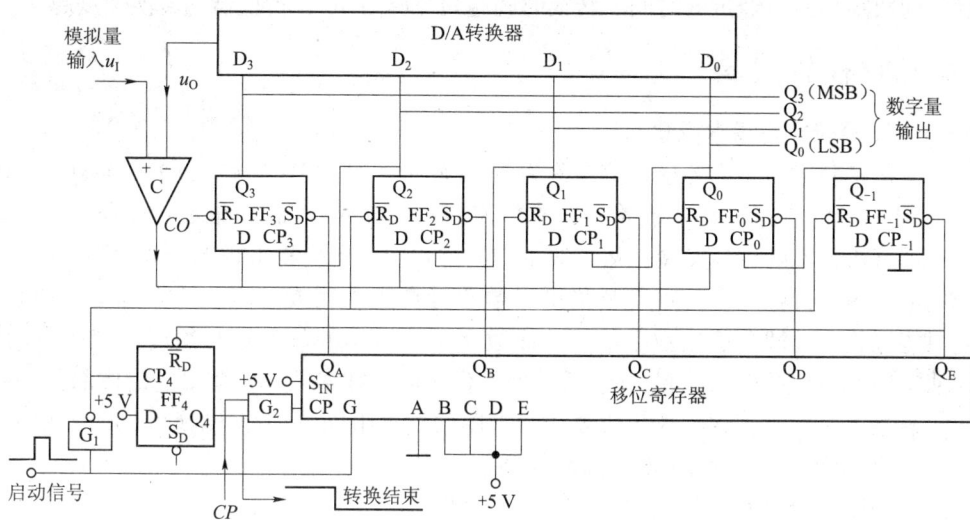

图 7 - 9　逐次逼近 A/D 转换器

同时送至逐次逼近寄存器（SAR）的各个输入端。另一方面由于在启动信号下降沿时 Q_4 置 1，G_2 打开，因此在下一个脉冲到来时，移位寄存器输出 $Q_A Q_B Q_C Q_D Q_C Q_E = 10111$，$Q_B = 0$ 又使触发器 FF_2 置位，Q_2 由 0 变 1，为触发器 FF_3 接收数据提供了时钟脉冲，从而将 CO 的结果保存在 Q_3 中，实现了 Q_3 的去码或加码。此时其他触发器 FF_1、FF_0 由于没有时钟脉冲，因此状态不会发生变化。经过这一轮循环后 $Q_3 Q_2 Q_1 Q_0 = 1100$（$CO = 1$）或 $Q_3 Q_2 Q_1 Q_0 = 0100$（$CO = 0$）。在下一轮循环中，D/A 转换器再次把 $Q_3 Q_2 Q_1 Q_0 = 1100$（$CO = 1$）或 $Q_3 Q_2 Q_1 Q_0 = 0100$（$CO = 0$）这个数字量转换成模拟电压量，以便再次比较。如此反复进行，直到 $Q_E = 0$ 时才将最低位 Q_0 的状态确定，同时触发器 FF_4 复位，Q_4 由 1 变为 0，封锁了 G_2，标志着转换结束。注意，图中每一位触发器的 CP 端都是和低一位的输出端相连，这样每一位都只在低一位由 0 置 1 时，才有一次接收数据的机会（去码或加码）。

　　逐次逼近型 A/D 转换器具有转换精度高、速度快、转换时间固定、易与微机接口等优点，因此应用较广。常见的 ADC0809 就属于这种 A/D 转换器。

　　以上讨论了直接型 A/D 转换器，其优点是转换速度快，但由于转换精度受分压电阻、基准电压及比较器阈值电压等精度的影响，精度较差，所以在实际应用中，当电路的设计对精度要求较高时可使用下面介绍的双积分型 A/D 转换器，它是一种间接型 A/D 转换器。

（四）A/D 转换器的主要技术指标

1. 分辨率

分辨率指 A/D 转换器对输入模拟信号的分辨能力。

2. 转换误差

转换误差是指实际的转换点偏离理想特性的误差，一般用最低有效位来表示。注意，在实际使用中当使用环境发生变化时，转换误差也将发生变化。

3. 转换时间和转换速度

转换时间是指完成一次 A/D 转换所需的时间，是从接到转换启动信号开始，到输出端获得稳定的数字信号所经过的时间。转换时间越短意味着 A/D 转换器的转换速度越快。

7.2.2 数/模转换器

（一）数/模转换的基本概念

把数字信号转换为相应的模拟信号称为数/模转换，简称 D/A（Digital to Analog）转换，实现 D/A 转换的电路称为 D/A 转换器，或写为 DAC（Digital – Analog Converter）。

随着计算机技术的迅猛发展，从工业生产的过程控制、生物工程到企业管理、办公自动化、家用电器等各行各业，几乎都要借助于数字计算机来完成。但是计算机是一种数字系统，它只能接收、处理和输出数字信号，而数字系统输出的数字量必须转换成相应的模拟量，才能实现对模拟系统的控制。数/模转换是数字电子技术中非常重要的组成部分。

D/A 转换器的种类很多，这里主要介绍常用的权电阻网络 D/A 转换器，即 T 型电阻网络 D/A 转换器和倒 T 型电阻网络 D/A 转换器。

（二）权电阻网络 D/A 转换器

1. 基本结构

D/A 转换器基本结构如图 7 – 10 所示。

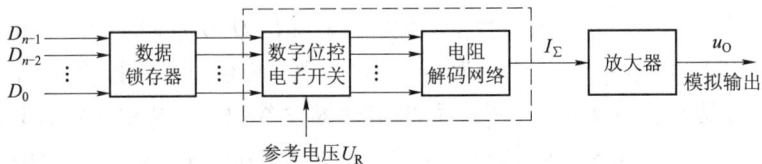

图 7 – 10　D/A 转换器的基本结构

2. 工作原理

如图 7 – 11 所示，即按上述结构实现的 D/A 转换器，实际上这是一个加权加法运算电路。图中电阻网络与二进制数的各位权相对应，权越大对应的电阻值越小，故称为权电阻网络。图中 U_R 为稳恒直流电压，是 D/A 转换电路的参考电压。n 路电子开关 S_i 由 n 位二进

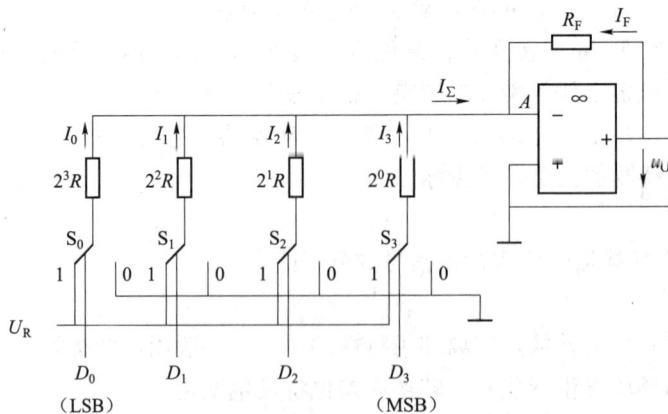

图 7 – 11　权电阻网络 D/A 转换器

制数 D 的每一位数码 D_i 来控制，当 $D_i = 0$ 时开关 S_i 将该路电阻接地，当 $D_i = 1$ 时 S_i 将该路电阻接通参考电压 V_R。集成运算放大器作为求和权电阻网络的缓冲，主要为减少输出模拟信号负载变化的影响，并将电流输出转换为电压输出。

图 7-10 中，因 A 点"虚地"，故 $U_A = 0$，各支路电流分别为

$$I_{n-1} = \frac{D_{n-1} U_R}{R_{n-1}} = D_{n-1} \times 2^{n-1} \times \frac{U_R}{R}$$

$$I_{n-2} = \frac{D_{n-2} U_R}{R_{n-2}} = D_{n-2} \times 2^{n-2} \times \frac{U_R}{R}$$

$$\cdots\cdots$$

$$I_0 = \frac{D_0 U_R}{R_0} = D_0 \times 2^0 \times \frac{U_R}{R}$$

$$I_F = -\frac{u_O}{R_F}$$

又因放大器输入端"虚断"，所以有

$$I_{n-1} + I_{n-2} + \cdots + I_0 = I_F$$

以上各式联立得

$$u_O = -\frac{R_F}{R} \times U_R \times (D_{n-1} \times 2^{n-1} + D_{n-2} \times 2^{n-2} + \cdots + D_0 \times 2^0)$$

从上式可见，输出模拟电压 u_O 的大小与输入二进制数的大小成正比，实现了数字量到模拟量的转换。

权电阻网络 D/A 转换器电路简单，但该电路在实现上有明显缺点，即各电阻的阻值相差较大，尤其当输入的数字信号的位数较多时，阻值相差更大。如此大范围的阻值，要保证每个都有很高的精度是极其困难的，因而不利于集成电路的制造。为了克服这一缺点，广泛采用 T 型和倒 T 型电阻网络 D/A 转换器。

（三）T 型网络 D/A 转换器

1. 电路组成

T 型电阻网络 4 位 D/A 转换器逻辑电路如图 7-12 所示。

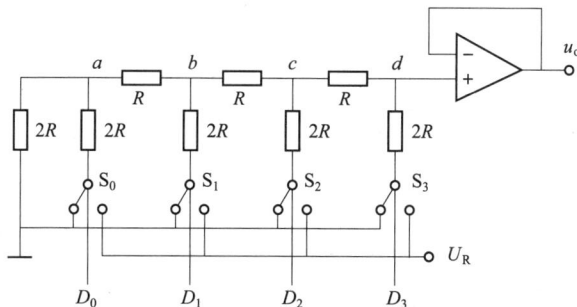

图 7-12　T 型电阻网络 4 位 D/A 转换器电路

2. 工作原理

（1）当 D_0 单独作用时，T 型电阻网络如图 7-13（a）所示。把 a 点左下电路等效成戴维南等效电路，如图 7-13（b）所示；然后依次把 b 点、c 点、d 点的左下电路等效成戴维南等效电路，分别如图 7-13（c）、（d）、（e）所示。由于电压跟随器的输入电阻很大，远远大于 R，所以 D_0 单独作用时 d 点电位几乎就是戴维南等效电路的开路电压 $\dfrac{D_0 U_R}{16}$，此时转换器的输出为

$$u_O(0) = \frac{D_0 U_R}{16}$$

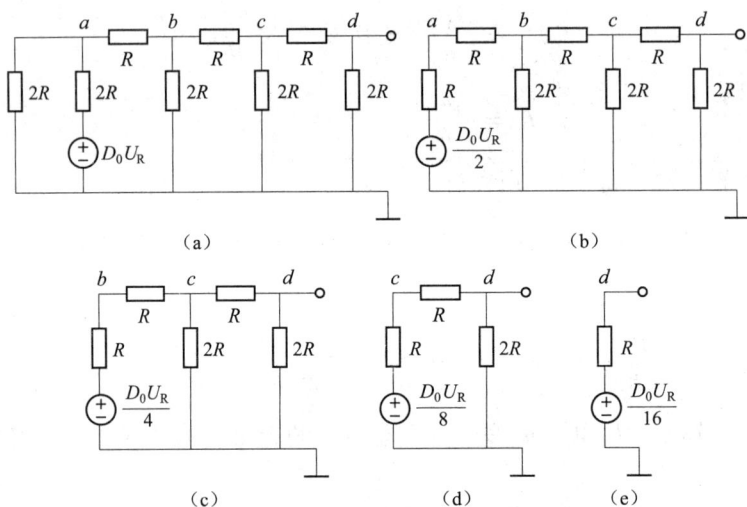

（a）   （b）

（c）   （d）   （e）

图 7-13 D_0 单独作用时 T 型电阻网络的戴维南等效电路

（2）当 D_1 单独作用时，T 型电阻网络如图 7-14（a）所示，其 d 点左下电路的戴维南等效电路如图 7-14（b）所示。同理，D_2 单独作用时 d 点左下电路的戴维南等效电路如图 7-14（c）所示；D_3 单独作用时 d 点左下电路的戴维南等效电路如图 7-14（d）所示。故 D_1、D_2、D_3 单独作用时转换器的输出分别为

$$u_O(1) = \frac{D_1 U_R}{8}$$

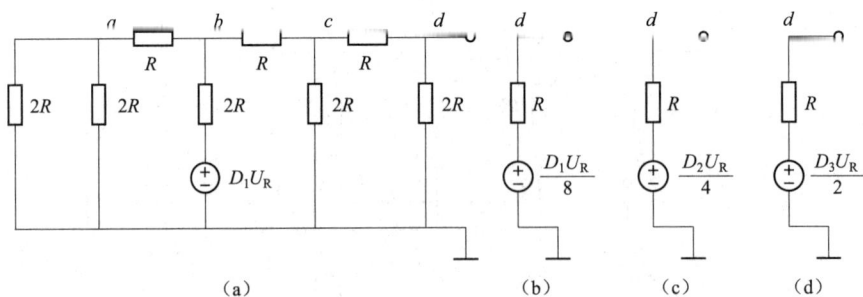

（a）   （b）   （c）   （d）

图 7-14 D_1、D_2、D_3 单独作用时 T 型电阻网络的戴维南等效电路

$$u_0(2) = \frac{D_2 U_R}{4}$$

$$u_0(3) = \frac{D_3 U_R}{2}$$

利用叠加原理可得到转换器的总输出为

$$u_0 = u_0(0) + u_0(1) + u_0(2) + u_0(3)$$

$$= \frac{D_0 U_R}{16} + \frac{D_1 U_R}{8} + \frac{D_2 U_R}{4} + \frac{D_3 U_R}{2}$$

$$= \frac{U_R}{2^4} \times (D_0 \times 2^0 + D_1 \times 2^1 + D_2 \times 2^2 + D_3 \times 2^3)$$

3. 结论

可见，输出模拟电压正比于输入数字量。推广到 n 位，即 D/A 转换器的输出为

$$u_0 = \frac{U_R}{2^n}(D_0 \times 2^0 + D_1 \times 2^1 + \cdots + D_{n-1} \times 2^{n-1})$$

T 型电阻网络由于只用了 R 和 $2R$ 两种阻值的电阻，因此其精度易于提高，也便于制造。但其也存在以下缺点：在工作过程中，T 型网络相当于一根传输线，从电阻到运放输入端，建立起稳定的电流电压需要一定的传输时间，当输入数字信号位数较多时，将会影响 D/A 转换器的工作速度。另外，电阻网络作为转换器参考电压 U_R 的负载电阻将会随二进制数 D 的不同而有所波动，参考电压的稳定性可能因此受到影响。所以在实际应用中，常用下面的倒 T 型 D/A 转换器。

（四）倒 T 型网络 D/A 转换器

1. 电路组成

倒 T 型电阻网络 D/A 转换器逻辑电路如图 7 - 15 所示。

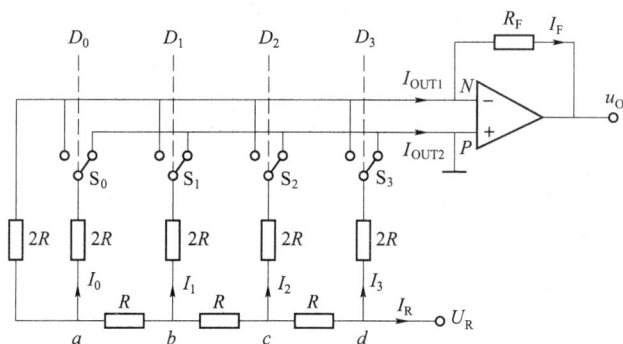

图 7 - 15 倒 T 型电阻网络 D/A 转换器

2. 工作原理

由于 P 点接地、N 点虚地，所以不论数码 D_0、D_1、D_2、D_3 是 0 还是 1，电子开关 S_0、S_1、S_2、S_3 都相当于接地，因此图中各支路电流 I_0、I_1、I_2、I_3 和 I_R 大小不会因二进制数的不同而改变。并且从任一节点 a、b、c、d 向左上看的等效电阻都等于 R，所以流出 U_R 的总电

流为

$$I_R = \frac{U_R}{R},$$

流入各 $2R$ 支路的电流依次为

$$I_3 = \frac{I_R}{2}$$

$$I_2 = \frac{I_3}{2} = \frac{I_R}{4}$$

$$I_1 = \frac{I_2}{2} = \frac{I_R}{8}$$

$$I_0 = \frac{I_1}{2} = \frac{I_R}{16}$$

流入运算放大器反相端的电流为

$$I_{OUT1} = D_0 \times I_0 + D_1 \times I_1 + D_2 \times I_2 + D_3 \times I_3$$

$$= (D_0 \times 2^0 + D_1 \times 2^1 + D_2 \times 2^2 + D_3 \times 2^3) \times \frac{I_R}{16}$$

运算放大器的输出电压为

$$u_O = -I_{OUT1} R_F = -(D_0 \times 2^0 + D_1 \times 2^1 + D_2 \times 2^2 + D_3 \times 2^3) \times I_R \frac{R_F}{16}$$

若 $R_F = R$，并将 $I_R = U_R/R$ 代入上式，则有

$$u_O = -\frac{U_R}{2^4} \times (D_0 \times 2^0 + D_1 \times 2^1 + D_2 \times 2^2 + D_3 \times 2^3)$$

可见，输出模拟电压正比于数字量的输入。推广到 n 位，D/A 转换器的输出为

$$u_O = -\frac{U_R}{2^n}(D_0 \times 2^0 + D_1 \times 2^1 + \cdots + D_{n-1} \times 2^{n-1})$$

倒 T 型电阻网络也只用了 R 和 $2R$ 两种阻值的电阻，但和 T 型电阻网络相比较，由于各支路电流始终存在且恒定不变，所以各支路电流到运放的反相输入端不存在传输时间，因此具有较高的转换速度。

（五）D/A 转换器中的电子开关

各种 D/A 转换器中使用的电子开关大都是由晶体管或场效应管开关组成的。如图 7 – 16 所示为由场效应管组成的电子开关单元电路。图中，T_1、T_2、T_3 构成输入级，T_4、T_5 构成的 CMOS 反相器与 T_6、T_9 构成的 CMOS 反相器互为倒相，两个反相器的输出分别控制着 T_8、T_9 的栅极，T_8、T_9 的漏极同时接电阻网络中的一个电阻，例如 T 型电阻网络中的 $2R$，而源极分别接电流输出端 I_{OUT1} 和 I_{OUT2}。

当输入端 D_i 为低电平时，T_4、T_5 构成的 CMOS 反相器输出低电平，T_6、T_9 构成的 CMOS 反相器输出高电平，结果使 T_8 导通、T_9 截止，T_8 将电流 I_i 引向 I_{OUT2}。当输入端 D_i 为高电平时，T_8 截止、T_9 导通，T_9 将电流 I_i 引向 I_{OUT1}。

注意，为了保证 D/A 转换的精度，电子开关的导通电阻应计入相应支路的阻值中。

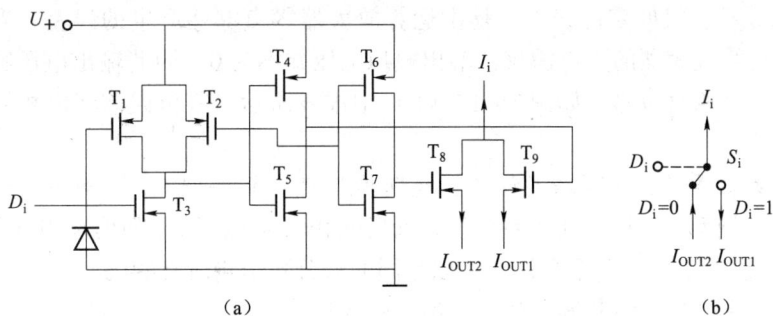

图 7-16 CMOS 电子开关单元电路

(a) 实际电器; (b) 等效电器

(六) D/A 转换器的主要技术指标

1. 满量程

满量程是当输入数字量全为 1 再在最低位加 1 时的模拟量输出。满量程电压用 u_{FS} 表示; 满量程电流用 i_{FS} 表示。

2. 分辨率

$$分辨率 = \frac{\Delta u}{u_{FS}} = \frac{1}{2^n}$$

式中, Δu 表示输入数字量最低有效位变化时, 对应输出可分辨的电压; n 表示输入数字量的位数。

3. 转换精度

转换精度是实际输出值与理论计算值之差。这种差值越小, 转换精度越高。

转换过程中存在各种误差, 包括静态误差和温度误差。静态误差主要由以下几种误差构成:

(1) 非线性误差。D/A 转换器每相邻数码对应的模拟量之差应该都是相同的, 即理想转换特性应为直线, 如图 7-17 中实线所示。实际转换时特性可能如图 7-17 (a) 中虚线所示。把在满量程范围内偏离转换特性的最大误差称为非线性误差, 其与最大量程的比值称为非线性度。

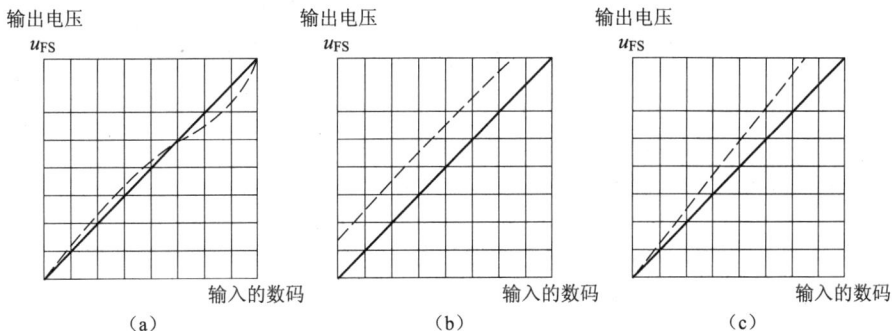

图 7-17 D/A 转换器的各种静态误差

(a) 非线性误差; (b) 零位误差; (c) 比例系数误差

（2）漂移误差，又叫零位误差，是由运算放大器零点漂移产生的误差。当输入数字量为 0 时，由于运算放大器的零点漂移，输出模拟电压并不为 0，因此输出电压特性与理想电压特性将产生一个相对位移，如图 7 - 17（b）中虚线所示。零位误差将以相同的偏移量影响所有的码。

（3）比例系数误差，又叫增益误差，是转换特性的斜率误差。一般来说，由于 U_R 是 D/A 转换器的比例系数，所以比例系数误差通常是由参考电压 U_R 的偏离引起的，如图 7 - 17（c）中的虚线所示。比例系数误差将以相同的百分数影响所有的码。

温度误差通常是指上述各静态误差随温度的变化。

4. 建立时间

从输入数字信号，到输出电流（或电压）达到稳态值所需的时间称为建立时间。建立时间的大小决定了转换速度。

除上述各参数外，在使用 D/A 转换器时还应注意它的输出电压特性。由于输出电压实际上是一串离散的瞬时信号，因此要恢复信号原来的时域连续波形，则必须采用保持电路对离散输出进行波形复原。

此外还应注意 D/A 转换器的工作电压、输出方式、输出范围和逻辑电平等。

● 本章小结

本章介绍了各种用于产生和变换矩形脉冲的电路。

施密特触发器有两种稳态，但状态的维持与翻转受输入信号电平的控制，所以输出脉冲的宽度是由输入信号决定的。

单稳态触发器只有一个稳态，在外加触发脉冲作用下，能够从稳态翻转为暂稳态。但暂稳态的持续时间取决于电路内部的元件参数，与输入信号无关。因此，单稳态触发器可以用于产生脉宽固定的矩形脉冲波形。

多谐振荡器没有稳态，只有两个暂稳态。两个暂稳态之间的转换，是由电路内部电容的充、放电作用自动进行的，所以多谐振荡器不需要外加触发信号，只要接通电源就能自动产生矩形脉冲信号。

555 定时器是一种用途很广的集成电路，555 定时器可构成施密特触发器、单稳态触发器和多谐振荡器，除此以外，还可以接成各种应用电路。读者可参阅有关书籍自行设计出所需的电路。

● 习题

7 - 1　如图 7 - 2 所示的由 555 定时器构成的施密特触发器中，试求：当 $V_{CC} = 12$ V，而且没有外接电压时，U_{T+}、U_{T-} 和 ΔU_T 的值是多少？

7 - 2　如图 7 - 5 所示的由 555 定时器构成的多谐振荡器中，$R_1 = R_2 = 5.1$ kΩ，$C = 0.01$ μF，$V_{CC} = 12$ V，试计算电路的振荡频率。

参 考 文 献

[1] 毛法尧. 数字逻辑 [M]. 第2版. 北京：高等教育出版社，2008.

[2] 阎石. 数字电子技术基础 [M]. 第4版. 北京：高等教育出版社，1998.

[3] 马义忠. 数字电路逻辑设计 [M]. 北京：人民邮电出版社，2007.

[4] 薛宏熙. 数字逻辑设计 [M]. 北京：清华大学出版社，2008.

[5] 武庆生. 数字逻辑 [M]. 第2版. 北京：机械工业出版社，2013.

[6] 白中英，等. 数字逻辑与数字系统 [M]，北京：科学出版社，2007.

[7] 江国强. 数字逻辑电路基础 [M]. 北京：电子工业出版社，2010.

[8] 蒋立平. 数字逻辑电路与系统设计 [M]. 北京：电子工业出版社，2008.

[9] 焦素敏. 数字电子技术基础 [M]. 北京：人民邮电出版社，2012.

[10] 林红，周鑫霞. 模拟电路基础 [M]. 北京：清华大学出版社，2007.

[11] 童诗白，华成英. 模拟电子技术基础 [M]. 第4版. 北京：高等教育出版社，2006.